제주 걷기 여행

올레부터 한라산까지
걷기 성지 92곳 완벽 가이드

제주 걷기 여행

지은이 빈중권·송인희·정용혁

초판 발행일 2022년 5월 1일
개정판 발행일 2025년 6월 5일

기획 및 발행 유명종
편집 이지혜
디자인 이다혜, 이민
조판 신우인쇄
용지 에스에이치페이퍼
인쇄 신우인쇄

발행처 디스커버리미디어
출판등록 제 2021-000025호(2004. 02. 11)
주소 서울시 마포구 연남로5길 32, 202호
전화 02-587-5558

제주 걷기 여행

올레부터 한라산까지
걷기 성지 92곳 완벽 가이드

빈중권·송인희·정용혁

디스커버리미디어

작가의 말

개정판을 내면서

진정 위대한 모든 생각은
걷기로부터 나온다
- 프리드리히 니체 Friedrich Nietzsche

우린 매일 길을 따라 어딘가로 갑니다. 모두가 더 빠른 것을 찾는다지만, 걸어서 만나는 세상만큼 아름다운 게 또 있을까요. 자세히 보아야 예쁘다고 했지요. 제주가 꼭 그렇습니다. 본디 가진 빛도 눈 부시지만 걸어서 만나는 느린 제주는 몇 배는 더 어여쁩니다. 뻔한 여행이 싫고, 북적이는 관광지가 싫은 이들에게 걷기 여행은 최고의 선택입니다. 제주의 자연과 역사가 만든 길은 큰 선물 보따리이지요. 온몸의 감각을 활짝 열고 땅과 바람, 빛과 공기를 천천히 만끽할 수 있으니까요.

제주에 거주하는 세 명의 작가가 사계절 동안 섬 곳곳에 발자국을 새겨 넣으며 취재했습니다. 이 책을 준비하는 동안 걷는다는 건 결국 자라나는 것이란 결론에 이르렀습니다. 땅과 두 발이 만날 때 모든 감각은 시가 되고, 옹골찬 삶이 되었습니다. 그 활력을 지면에 담고자 했습니다. 거친 바람을 마주하고 끝까지 걷는 이들의 등 뒤에 서서 힘찬 박수를 보내고 싶었습니다.
제주는 천혜의 자연을 가진 섬이지요. 특히 곶자왈은 세계 유일의 열대 북방한계 식물과 한대 남방한계 식물이 공존하는 독특한 생태계 지형입니다. 마치 원시림을 걷는 듯한 착각에 들게 하지요. 화산섬의 아름다운 능선, 오름도 빼놓을 수 없습니다. 늘 푸르고 깊은

바다는 말할 것도 없고요. 복잡한 일상에서 벗어난 곳은 누군가의 일상이기도 합니다. 작은 마을 안길을 걸으면 성실하고 묵묵히 자신의 삶을 지키는 이들을 만날 수 있습니다. 섬 사람들의 고되고 아픈 역사의 흔적을 만났을 땐 잠시 걸음을 멈추게 됩니다.

이 책에는 걷기 여행 코스의 자세한 설명과 팁은 물론, 제주의 자연과 사람들이 간직한 세월과 그 속에 담긴 이야기를 두루 담았습니다. 걷다 보면 배도 고프지요. 검색으로 찾는 광고 맛집이 아닌 지역 주민들의 추천을 받은 곳을 위주로 선정했고, 달콤하게 쉬어가기 좋은 카페도 잊지 않았습니다.

모든 것은 걸음의 속도로 지나갈 것입니다. 새싹을 틔우는 씨앗을, 무성한 풀에서 묻어나는 끈끈한 생명력을, 거친 파도에 넘실대는 생각을 만나보시길 바랍니다. 바람이 불면 잠시 꺾여도 됩니다. 다시 일어나면 되니까요.

늘 최고의 여행책을 펴내는 디스커버리미디어 식구들, 걷는 내내 외롭지 않도록 다방면으로 응원해준 가족과 친구들, 마지막으로 부단히 자신의 계절을 뽐내고 있는 빛나는 섬 제주에 무한한 감사를 전합니다.

2025년 봄, 제주에서

빈중권, 송인희, 정용혁

『제주 걷기 여행』
100% 활용법

독자 여러분의 제주 걷기 여행이 더 즐겁고, 더 특별하길 바라며 이 책의 특징과 매력,
그리고 활용법을 알려드립니다. 아는 만큼 보고, 아는 만큼 즐길 수 있다고 했습니다.
아무쪼록 남다른 여행 스토리 많이 만들길 기원합니다.

① 제주 걷기 코스 92곳을 한 권에!

제주 올레 + 한라산 + 숲길과 곶자왈 +
마을 길과 밭담 길 + 성지 순례 코스

『제주 걷기 여행』은 걷기 여행의 바이블을 만들겠다는 생각으
로 92곳의 코스를 자세하게 담았습니다. 제주 올레길 전체, 한
라산의 모든 탐방로, 한라산둘레길, 제주의 대표적인 숲길과
곶자왈, 제주의 내면으로 엿볼 수 있는 마을 길과 밭담 길, 삶
의 이야기가 흐르는 제주시 원도심 골목길, 천주교 신자를 위
한 성지 순례 코스까지 빠짐없이 담았습니다.

② 트레킹 정보는 자세하고 정확하게

걷기 시작점 주소 + 찾아가는 방법 + 대중 교통편 +
코스 길이 + 소요 시간 + 인기도

『제주 걷기 여행』은 92개 코스의 트레킹 정보를 자세하게 안내
합니다. 먼저 각 코스의 특징과 매력을 핵심만 뽑아 설명합니
다. 트레킹 시작점 주소, 찾아가는 방법, 콜택시 정보, 코스 길
이, 소요 시간, 인기도, 난이도, 상세 경로, 편의시설 등을 빠짐
없이 안내합니다. 이뿐만 아니라 코스의 고도, 트레킹 준비물,
코스별 유의사항까지 친절하게 가이드합니다.

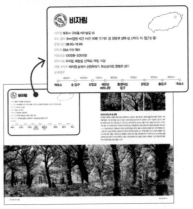

③ 코스 주변 명소와 맛집, 카페 정보도 빠짐없이

함께 들르면 좋은 주변 명소 + 코스 주변의 유명 맛집 +
쉬어가기 좋은 멋진 카페

『제주 걷기 여행』은 트레킹 코스만 담지 않았습니다. 독자 여러
분을 함께 들르면 좋은 주변 명소로 안내합니다. 코스 주변 명
소가 궁금하다면 트레킹 정보 다음 페이지를 펼치면 됩니다.
여행의 반은 먹는 즐거움이지요. 코스 주변의 유명 맛집과 쉬
어가기 좋은 카페 정보도 사진과 함께 담았습니다. 제주 음식
과 커피 향이 그립다면 맛집과 카페 정보를 펼쳐보세요.

④ 계절별·테마별로 엄선한 추천 코스

가장 많이 찾는 올레 + 숲길 베스트 +
꽃길 베스트 + 혼자 걷기 좋은 길

『제주 걷기 여행』은 계절과 독자의 취향까지 고려하여 계절별·
테마별 코스를 엄선해 추천합니다. 먼저, 사단법인 제주올레가
선정한 베스트 코스를 소개합니다. 이뿐이 아닙니다. 걷기만
해도 힐링이 되는 숲길 베스트, 유채·벚꽃·수국 등 꽃밭이 아름
다운 트레킹 코스, 혼자 걷기 좋은 길, 인생 사진 찍기 좋은 길,
산정호수를 만나러 가는 코스 등을 추천합니다.

⑤ 걷기 전에 알아야 할 필수 정보 안내

올레길 표식 알아두기 + 계절별 한라산 등산 통제 시간 +
뱀과 산짐승 대처법

『제주 걷기 여행』은 올레, 한라산과 한라산 둘레길, 제주시, 서
귀포시 등으로 나누어 걷기 코스를 소개합니다. 올레와 한라
산, 한라산 둘레길은 걷기 전에 알아두어야 할 정보가 꽤 많습
니다. 트레킹을 도와주는 올레길 표식, 한라산 탐방 예약 방법,
계절별 한라산 등산 통제 시간, 뱀과 산짐승을 만났을 때 주의
사항 등을 빠짐없이 자세하게 안내합니다.

PART 3
제주 동부권 제주시 도심·조천읍·구좌읍·성산읍·표선면·남원읍

PART 4
제주 서부권 서귀포 도심·중문·애월읍·한림읍·한경면·대정읍·안덕면

PART 5
한라산과 한라산둘레길

WALKING · TRAVEL · JEJU ISLAND

PART 1

계절별·테마별
베스트 추천 코스 10

01 제주 올레 베스트 3

올레 7코스 제주올레 여행자센터 - 월평 올레 p62

7코스는 제주 올레 26개 코스 중에서 인기가 가장 많다. 거리는 17.6km, 탐방 시간은 5시간~6시간이다. 서귀포시 제주올레여행자센터를 출발하여 삼매봉과 외돌개, 법환포구, 서건도, 강정천을 지나 월평마을까지 이어진다. 빼어난 절경과 음악 같은 파도 소리가 자주 걸음을 멈추게 한다. 어느 계절이든 좋지만, 유채꽃이 피는 봄에 특히 아름답다.

올레 10코스 화순-모슬포 올레 p78

산방산, 사계 바다, 용머리해안, 송악산 등 제주 서남부 대표 명소를 모두 지난다. 거리는 15.6km이고, 걷는데 5~6시간이 걸린다. 걷는 내내 숨바꼭질하던 해변 경관이 은밀한 내면까지 온전히 보여준다. 송악산 둘레길을 걷다가 개방된 탐방로를 따라 정상에 올라보자. 거대한 분화구가 하마처럼 입을 벌린 채 당신을 반긴다.

올레 18-1코스 추자도 올레 p124

올레꾼들이 세 번째로 추천한 코스로, '죽기 전에 꼭 걸어야 할 올레길'로 손꼽는다. 상추자도와 하추자도를 한 바퀴 도는 코스이다. 산과 바다를 한눈에 담을 수 있기에 늘 풍경이 환상적이다. 섬과 바다에 해무가 끼면 판타지 영화 속에 들어온 것처럼 신비롭고 몽환적이다. 코스 길이는 18.2km이고, 트레킹 시간은 6~8시간 정도 걸린다.

02 제주도 최고의 숲길

사려니숲길 p258
제주도에서 손꼽히는 환상 숲길이다. 길쭉길쭉 하늘을 향해 곧게 뻗은 삼나무들이 울창한 숲을 만들고 있다. 풍경이 신비롭고 아름다워 야외촬영 하는 신혼부부를 쉽게 찾아볼 수 있다. 6월~7월에는 산수국이 숲길을 장식한 풍경을 만날 수 있다. 사려니숲길은 한라산 둘레길의 일부6구간이다. 거리는 10km로, 걷는데 3~4시간 걸린다.

비자림 p226
500~800년 된 비자나무 2,900여 그루가 군락을 이루며 자생하고 있다. 우리나라는 물론 세계에서도 손꼽히는 희귀 숲이다. 천연기념물 제374호로, 높이는 보통 7~14m, 직경은 50~110cm에 이르는 거목이다. 천년의 세월이 녹아든 비자림은 다른 세계로 순간 이동한 듯 신비롭고 특별하다. 천천히 산책해도 1시간 30분이면 충분하다.

한남연구시험림 p282
한라산이 동남쪽 자락에 숨겨 놓은 비밀의 숲이다. 최고 절경은 숲길 끝에 있는 국내 최대 규모의 삼나무 전시림이다. 90년 된 거목이 빽빽한 숲을 이루고 있다. 이국적인 풍경에 감탄사가 절로 나온다. 5월부터 10월까지만 예약제로 한시적으로 개방하며, 자율탐방과 숲 해설 프로그램 참여 둘 다 가능하다. 탐방 시간은 2시간 정도 걸린다.

③ 혼자 걷기 좋은 길

올레 6코스 쇠소깍-서귀포 올레 p58

쇠소깍에서 시작하여 제지기오름과 정방폭포를 지나 서귀포 시내까지 이어지는 길이다. 예쁜 카페와 맛집이 들어선 아름다운 해안 길을 걷는다. 또 서귀포 도심의 '작가의 산책길' 일부 코스에서 예술 작품 감상까지 즐길 수 있다. 돌아볼 곳이 많으니 시간 여유를 갖고 걷는 게 좋다. 코스 길이는 11km이고, 트레킹하는데 3~4시간 소요된다.

작가의 산책길 p314

불우한 천재 이중섭을 만나는 길이자, 예술 작품 42점을 감상하며 걸을 수 있는 길이다. 이중섭미술관에서 시작하여 기당미술관, 칠십리시공원, 자구리해안, 서복미술관, 정방폭포, 소라의성을 지나 소암기념관에 이르는 코스이다. 예술가의 예술혼과 작품, 자연과 역사 이야기를 체험할 수 있다. 코스 길이는 4.9km로 2시간 30분 남짓 걸린다.

동문시장과 산지천 p158

제주 원도심을 산책하는 코스이다. 탐라문화광장 옆 제일공영주차장에서 시작하여 동문시장과 산지천을 거쳐 김만덕기념관까지 갔다 다시 돌아오는 코스이다. 산지천은 동문시장에서 제주항으로 이어지는 물길이다. 동문시장에선 감귤, 기념품, 생선회, 오메기떡을 살 수 있다. 코스 길이는 2km이고, 1시간 30분이면 충분히 둘러볼 수 있다.

04 산정호수를 만나러 가는 길

한라산 성판악 탐방로 p386

성판악 탐방로는 여행객에게 두 개의 산정호수를 선사한다. 삼나무 숲길을 지나 한참 올라가면 산정호수를 품은 사라오름에 닿는다. 진달래밭대피소부터 정상까지는 경사가 가파르다. 가쁜 숨을 몰아쉬며 정상에 이르면 푸른 백록담이 와락 다가온다. 예약제로 하루 1,000명만 오를 수 있다. 탐방로 길이는 왕복 19.2km이고, 걷는데 8~9시간 걸린다.

물영아리오름 p274

'영아리'는 '신령스러운 산'이라는 뜻이다. 안내소 지나 탐방로에 들어서면 드넓은 초원이 펼쳐진다. 입구에서 정상까지는 삼나무 숲 사이 계단길이다. 정상에 오르면 람사르 습지가 반겨준다. 안개나 이슬비가 내린 날엔 더욱 신비롭다. 평소엔 습지이지만 비가 많이 온 다음날엔 물이 고인다. 탐방 시간은 둘레길 포함하여 2시간 남짓 걸린다.

금오름 p342

제주 서부에서 손꼽히는 오름이다. 정상까지 20분이면 오를 수 있다. 정상에 오르면 신비로운 분화구가 시선을 사로잡는다. 비가 많이 온 다음 날엔 분화구에 물이 차 산정호수로 바뀐다. 분화구를 구경한 뒤에는 분화구 둘레길을 걸어보자. 제주 서부의 아름다운 풍경을 다 품을 수 있다. 특히 해 질 무렵 석양이 장관이다.

05 유채꽃이 아름다운 길

쫄븐갑마장길 p270

표선면 가시리와 목장길을 연결하는 트레킹 코스이다. 쫄븐갑마장길은 '한국에서 가장 아름다운 길 100선'에 선정된 녹산로의 조랑말체험공원 맞은편에서 시작한다. 제주식 돌담과 곶자왈 숲길 그리고 목장 문화를 살필 수 있는 탐방길이다. 4월에는 유채꽃이 피고, 7~8월 해바라기가 만개한다. 코스 길이는 10.2km이고, 탐방 시간 3시간이다.

서우봉 둘레길 p186

함덕의 에메랄드빛 바다를 눈에 넣으며 걸을 수 있다. 둘레길 주변에는 계절마다 다양한 꽃들이 피어난다. 유채꽃과 메밀꽃, 청보리, 코스모스 등이 만개할 때면 함덕 바다를 배경 삼아 사진 찍으려는 인파로 더욱 붐빈다. 서우봉 둘레길은 올레 19코스의 해안 길과 연결되며, 아름다운 낙조로도 유명하다. 길이는 1.3km, 탐방 시간 40분이다.

엉덩물계곡 p300

봄마다 유채꽃 물결이 출렁이는 곳으로, 중문색달해수욕장 뒤편에 숨어있다. 2월에는 매화꽃이 만발하고, 2월 중순부터 3월까지는 계곡 경사면을 따라 유채꽃이 만발하는데, 노란 물결의 끝이 푸른 바다로 이어져 장관을 이룬다. 산책로가 나무 데크로 되어 있어 남녀노소 걷기 편하다. 코스 길이는 600m이고, 탐방 시간 20분 안팎이다.

06 벚꽃이 아름다운 길

제주대-정실마을 벚꽃길 p174
제주대학교는 손꼽히는 벚꽃 명소이다. 제주대사거리에서 캠퍼스 안까지 약 1km 거리에 매년 봄마다 벚꽃 터널을 이룬다. 벚꽃길은 다시, 제주대사거리부터 연동 정실마을까지 길게 이어진다. 바람이라도 불면 하늘에서 살랑살랑 연분홍 꽃비가 내린다. 제주대학교에서 정실마을까지 거리는 약 9.3km이고, 탐방 시간은 3시간 남짓 걸린다.

장전리 벚꽃길 p322
매년 3월 말~4월 초, 애월읍 장전리사무소 앞부터 장전로 일대 약 200m 거리에서 열린다. 짧은 거리지만 오래 머물고 싶은 길이다. 하늘까지 뒤덮는 꽃 무리가 황홀경을 자아낸다. 벚꽃길 지나 흥국사 입구까지 꼭 가 보자. 언덕을 따라 늘어선 키 큰 벚나무들이 꽃길을 만들어 준다. 코스 길이는 700m, 탐방 시간 약 30분이다.

이승악 벚꽃길 p290
오름만큼이나 오름으로 가는 목장길이 아름답다. 이승악탐방휴게소에서 이승악 진입로로 들어서면 이윽고 넓은 초원이 나오고 초원 위엔 신계리 공동목장이 펼쳐져 있다. 봄이 되면 목장길 따라 쭉 피어나는 벚꽃이 마음을 들뜨게 한다. 벚꽃은 3월 말에 만개해 4월 초에 떨어진다. 벚꽃길 길이는 2km이고, 탐방 시간은 약 40분 걸린다.

07 청보리와 수국과 양귀비가 피어나는 길

청보리-가파도 올레 p82
가파도는 해발 높이 20.5m로, 아시아에서 가장 낮은 유인도이다. 4월이 되면 '청보리 축제'로 섬 전체가 술렁인다. 17만 평의 청보리 물결이 바다와 한라산을 배경으로 넘실대 장관을 이룬다. 5월의 황금 보리 물결도 아름답다. 여름엔 해바라기, 가을엔 코스모스가 청보리 대신 물결친다. 코스 길이 4.2km이고, 탐방 시간 90분 남짓이다.

양귀비-렛츠런팜제주 목장올레길 p206
제주의 말馬 문화를 체험할 수 있으며, 목장을 한 바퀴 도는 2.9km의 올레길이 아름답다. 천천히 걸어도 한 시간이면 충분하다. 4월엔 유채꽃, 5~6월에는 양귀비꽃, 7~8월에는 해바라기, 9월에는 코스모스 꽃밭이 만발한다. 올레 16코스의 일부인 항파두리 항몽유적지에도 계절마다 유채, 양귀비, 수국, 해바라기, 코스모스가 피는 비밀의 화원이 있다.

수국-종달리수국길 p246
해안 따라 펼쳐지는 수국의 향연이 황홀하다. 6월 중순부터 매혹적인 수국이 앞다투어 피어난다. 푸른 바다를 배경으로 핀 수국은 아름다움을 넘어 몽환적이기까지 하다. 바다 건너 우도와 성산일출봉을 눈에 넣으며 걸을 수도 있어 더욱 좋다. 길이는 2km로, 1시간 남짓 걸린다. 제주시 아라일동의 남국사 수국길도 기억하자.

WALKING·TRAVEL·JEJU ISLAND 08 억새와 동백이 아름다운 길

억새-산굼부리 p202
산굼부리는 세계 유일의 평지 분화구이다. 깊이는 140m에 이르고, 둥근 분화구의 둘레는 무려 2km로, 한라산 백록담보다 더 넓고 깊다. 산굼부리는 억새도 유명한데, 한라산까지 더해지면 그런 장관이 따로 없다. 전망대 왼쪽의 1.2km에 이르는 구상나무 길도 아름답다. 코스 길이는 2km 이내이고, 탐방 시간은 1시간 이내이다.

억새-따라비오름 p266
따라비오름엔 말굽형 분화구가 세 개다. 작은 분화구가 옹기종기 모여 있는데, 억새를 가득 품고 있다. 11월엔 억새와 일몰 그리고 풍력단지 풍차를 배경으로 많은 사람이 사진을 찍는다. 낙조가 드리워진 저녁, 억새의 아름다운 풍광은 잊지 못할 만큼 절경을 이룬다. 새별오름 억새도 가을마다 장관이다. 두 오름 모두 20분이면 정상에 닿는다.

동백-올레 5코스 남원-쇠소깍 올레 p54
남원 포구에서 한반도를 닮은 숲으로 유명한 남원큰엉을 지나 쇠소깍까지 이어진다. 겨울엔 동백을 볼 수 있어서 더욱 좋다. 위미 동백나무 군락지에 이르면 붉은 동백꽃이 여행자를 반겨준다. 동백군락지 근처의 인생 사진을 얻을 수 있는 동백수목원도 같이 들르자. 붉은 동백이 몽환적이다. 전체 코스 길이는 13.4km이고, 걷는데 4~5시간 걸린다.

©제주도청

09 전망이 아름다운 길

송악산과 송악산 둘레길 p362

해안 절경이 감동적이다. 송악산 둘레길은 올레 10코스의 일부 구간이다. 형제섬, 산방산, 군산, 한라산으로 이어지는 절경을 한눈에 담을 수 있다. 날씨가 좋으면 가파도와 마라도까지 손에 닿을 듯하다. 봄에는 유채, 여름엔 수국이 아름답게 피어난다. 송악산에도 오르자. 거대한 분화구가 압도적이다. 약 3.5km를 걷는데 1시간 30분이 걸린다.

성산일출봉 p250

성산일출봉순수높이 174m은 제주 여행 1번지이다. 바닷속에서 폭발한 수성 화산체로, 유네스코 세계자연유산이자 세계지질공원이다. 가파른 길을 25분 남짓 오르면 정상에 닿는다. 8만 평에 이르는 거대한 분화구가 장엄하다. 정상에 서면 우도와 광치기해안, 섭지코지, 그리고 한라산과 제주 동부의 물결치는 오름을 모두 눈에 담을 수 있다.

다랑쉬오름 p230

제주 동부에서 가장 높은 오름이다. 부드러운 곡선과 전망이 아름다워 오름의 여왕이라 부른다. 지그재그로 난 계단을 20분 남짓 오르면 압도적인 분화구가 여행자를 반긴다. 정상에서면 아끈다랑쉬, 용눈이, 손지오름, 백약이오름 그리고 성산일출봉과 한라산까지 한눈에 들어온다. 분화구 둘레길 포함하여 약 3km를 걷는데 60분쯤 걸린다.

⑩ 인생 사진 얻기 좋은 길

용담해안도로 p146

올레 17코스의 일부로, 도두봉순수높이 55m에서 용연구름다리까지 이어진다. 도두봉은 제주공항과 제주 시내, 도두항과 푸른 바다까지 조망할 수 있다. 요즘 뜨는 인생 사진 명소 '키세스 존'을 기억하자. 도두봉 옆 무지개해안도로 또한 인생 샷 명소이다. 알록달록 무지개 방호벽 위에 올라 여행 화보를 찍어보자. 5km를 걷는 데 2시간 걸린다.

안돌오름과 비밀의 숲 p218

푸른 자동차가 배경이 되어주는 편백 숲이 손꼽히는 인생 사진 포토존이다. 삼나무숲, 유채꽃, 메밀꽃과 백일홍 꽃밭도 인기가 높다. 비밀의 숲에서 송당 방면으로 3분 정도 가면 안돌오름순수높이 93m 입구가 나온다. 20분 남짓 걸어 정상에 오르면 송당리의 오름들이 파도처럼 넘실댄다. 전체 코스 길이는 3.2km이고 트레킹 시간은 90분이다.

항파두리 항몽유적지 p318

올레 16코스가 지나는 항파두리는 삼별초의 최후 항전지이다. 계절마다 유채, 청보리, 양귀비, 수국, 해바라기, 코스모스가 삼별초의 영혼을 위로한다. 높다란 토성을 따라 걸으면 서쪽으로는 멀리 푸른 바다에 이르는 마을 풍경이, 동쪽으로는 중산간 초원과 한라산 풍경이 펼쳐진다. 탐방 시간은 1시간 남짓 걸린다.

PART 2
제주 올레 26

꼬닥꼬닥 걸어서 제주 한 바퀴
직립 보행! 인류의 위대한 역사는 걷기에서 시작되었다. 걷기는 그러므로 가장 인간적인 몸짓이다. 자연의 공간을 향유하고, 시간을 온전히 내 것으로 만들고, 생각을 확장하고, 자유를 만끽하는 가장 감각적인 여행이다. 26개 코스, 425km. 힐링과 환상의 길로 당신을 초대한다.

오동여식당
티타임커피
올레실내포장마차

18-1코스
눈물의십자가

추자도

정성듬뿍제주국
도두동 무지개해안도로
도두해녀의집
외도339
동문재래시장과 산지천

애월고사리밥
인디고인디드
해변횟집
돌빌레
수산저수지
윈드스톤
17코스 제주시

15코스 B
고대봉
연화지
큰여
새큰어가든
더럭초등학교
16코스
광성식당

14코스
15코스 A
쉬리니케이크

한림일품횟집
바람난수제비
애월읍

한라산
금능샌드
rnr
카페이면
한림공원

뚱보아저씨
한라당몰국수
제주현대미술관
우호적무관심

열두달
13코스
저지오름
책방 소리소문

뉴저지 김밥
14-1코스

엉알길과 생이기정길
한림읍

12코스
한경면
오설록 티 뮤지엄
핫마마
안덕면
여미지 식물원
서귀포시

신도어촌계식당
연희원
서귀포매일올레시
서귀포 제주에인감귤밭카페
고근산

도구리알
11코스
제주포슬
안덕계곡
9코스
바다바라
7-1코스
엉또폭포

엘림소반
월라봉
박수기정
중문
바다다
문치비

대정오일장
대정쌍둥이식당
미영이네식당
새물국수
화순별곡
8코스
대기정
대포주상절리
60빈스
7코스
천지폭포

홍성방
산방산과 용머리해안
토끼트멍
외돌개
맨도 해장

10코스
섯알오름과 알뜨르비행장

10-1코스
가파도터미널카페
가파도용궁정식
가파도해녀촌식당

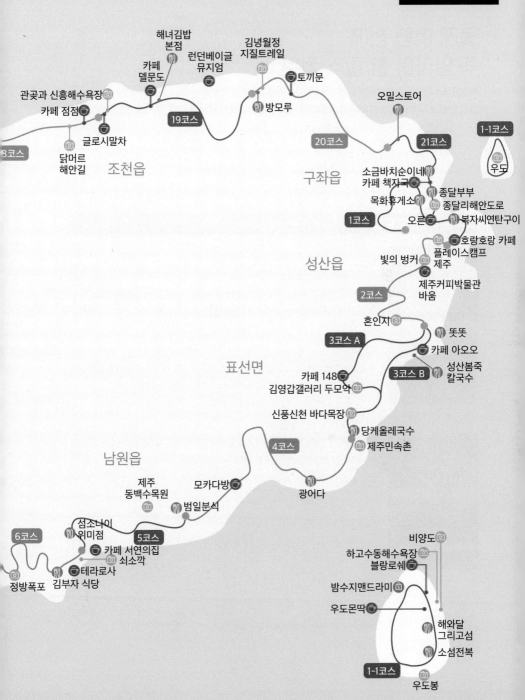

제주 올레 여행 지도

해녀김밥
본점
카페
델문도
런던베이글
뮤지엄
김녕월정
지질트레일
토끼문
관곳과 신흥해수욕장
오밀스토어
카페 점점
방모루
1-1코스
글로시말차
19코스
우도
3코스
닭머르
해안길
조천읍
20코스
21코스
구좌읍
소금바치순이네
카페 책자국
종달부부
목화휴게소
종달리해안도로
1코스
오른
복자씨연탄구이
성산읍
호랑호랑 카페
빛의 벙커
플레이스캠프
제주
제주커피박물관
바움
2코스
혼인지
똣똣
3코스 A
카페 아오오
성산봉죽
칼국수
표선면
카페 148
3코스 B
김영갑갤러리 두모악
신풍신천 바다목장
당케올레국수
제주민속촌
4코스
남원읍
제주
동백수목원
모카다방
범일분식
광어다
비양도
섬소나이
위미점
하고수동해수욕장
블랑로쉐
6코스
5코스
카페 서연의집
쇠소깍
밤수지맨드라미
테라로사
우도몬딱
정방폭포
김부자 식당
해와달
그리고섬
소섬전복
1-1코스
우도봉

올레 여행 전에
꼭 알아야 할 필수 정보

제주올레는 코스별로 6시간 남짓 걸리는 데다가 관계자의 도움을 받을 수 없는 자유 여행이기에
걷기 전에 챙겨야 할 정보가 제법 많은 편이다. 올레길 표지부터 트레킹 주의사항까지 빠짐없이 안내한다.
*제주 올레 트레일 https://www.jejuolle.org

제주올레의 안내 표지

간세
제주올레의 상징인 조랑말 이름이다. 느릿느릿한 게으름뱅이라는 제주어 '간세다
리'에서 따왔다. 간세는 갈림길에서 길을 안내한다. 시작점에서 종점을 향해 걷는
경우, 간세 머리가 향하는 쪽이 길의 진행 방향이다.

화살표
화살표는 진행 방향을 알려준다. 파란색 화살표는 정방향으로 걸을 때의 진행 방향
을, 주황색 화살표는 역방향으로 걸을 때의 진행 방향을 가리킨다.

스탠드(우회 및 위험 안내)
특별히 주의가 필요한 위험 구간이나 일시적으로 우회해야 하는 곳에 설치돼 있다.
우회로의 경로와 시간, 거리 등을 알려준다. 우회로에는 주황색 리본 두 가닥을 매
달아 길을 안내한다.

휠체어 구간
간세 안장의 S는 시작점, F는 종점을 뜻하며 간세 머리가 향한 쪽이 진행 방향이다.

리본
푸른 바다를 상징하는 파란색 리본과 감귤을 상징하는 주황색 리본 두 가닥을 한
데 묶어 주로 전봇대와 나뭇가지에 매달아 놓았다. 리본만 잘 따라 걸어도 길을 잃
을 염려가 없다.

플레이트
가로 세로 16㎝ 크기의 판으로 도심 지역의 전봇대, 숲속의 나무 등에 붙어 있다. 정방향으로 걸을 때의 현재 거리와 총 거리가 표시되어 있다.

시작점 표지석
표지석은 제주올레 각 코스의 시작과 끝을 알려준다. 현무암으로 만든 표지석에는 각 코스의 전체 경로와 경유지, 화장실 위치 등이 그려져 있다.

스탬프 간세
스탬프 박스는 시작점, 중간지점, 종점에 설치돼 있다. 제주올레 패스포트에 각 코스 스탬프 3종을 모두 찍으면 제주올레여행자센터에서 완주증과 완주 메달을 받을 수 있다.

제주올레 공식 안내소와 족은 안내소

제주올레 공식 안내소는 제주공항과 14개 코스 출발지점에 있다. 척척박사 안내사에게 올레 여행에 대한 정보와 설명을 들을 수 있고, 올레길 자료도 받을 수 있다. 족은(작은) 안내소는 올레길 시작점 또는 중간이나 공식 안내소가 없는 코스에 있다. 마을 사람들이 가게 한편을 무상으로 내준 공간이다.

올레 여행에 필요한 준비물

올레 패스포트 제주올레 패스포트는 일반 여권 크기로 각 코스별 지도와 완주 확인 스탬프 페이지, 메모장 등이 수록되어 있다. 패스포트 할인업체에서는 교통, 입장료, 숙소, 식당 등 다양한 할인 혜택을 받을 수 있다. 가격은 20,000원이다. 온라인 올레스토어, 제주올레여행자센터, 제주올레 공식 안내소, 제주별책부록에서 구매할 수 있다.

여행자 보험 올레길 여행은 안전을 스스로 책임지는 자유 여행이다. 혹시 모를 사고에 대비해 여행자 보험을 꼭 들자.

복장 숲길이 많으므로 한여름에도 긴 소매와 긴 바지를 입어야 한다. 제주는 하루에도 날씨 변화가 심하다. 가벼운 방수 점퍼나 우비도 준비하자.

신발 등산화나 트레킹화가 가장 좋다. 짧고 편한 코스에서는 운동화도 괜찮다. 여름철에 바닷가 코스를 걷는다면 샌들을 추가로 챙겨가자.

현금과 교통카드 걷기 여행 중 카드 사용처가 많지 않으므로 현금을 필수로 준비해야 한다. 대중교통을 이용할 때에는 교통카드가 편리하다.

생수와 간식 제주올레 길에는 인가나 가게나 드물다. 따라서 생수와 간식을 꼭 챙기자.

쓰레기봉투 자기가 만든 쓰레기는 버리지 말고 꼭 챙겨와야 한다. 잊지 말고 쓰레기봉투를 준비하자.

마스크와 손 소독제 코로나19 예방과 안전을 위해 개인용 마스크와 손 소독제를 꼭 준비하자.

코스 지도 제주올레 홈페이지 자료실에서 제주올레 전체지도와 각 코스의 세부지도를 내려받을 수 있다.

제주 여행 지킴이 단말기 대여 서비스

제주 여행 지킴이는 손목에 차는 스마트 워치로, 위급할 때 버튼으로 신호를 보내는 단말기이다. 버튼을 누르면 현재 위치를 경찰에 전달해 경찰이 출동하는 시스템이다. 걷기 전에 제주올레 콜센터(064-762-2190)로 연락하면 일정 시간마다 콜센터에서 여행자에게 연락하여 안전을 체크하는 서비스도 받을 수 있다.

대여 장소 ① 제주공항 종합관광안내센터(제주국제공항 1층 2번 게이트 앞)

② 제주항 연안여객터미널 및 제주항 국제여객터미널 관광안내센터

대여료 무료 (단, 보증금 50,000원 예치)

대여 기간 15일 이내 (전화로 1회 연장 가능, 최대 30일 대여)

대여 방법 신청서작성 → 보증금 예치 → 단말기 대여 → 단말기 반납 → 보증금 환불 → 신청서 파기

혼자 걷기 부담되면 아카자봉 함께 걷기

'아카데미 자원봉사자와 함께 걷기'를 줄임말이다. 제주올레 아카데미 수료자가 하루 한 코스씩 길을 안내하는, 올레꾼과 함께 걷는 자원봉사 프로그램이다. 제주올레 홈페이지 아카자봉 함께걷기 일정에 참가 신청을 한 후 정해진 시간과 장소에 맞추어 도착하면 일정이 진행된다. 혼자 걷기 부담되거나 처음 걷는 여행자에게 권하는 프로그램이다.

동물을 만났을 때 주의사항

❶ 개를 만났을 때 묶여있지 않은 개를 만났을 때는 자극하지 말고, 뒤로 너무 빨리 움직이지 말아야 한다. 개와 눈을 마주치지 말아야 하며, 만약 공격을 당하면 웅크려서 목과 얼굴을 보호해야 한다. 그리고 즉시 제주올레 콜센터로 신고해야 한다. (064-762-2190)

❷ 소를 만났을 때 어미 소와 송아지가 같이 있을 때 조심해야 한다. 위협적인 행동을 삼가며 멀찍이 지나가는 게 좋다.

❸ 말을 만났을 때 말의 뒤쪽으로 가지 말자. 뒤쪽에 있으면 뒷발에 차일 수 있다.

❹ 뱀을 만났을 때 뱀은 진동을 느끼면 도망간다. 수풀이나 밭을 지날 때는 지팡이로 땅을 수시로 울려서 뱀이 도망가게 하는 게 좋다.

제주올레 안전 수칙

① 걷기 종료 시점을 하절기엔 오후 6시, 동절기엔 오후 5시까지로 잡고 끝내기
② 태풍, 호우, 폭설 시에 걷지 말기
③ 혼자 걸을 때는 수시로 현재 위치와 안전 여부를 가족이나 지인에게 알려주기
④ 코스를 벗어난 가파른 계곡이나 절벽 절대 피하기
⑤ 거리표지에 있는 지나온 거리 및 주변 위치 정보(건물명 등)를 숙지하며 걷기
⑥ 제주올레 표지를 놓쳤을 때는 마지막 표지를 본 자리로 되돌아가 다시 걷기
⑦ 혼자 여행할 때에는 검증된 숙소를 이용하기
⑧ 길에서 만나는 소, 말, 개, 벌집 등에 다가서지 말기
⑨ 걷기 전에 코스 정보 충분히 확인하고 숙지하기
⑩ 제주올레 홈페이지를 통해 공지사항 확인하기

여름철 야생진드기 정보 및 예방수칙

① 긴 소매(팔토시), 긴 바지, 챙이 큰 모자를 착용한다.
② 수풀이 무성한 곳이나 목장 주변에서는 맨바닥에 앉지 않는다.
③ 귀가 혹은 숙소로 돌아오면 즉시 샤워한다.
④ 바닥에 펼쳤던 돗자리나 의류는 청결히 세탁·관리한다.
⑤ 진드기에 물린 후, 감기와 비슷한 발열 증상이 있다면 병원에서 치료를 받는다.
⑥ 진드기 기피제를 사용하여 미리 예방한다.

제주올레여행자센터

7코스와 7-1코스가 만나는 지점에 있는 제주올레여행자센터는 여행자들의 휴식과 교류의 공간이다. 식당, 올레 사무국, 게스트하우스, 펍으로 구성돼 있다.

제주올레여행자센터 ⊙ 제주특별자치도 서귀포시 중정로 22 📞 064-762-2167 🕐 08:00~23:00 (연중무휴)

올레 1코스 시흥-광치기 올레

시작점 서귀포시 성산읍 시흥상동로 113(시흥초등학교)
코스 길이 15.1km(탐방 시간 4~5시간, 인기도 상,
탐방로 상태 상, 난이도 중, 접근성 중)
편의시설 주차장, 화장실, 휠체어 구간
(종달리 옛 소금밭 ~ 성산갑문 입구까지 4.6km)
여행 포인트 알오름 정상에서 우도와 성산일출봉
한눈에 담기, 종달리 마을 길 걷기,
해안 길 즐기기, 광치기해변의 절경 감상

종달리 옛 소금밭
종달리
사무소
알오름 정상
(말산메)
목화휴게소
시흥
초등학교(시작점)
성산갑문
입구
말미오름   올레1코스
(두산봉)   공식안내소
성산일출봉
수마포
광치기해변
(도착 지점)

평화로운 마을과 푸른 바다를 품에 안으며

2007년 9월 제주올레에서 가장 먼저 열린 길이다. 시흥리에서 말미오름순수높이 101m과 알오름 정상을 거쳐 종달리 해안도로와 광치기해변에 이르는 15.1㎞ 거리이다. 4~5시간 정도 소요되는 중급 코스로, 초반 두 개의 오름 외에는 평탄한 마을 길과 바다를 옆에 두고 걷는 해안도로가 연속으로 이어진다. 완만한 말미오름 탐방길을 조금 오르면 전망대에 도착한다. 정면으로 성산일출봉이 다가온다. 시원한 전망을 감상하며 길을 따라가면 어느새 알오름말산메 정상을 밟고 있다. 알오름은 말미오름 안에 솟은 새끼 오름으로 제주 동부 최고의 전망대이다. 우도와 성산일출봉, 지미봉이 한눈에 들어온다. 날씨가 좋은 날에는 한라산 서쪽과 그 주변의 오름까지 조망할 수 있다. 알오름에서 내려와 소금밭이 유명한 종달리 마을 길을 걷고 있으면, 어느덧 현무암과 초록빛 녹조류가 아름다운 종달리 해변 풍경이 여행자를 맞이한다. 해안도로를 따라 펼쳐진 풍경에 젖어 한참을 걷다 보면 성산리를 거쳐 성산일출봉과 광치기해변에 도착한다.

How to go 올레 1코스 찾아가기

자동차 내비게이션에 '서귀포시 성산읍 시흥상동로 113' 혹은 '시흥초등학교' 입력 후 출발

버스 제주국제공항 1번 정류장표선, 성산, 남원에서 111번 승차 → 11개 정류장 이동, 1시간 21분 소요 → 성산일출봉
입구(동) 정류장 하차하여 201번으로 환승 → 10개 정류장 이동, 9분 소요 → 시흥리(동) 정류장 하차 → 도보 5
분, 307m → 시흥초등학교

콜택시 성산개인택시 064-784-3030, 성산콜택시 064-784-8585

Walking Tip 올레 1코스 탐방 정보

❶ **걷기 시작점** 시흥초등학교에서 시작한다. 정확한 시작점은 시흥초등학교
에서 시흥리 정류장 방향남쪽으로 150m 이동하여 오른쪽 길로 접어드는 지
점이다.

❷ **트레킹 코스** 시흥초등학교에서 출발하여 말미오름, 알오름 정상에 올랐
다 내려와 종달리 해변과 성산포 지나 광치기해변에 이르는 코스이다. 종달
리 옛 소금밭에서 성산갑문 입구까지 4.6km 구간은 휠체어 구간이라 무장
애 탐방이 가능하다.

❸ **준비물** 운동화, 모자, 선크림, 선글라스, 생수

❹ **유의사항** 종달리 마을 길은 주민들 생활 영역이다. 조용히 걷자. 해안도로 탐방 시 무단횡단 등 위험한 행동
은 피해야 한다. 가맥집 목화휴게소는 스탬프 찍는 곳이다. 지나친 음주를 삼가자.

❺ **기타** 화장실이 있는 지점에 도착하면 용변을 해결하는 게 좋다. 말미오름두산봉이 시작되는 지점에 1코스 공
식안내소서귀포시 성산읍 시흥리 2665-1가 있다. 시작점에서 1.1km 지점이다.

Travel Tip 올레 1코스 주변의 명소·맛집·카페   📷 🍽 ☕

📷 HOT SPOT

플레이스캠프 제주

축제, 공연, 영화가 끊이지 않는다

숙소지만 숙소를 넘어서는 공간이다. 'Not Just a Hotel'이라는 슬로
건을 걸고 트렌디한 복합문화 공간을 지향하고 있다. 235개 객실 중
에는 책 200여 권으로 꾸민 '문학과지성사' 룸이 인상적이다. 호텔 중
앙 광장에서는 정기적으로 플리마켓과 공연이 열린다. 여름에는 맥
주 페스티벌이 광장에서 열린다. 커피 맛 좋기로 유명한 제주 도렐
본점도 있다.

🚶 광치기해변에서 도보 10분 📍 서귀포시 성산읍 동류암로 20
📞 064-766-3000 ⓘ www.playcegroup.com

RESTAURANT

복자씨연탄구이

오션 뷰 맛집에서 근고기와 김치찌개를

성산읍 오조리 올레 1코스 휠체어 구간에 있다. 해맞이해안로 옆에 있는 오션 뷰 맛집으로, 풍경만 좋은 게 아니라 음식 맛도 훌륭하다. 근고기 600g이 기본으로 나오는데, 초벌로 구운 근고기를 직원들이 연탄불에 다시 구워준다. 멜젓에 적셔 한입에 베어 물면 감탄이 절로 나온다. 김치찌개 맛도 빼놓을 수 없다. 둘 다 술을 부르는 음식이므로, 마음 단단히 먹자.

🚶 성산일출봉에서 자동차로 4분 📍 서귀포시 성산읍 해맞이해안로 2764(오조리 367-1) 📞 064-782-7330 🕐 12:00~22:00 (연중무휴) 추천메뉴 김치찌개, 근고기 ⓘ 주차 전용 주차장

RESTAURANT

목화휴게소

개그우먼 장도연이 애정하는 가맥집

'나 혼자 산다'에서 장도연이 들러 화제가 된 전형적인 가맥집이다. 마리당 7천 원에 준치를 맥반석에 구워준다. 캔맥주와 병맥주는 구별 없이 2천 원이다. 나만 알고 싶은 곳인데 TV에 나온 이후로 바다 멍 즐기며 맥주 한잔하려는 사람들로 붐빈다. 가게 앞으로 성산일출봉과 우도가 한눈에 들어온다. 느긋하게 앉아있어도 눈치 주는 이가 없어 좋다.

🚶 종달리해변에서 도보 13분. 공식 스탬프 찍는 곳 📍 서귀포시 성산읍 해맞이해안로 2526 📞 064-782-2077 🕐 11:30~18:00(수 휴무) ⓘ 주차 가능

CAFE

오른 Orrrn

예쁘다고 난리 났네

목화휴게소와 성산갑문 사이 해안도로에 있는 따끈한 신상 카페다. 규모가 꽤 큰 오션 뷰 카페이다. 야외와 루프톱에도 멋진 공간이 있다. 감각적인 인테리어는 카페의 품격을 높여준다. 우도땅콩크림이 올라간 '오른라떼'와 커피 향이 진한 플랫화이트에 직접 베이킹한 크루아상을 곁들이면 좋다. 카페도 예쁘지만, 화장실도 인상적이다. 🚶 목화휴게소에서 도보 30분(1.9km), 오소포연대에서 도보 2분 📍 서귀포시 성산읍 해맞이해안로 2714 📞 064-783-1559 🕐 매일 10:30~20:00(동절기 19:00) ⓘ 주차 가능

올레 1-1코스 우도 올레

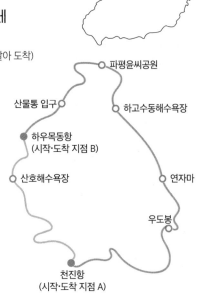

파평윤씨공원

산물통 입구

하고수동해수욕장

하우목동항
(시작·도착 지점 B)

산호해수욕장

연자마

우도봉

천진항
(시작·도착 지점 A)

시작점 우도 천진항 또는 하우목동항 (배가 두 항구에 번갈아 도착)

코스 길이 11.3km(탐방시간 4~5시간, 인기도 상,
탐방로 상태 상, 난이도 중, 접근성 중)

편의시설 화장실, 산책로, 식당 및 카페

여행 포인트 바다 즐기기, 밭길 걷기,
바다 건너 한라산과 오름 능선 감상,
우도봉 정상에서 성산일출봉 감상하기

*배가 천진항에 도착하면 천진항이 시작점이고,
하우목동항에 도착하면 하우목동항이 시작점이다.

바닷길과 밭길, 초원 그리고 우도봉

우도는 소가 누워있는 모습을 닮아서 일찍이 '소섬'이라 불렸다. 완만한 경사와 비옥한 토지, 풍부한 어장 등 천혜의 자연을 갖춘 섬으로 제주의 부속 섬 가운데 가장 크다. 우도를 마주하면 본섬과는 또 다른 아름다움에 매료된다. 여유 있게 둘러보려면 아침 배를 타고 들어가 오후 배를 타고 나오는 게 좋다. 올레 1-1코스는 바다를 끼고 우도를 한 바퀴 돈다. 바닷길과 밭길, 푸른 초원과 우도봉 등 독특한 제주 풍경을 눈에 담을 수 있다. 또 제주의 옛 돌담을 고스란히 간직한 밭길을 걸으며 밀과 보리, 땅콩이 자라는 모습도 만끽할 수 있다. 바다 건너 한라산과 오름 능선의 물결은 보는 이를 황홀경에 빠져들게 한다. 하룻밤 머물며 인파가 떠난 해변을 프라이빗 비치처럼 즐기고, 우도 본연의 정취를 만끽하는 것도 좋다. 한라산과 성산일출봉 뒤로 넘어가는 노을은 섬 속의 섬에서만 느낄 수 있는 낭만적인 정취이다. 여름밤 우도 북동쪽 바다에서 환히 불을 밝힌 고깃배들이 이룬 장관을 야항어범夜航漁帆이라 하는데, 우도팔경 중 하나로 숙박을 할 때만 즐길 수 있다.

우도 숙박 팁 에어비앤비airbnb.co.kr에서 원하는 조건에 맞춰 고를 수 있다. 가성비 펜션으로 우도모닝, 우영팟민박을, 대형 콘도와 고급 독채로는 훈데르트힐스, 스테이소도, 스테이인우도 등을 추천한다. 편의점도 많고, 하나로마트도 있어 따로 장을 봐 가지 않아도 된다.

How to go 우도 찾아가기

배 성산항에서 10~30분 간격으로 배가 출발한다. 종달항에서는 하루 4~7회 우도행 배가 다닌다. 모든 배는 우도의 하우목동항 또는 천진항에 번갈아 가며 도착한다.

성산항과 종달항

성산항 찾아가기 ① 제주국제공항 1정류장(표선, 성산, 남원)에서 111번 탑승 → 12개 정류장 이동, 1시간 20분 소요 → 성산항 정류장 하차 → 도보 7분 → 성산항 **②** 211, 212, 295, 112번 승차하여 성산항 정류장 하차
주소 서귀포시 성산읍 성산등용로 112-7 (우도도항선선착장) 전화 064-782-5671
운항 시간 08:00부터 18:00까지(겨울 17:00, 여름 18:30까지) 10~30분 간격으로 운항 왕복요금 **성인** 10,500원 **청소년** 10,100원 **초등학생** 3,800원 **3~7세** 3,000원 / **경차** 21,600원 **중소형** 26,000원, **대형** 30,400원 소요 시간 편도 15분 홈페이지 www.udoship.com

종달항 찾아가기 제주국제공항 2정류장(일주동로, 516도로)에서 101번 탑승 → 14개 정류장 이동, 1시간 11분 소요 → 세화환승 정류장(세화리) 하차 → 711-2번으로 환승 → 14개 정류장 이동, 23분 소요 → 두문포노린당 정류장 하차 → 도보 1분 → 종달항
주소 제주시 구좌읍 해맞이해안로 2274 전화 064-782-5671
운항 시간 **4~9월** 09:00부터 17:00까지 하루 7회 **10~3월** 09:30부터 15:30까지 하루 4회 운항
왕복요금 **성인** 10,000원 **청소년** 9,800원 **3~7세** 3,000원 / **차량 요금** 성산항과 동일 홈페이지 www.udoship.com

자동차 반입 제한 조치

자연 훼손을 우려해 렌터카 및 자동차의 반입 제한 조치가 시행되고 있다. 단, 1~3급 장애인과 만 65세 이상 노약자, 임산부, 만 6세 미만의 영유아를 동반하는 경우와 우도에 숙박하는 관광객이 탑승한 차는 반입할 수 있다. 선착장에 내리면 전동차, 스쿠터, 자전거 대여소가 즐비하니 우도 안에서의 이동은 걱정할 필요 없다. 전동차는 한 대에 아이 포함 2명까지 탈 수 있다. 티켓 한 장으로 자유롭게 승하차가 가능한 순환버스도 즐겁다. 자동차로 해안도로를 따라 섬을 한 바퀴 도는 데 40분 정도, 가로지르면 15분 정도 소요된다.

Walking Tip 올레 1-1코스 탐방 정보

❶ **걷기 시작점** 배가 도착하는 선착장에 따라 시작점이 달라진다. 하우목동항, 천진항 중 배가 도착하는 곳에서 출발하면 된다.
❷ **트레킹 코스** 하우목동항이나 천진항의 선착장에서 시작하여 시계방향으로 섬을 한 바퀴 도는 코스로, 시작점과 도착점이 같다.
❸ **준비물** 운동화, 모자, 선크림, 선글라스, 생수, 쓰레기봉투
❹ **유의사항** 우도 여행에서 가장 중요한 건 날씨다. 배를 타야 하고, 식당과 카페 외에는 모두 야외라 날이 궂거나 비바람이 강할 때는 걷기 여행하기 힘들다.
❺ **기타** 스탬프 찍는 곳은 천진항족은안내소·노닐다 게스트하우스, 하우목동항, 하고수동해수욕장범선집밥 앞에 있다.

HOT SPOT

우도봉 소머리오름

성산일출봉, 동부 오름 그리고 한라산까지

압도적인 뷰를 자랑하는 우도 정상의 봉우리순수높이 128m이다. 걸음을 옮길 때마다 감탄에 감탄을 연발하게 될 것이다. 맑은 날이라면 우도 일대는 물론 건너편의 성산일출봉과 동부의 오름 능선, 그리고 한라산까지 조망할 수 있다. 우도봉 일대를 말을 타고 돌아보는 승마체험도 특별하다. 6월 말엔 우도봉 옆 등대공원 입구에 키 큰 수국이 파스텔 색조로 들판을 수놓는다.

🚶 천진항에서 전기차로 6분, 하우목동항에서 전기차로 13분 📍 제주시 우도면 연평리 산18-2 ⓘ 주차 가능

 HOT SPOT

하고수동해수욕장

남국에서 만난 에메랄드빛 해변

우도 동북쪽에 있다. 에메랄드빛 바다에 잔잔한 파도, 모래는 보드랍고 수심은 낮다. 아름답고 이국적이라 사람들은 사이판 해변이라고도 부른다. 주변으로 식당과 카페도 많아 편리하다. 어선들이 먼바다에서 불빛을 별처럼 수놓는 여름밤에는 환상적인 산책길이 된다. 산호해수욕장이나 검멀레해변보다 사람이 많지 않아 조용히 바다를 즐기고픈 이에게 추천한다.

🚶 천진항에서 전기차로 10분, 하우목동항에서 전기차로 8분 📍 제주시 우도면 연평리 1290-5 ⓘ 주차 해변 주차장

📷 HOT SPOT

비양도

백패킹의 성지

협재해수욕장 앞의 섬과 이름이 같은 우도 안의 또 다른 섬이다. 캠핑족들이 주로 찾는 뷰 명당 섬인데, 개방한 지 얼마 안 된 곳이라 자연 그대로의 모습을 간직하고 있어 더욱 특별하다. 그래서 비양도에서의 야영은 백패커들의 버킷리스트에 꼭 들어간다. 여건이 되어 차를 가지고 간다면 입구까지 들어갈 수 있다. 해산물을 파는 '해녀의 집'도 있다. 🚶 천진항에서 전기차로 13분, 하우목동항에서 전기차로 10분 📍 제주시 우도면 연평리 8 ⓘ 주차 가능

🍴 RESTAURANT

해와달그리고섬

푸짐한 우도 해산물의 모든 것

우도 동쪽 비양도 가는 길에 있다. 해물뚝배기가 맛있기로 소문난 집이다. 조림, 물회, 뚝배기, 해물라면 등 다양한 메뉴가 준비돼 있으며, 황돔 코스를 시키면 곁들임 음식이 푸짐하게 나온다. 해산물 모둠도 탱글탱글 신선하고 푸짐하다. 모두 우도에서 얻은 재료를 사용한다. 재료가 좋으니 맛도 좋다. 전 메뉴 포장 판매도 한다. 🚶 천진항에서 전기차로 11분, 하우목동항에서 전기차로 10분 📍 제주시 우도면 우도해안길 946 📞 064-784-0941 🕐 10:00~20:30(첫째, 셋째 수요일 휴무) ⓘ 주차 가능

🍴 RESTAURANT

소섬전복

전망 좋은 오션 뷰 맛집

국내산 전복을 넣어 만든 돌솥밥과 뚝배기, 미역국, 물회, 죽 등을 맛볼 수 있다. 신선한 재료를 아낌없이 넣어 맛있고, 가성비 좋은 세트 메뉴가 있어 나눠 먹기 좋다. 기본 찬으로 게우젓과 흑돼지 고기산적, 간장게장까지 나오니 입맛이 절로 살아난다. 통유리로 된 단독 건물이라 멋진 뷰를 즐기며 식사할 수 있다. 🚶 검멀레해변에서 도보 5분. 천진항에서 전기차로 7분, 하우목동항에서 전기차로 10분 📍 제주시 우도면 연평리 329 📞 064-782-0062 🕐 매일 09:00~19:00 ⓘ 주차 가능

☕ CAFE

블랑로쉐

오션 뷰 카페

우도에서 가장 유명하고, 뷰가 좋은 카페다. 아름다운 하고수동해수욕장 끄트머리의 암석 위에 자리하고 있다. 덕분에 보이는 건 오로지 비취색 바다다. 뷰가 멋진 야외 좌석도 있고, 사람이 좀 많은 게 단점이긴 하다. 우도 땅콩으로 만든 라테와 아이스크림이 인기 메뉴다. 주차장이 따로 없어 해수욕장 근처에 차를 대고 걸어가야 한다. 🚶 하고수동해수욕장 서쪽 끝 해변 📍 제주시 우도면 우도해안길 783 📞 064-782-9154 🕐 10:00~17:00(7~8월 17:30까지, 11~3월 16:00까지) ⓘ 주차 불가(해변 앞 주차공간 이용)

☕ CAFE

우도몬딱

땅콩 아이스크림과 바삭한 추로스의 환상 조합

푸른 우도 바다와 고소한 땅콩 아이스크림은 너무나 잘 어울리는 조합이다. 거의 모든 카페에서 우도 땅콩 아이스크림을 판매하는데, 가게마다 특색이 다르다. 이 집은 아이스크림을 진한 땅콩 크림으로 만들어 색도 갈색이다. 여기에 갓 튀긴 바삭한 추로스를 꽂아주는 땅츄는 그야말로 환상 조합이다. 상큼한 한라봉 아이스크림으로 선택할 수도 있다. 🚶 하고수동해수욕장에서 도보 2분 📍 제주시 우도면 우도해안길 794 📞 064-782-6789 🕐 09:30~18:30(동절기 ~17:30) ⓘ 주차 가능

🛍 SHOP

밤수지맨드라미

어쩌면 가장 먼 책방

우도의 독립서점이다. 제주 바닷속에 사는 멸종 위기의 분홍색 산호의 이름에서 따다 이름 지었다. 우도의 쪽빛 바닷가가 서점 문 앞을 지켜준다. 오래된 돌집을 개조해 만든 책방이지만 도서와 소품이 제법 많고 알차다. 한쪽엔 카페 공간이 있어 커피를 마시며 책을 읽고 갈 수도 있다. 특별한 분위기지만 소박하게 섬마을 책방의 본분을 충실히 수행하고 있다. 🚶 천진항에서 전기차로 13분, 하우목동항에서 전기차로 7분 📍 제주시 우도면 우도해안길 530 📞 010-7405-2324 🕐 10:00~18:00(비정기 휴무) ⓘ 주차 가능(뒷골목 주차장)

올레 2코스 광치기-온평 올레

시작점 서귀포시 성산읍 고성리 224-33(광치기해변)

코스 길이 15.6km(탐방 시간 4~5시간, 인기도 상, 탐방로 상태 상, 난이도 중, 접근성 상)

편의시설 구급함(광치기해변),
화장실(족지물, 가죽공방 화잠레더, 대수산봉, 혼인지),
족은 안내소(화잠레더), 스탬프 찍는 곳(광치기해변, 온평포구)

여행 포인트 광치기해변의 풍경 즐기기, 식산봉과 족지물 일대 갯벌 만끽하기, 대수산봉 정상에서 성산일출봉과 섭지코지의 찬란한 풍경 즐기기, 혼인지의 6월 수국

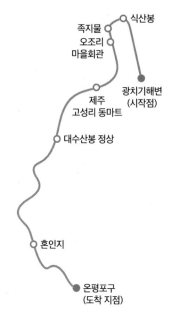

©제주도청

아름다운 해안과 멋진 오름 걷기

올레 2코스는 성산일출봉을 앞산 삼아 펼쳐진 광치기해변부터 식산봉순수높이 40m과 대수산봉순수높이 97m, 그리고 혼인지와 온평포구까지 이어지는 길이다. 유채꽃밭으로 유명한 광치기해변은 썰물이 되면 넓은 평야처럼 암반 지대가 드러난다. 그 모습이 광야 같다고 하여 광치기라 이름 붙였다. 동화 같은 분위기의 오조포구는 드라마<웰컴투 삼달리>와 <공항 가는 길> 촬영지이기도 하다. 오조리 식산봉과 족지물 일대는 썰물이 되면 갯벌이 드러나 조개잡이 하는 사람들로 가득 찬다. 식산봉은 정상에 장군 모습 바위가 있어 바위오름이라고도 불린다. 왜구의 침입이 잦았던 이 지역에 오름을 군량미가 쌓인 것처럼 꾸며 놓아 식산봉이라 부르게 되었다. 발길은 다시 이 일대에서 가장 중심가인 고성리 동마트 부근을 지나 대수산봉까지 이어진다. 대수산봉 정상에 서면 성산일출봉과 섭지코지의 찬란한 풍경이 한눈에 들어온다. 혼인지는 신혼부부들의 웨딩사진 촬영 명소이다. 6월엔 수국이 환상적이다. 종착지는 온평포구이다. 온평, 겨울에도 풀이 자라는 따뜻한 동네의 아담한 포구이다.

How to go 올레 2코스 찾아가기

자동차 내비게이션에 '광치기해변' 입력 후 출발. 주차는 주변 공영주차장 이용

버스 ❶ 제주국제공항종점 방면 정류장에서 102번 탑승 → 1개 정류장 이동, 8분 소요 → 제주버스터미널종점 방면 정류장 하차 → 도보 1분, 85m → 제주버스터미널가상정류소 정류장에서 211번으로 환승 → 51개 정류장 이동, 1시간 15분 소요 → 광치기해변 정류장 하차 → 도보 1분 → 광치기 해변 ❷ 서귀포버스터미널에서 101번급행 탑승하여 고성리환승정류장고성리 회전교차로에서 201, 211, 212, 721-2번으로 환승. 광치기해변 정류장 하차

콜택시 성산개인택시 064-783-3030, 성산콜택시 064-783-8585

Walking Tip 올레 2코스 탐방 정보

❶ 걷기 시작점 광치기해변에서 시작한다.

❷ 트레킹 코스 광치기해변에서 식산봉과 오조리 마을로 거슬러 올라갔다가 다시 남쪽으로 방향을 틀어 대수산봉, 혼인지 거쳐 온평포구에 도착하는 코스이다. 식산봉과 대수산봉 모두 높지 않으니, 꼭 올라보길 바란다. 특히 대수산봉 정상의 뷰는 참으로 아름답다. 입구부터 정상까지 약 15분 걸린다.

❸ 준비물 운동화, 모자, 선크림, 선글라스, 생수

❹ 유의사항 도민 거주 지역을 걸을 땐 공중도덕을 지키며 조용히 걷자.

❺ 기타 광치기해변과 성산읍 고성리 동마트 주변에 식당과 카페들이 많다.

Travel Tip 올레 2코스 주변의 명소·맛집·카페 📷 🍺 ☕

📷 HOT SPOT

빛의 벙커

놀랍고 감동적이다

대수산봉 기슭에 있는 인기 많은 미디어아트 전시장이다. 넓이 약 1천 평, 높이 6m의 지하 벙커에 있다. 고흐와 고갱의 작품을 100대의 프로젝트로 영상 입체 전시하였고, 현재는 칸딘스키의 전시가 이어지고 있다. 빛의 벙커에선 대가들의 그림이 마치 살아있는 것처럼 영상으로 나타난다. 지상엔 커피박물관 바움이 있다.

🚶 광치기해변에서 자동차로 8분 📍 서귀포시 성산읍 고성리 2039-22
📞 1522-2653 🕐 10:00~18:20 ① 입장료 11,000원~19,000원

📷 HOT SPOT

혼인지

수국이 매혹적인 웨딩 촬영 명소

혼인지는 제주의 혼인 신화가 전해져 오는 연못이다. 삼성 신화에 등장하는 고을나, 양을나, 부을나가 벽랑국에서 온 세 공주와 혼인을 올린 곳이라는 전설이 내려온다. 실제 신혼부부들이 웨딩 사진을 촬영하기 위해 많이 찾는다. 6월이 되면 돌담 옆과 정원, 산책로에 파란 수국이 가득 피어난다. 아름다운 모습을 담아가려는 이들의 발걸음이 많이 모여든다.

🚶 온평포구에서 도보 30분, 1.8km 📍 서귀포시 성산읍 혼인지로 39-22
📞 064-710-6798 🕐 매일 08:00~17:00(연중무휴)

RESTAURANT
똣똣

뜨끈한 쌀국수 한 그릇

똣똣은 '뜻뜻하다'의 제주 사투리로, 이름처럼 '똣똣한' 국물의 쌀국수가 대표메뉴이다. 뜨끈하면서 감칠맛이 도는 진한 국물이 베트남 현지보다 더 맛있게 느껴질 정도이다. 중화쌀국수는 매콤하여 해장에 안성맞춤이다. 그 외 반미샌드위치, 분보싸오, 짜조, 월남쌈 등도 모두 맛있다. 가게에서는 멋진 바다까지 볼 수 있으니 꼭 한 번 들러보자.

🚶 온평 포구 스탬프 찍는 곳에서 도보 1분(70m) 📍 서귀포시 성산읍 환해장성로 559 📞 064-782-3521 🕐 10:00~15:00(수요일 휴무) ⓘ 주차 가능

☕ CAFE
호랑호랑 카페

전망이 아름답고 포토존이 근사한

광치기해변 인근의 전망 좋은 카페이다. 푸른 바다와 성산일출봉을 감상하며 커피를 즐기기 좋다. 광치기해변에서 섭지코지로 이어지는 긴 모래사장이 카페 앞마당이다. 뷰가 아름다워 사진찍기 좋다. 해변에 조형 작품처럼 설치해 놓은, 금방 출항이라도 할 듯한 하얀 배가 포토존이다. 널찍한 야외데크 위에는 그늘막과 라탄 소파가 놓여 있어 더 낭만적이다.

🚶 광치기해변에서 도보 5분(약 350m) 📍 서귀포시 성산읍 일출로 86 📞 064-783-9799 🕐 매일 08:00~22:00 ⓘ 주차 가능

☕ CAFE
제주커피박물관 바움

카페가 숲으로 들어왔다

바움BAUM은 독일어로 나무라는 뜻이다. 성산읍 고성리 올레 2코스가 지나는 대수산봉 아래 숲속에 있다. 원래는 국가 통신시설 벙커가 있던 곳이었다. 지상엔 카페와 커피박물관이 있고, 벙커는 '빛의 벙커'로 탈바꿈했다. 건물 1층은 각국의 원두와 커피 추출 도구를 전시하는 박물관이고 카페는 2층이다. 3층은 루프톱으로 고개를 들면 멀리 성산일출봉이 보인다.

🚶 올레 2코스 대수산봉 서쪽 자락 바로 아래 📍 서귀포시 성산읍 서성일로1168번길 89-17 📞 064-784-2255 🕐 09:00~18:00(라스트오더 17:55)

올레 3코스 온평-표선 올레

시작점 서귀포시 성산읍 환해장성로 553(온평포구)

코스 길이 3-A코스 20.9km(탐방 시간 6~7시간, 인기도 중, 탐방로 상태 상, 난이도 상, 접근성 하)

3-B코스 14.6km(탐방 시간 4~5시간, 인기도 중, 탐방로 상태 상, 난이도 중, 접근성 하)

편의시설 공식 안내소(표선해수욕장), 족은안내소(신산리 마을 카페), 구급함(온평포구, 통오름), 화장실(온평포구, 보석암, 독자봉, 김영갑 갤러리, 신산리 마을 카페, 주어동포구, 표선해수욕장)

여행 포인트 온평부터 신산리까지 해안 풍경 즐기며 걷기, 3-A코스에서 밭담 길 즐기기, 김영갑 갤러리에서 사진 감상, 신풍신천바다목장의 말과 어우러진 자연 풍경 감상하기, 표선해수욕장의 넓은 모래사장 밟아보기

해안 길과 중산간 마을 올레 걷기

온평포구를 출발한 3코스는 약 550m 정도 전진한 뒤포구민박 부근 A코스와 B 코스로 갈라진다. 갈림길에서 우회전하여 '온평포구로62번길'로 접어들면 A 코스이고, 계속 직진하여 환해장성로로 가면 B코스이다. A코스는 동부 중산 간의 마을 올레를 걸으며 제주를 만나는 길이다. 드라마<웰컴투 삼달리>의 실제 마을 삼달리를 지난다. 3코스의 유명한 민박집 통오름 고정화할망집을 지나 밭담 길과 동백꽃 길, 감귤밭을 걷다 보면 제주의 영혼을 담은 사진가 김 영갑을 기리는 두모악 갤러리가 나온다. B코스는 아름다운 제주 동부 해안 길 따라 걷는 길이다. 고려 때 제주 사람들은 몽골의 침입을 막고자 해안선을 따 라 석성을 쌓았다. 온평부터 신산까지 이어지는 해안도로를 걷다 보면 1000 년 가까이 모진 해풍과 세월을 견디며 자리를 지키고 있는 환해장성을 찾아볼 수 있다. A코스와 B코스는 바다와 절묘한 조화를 이루는 10만 평의 방목지 신 풍신천바다목장에서 다시 만난다. 이어 길은 설문대할망이 바다를 메워 만들 었다는 표선해수욕장에 다다른다.

표선올레공식안내소
📍 서귀포시 표선면 민속해안
로 587 📞 070-4152-1751
🕐 매일 08:00~17:00(설날,
추석 당일 휴무)

올레 3-B코스 죽은안내소
(신산리 마을카페)
📍 서귀포시 성산읍 환해장성
로 33
📞 064-784-4333
🕐 매일 09:00~19:00

How to go 올레 3코스 찾아가기

자동차 내비게이션에 '온평포구'환해장성로 553 입력 후 출발. 포구 주차장 이용

버스 ❶ 제주국제공항 1번 정류장표선, 성산, 남원에서 111번 승차급행 → 10개 정류장 이동, 1시간 11분 소요 → 고성환승정류장고성리 회전교차로[남] 하차 → 도보 4분, 248m → 고성리 성산농협 정류장에서 722-2번으로 환승 → 6개 정류장 이동, 15분 소요 → 온평서구 정류장 하차 → 도보 5분, 357m → 온평포구

❷ 서귀포버스터미널에서 101번급행 탑승 → 신산환승정류장성산농협신산지점[동]에서 하차하여 722-2번으로 환승 → 온평리청부녀회사무소 하차

콜택시 성산개인택시 064-783-3030 성산콜택시 064-783-8585 표선개인호출택시 064-787-5252

Walking Tip 올레 3코스 탐방 정보

❶ 걷기 시작점 온평포구에서 시작한다. 역방향으로 시작하는 경우 올레 4코스 공식 안내소가 있는 표선해수욕장에서 출발

❷ 트레킹 코스 출발한 지 얼마 되지 않아 A코스와 B코스로 나뉜다. A코스는 동부 중산간 마을 길을 걸어 김영갑갤러리를 지나고, B코스는 신산환해장성, 신산리 마을 카페, 주어동포구 등 동부 해안 길을 지난다. 두 코스는 신풍신천바다목장에서 다시 만나 표선해수욕장에 이른다.

❸ 준비물 운동화, 모자, 선크림, 선글라스, 간식, 생수

❹ 유의사항 A코스는 도로와 마을 올레에 갈림길이 많으므로 올레 표식을 잘 확인하는 게 중요하다. 또 김영갑갤러리까지는 식당, 카페, 편의점 등이 거의 없으므로 미리 식사하거나 간식을 챙겨 가자. B코스는 대부분 해안 길로 이어지므로, 날씨를 확인하고 상황에 맞게 바람막이 겉옷, 우비 등을 준비하자.

Travel Tip 올레 3코스 주변의 명소·맛집·카페 📷 🍽 ☕

©강경필

📷 **HOT SPOT**

김영갑갤러리 두모악

제주의 내면까지 담아낸 사진

김영갑은 제주의 바람, 구름, 오름에 미쳐 어느 날 방랑의 육지 생활을 청산하고 제주에 뿌리 내렸다. 생의 마지막까지 영혼으로 찍은 그의 작품은 제주의 자연을 새롭게 일깨워줬다. 중산간 오름 풍경은 하나하나가 한 편의 서정시다. 맑아서 아름답고, 아름다워서 슬프다. 김영갑 갤러리는 올레 3-A코스에 있다. 잠시 걸음을 멈추고 제주의 풍경 사진에 취해보자.

🚶 온평포구에서 6.8km(자동차 9분, 도보 1시간 45분)
📍 서귀포시 성산읍 삼달로 137(삼달리 437-5) 📞 064-784-9907
🕐 3~6월·9~10월 09:30~18:00, 7~8월 09:30~18:00, 11월~2월 09:30~17:00(매주 수요일·명절 당일 휴무)
ⓘ 입장료 1천5백 원~4천5백 원

 HOT SPOT

신풍신천 바다목장

해변 옆 푸른 초원

성산읍 신풍리에 있는 해변 목장이다. 푸른 초원에서 말과 소가 뛰노는 모습은 물론 제주 동부의 아름다운 바다까지 감상할 수 있는 이국적인 곳이다. 초원 앞에 끝없이 펼쳐진 바다 덕분에 눈맛이 시원해 제대로 여행을 즐기고 있는 듯한 기분이 든다. 겨울이 오면 광활한 목장에 놀랍게도 오렌지빛 향연이 펼쳐진다. 귤껍질을 말리는 풍경이 멀리서 보면 거대한 대지 예술 같다.

🚶 온평포구에서 7.3km(자동차 10분, 도보 1시간 50분)
📍 서귀포시 성산읍 일주동로 5417(신풍리 33) 📞 064-740-6000

🍽 RESTAURANT

성산봄죽칼국수 신산리본점

보말로 만든 죽과 칼국수

올레 3-B코스 중간쯤, 스탬프 찍는 곳에 있다. 보말죽, 갈치죽, 전복죽, 보말칼국수, 얼큰새우칼국수 등 바다향 가득한 제주의 토속 음식을 팔고 있다. 해녀들이 직접 잡은 보말을 사용하여 녹진함과 감칠맛이 남다르다. 파르메산 치즈까지 뿌려 먹으면 한층 맛이 업그레이드된다. 바삭바삭한 한치전도 유명하며, 바다를 바라보며 먹을 수 있으니 일석이조이다. 🚶 올레 3-B코스 스탬프 찍는 곳 📍 서귀포시 성산읍 환해장성로 33 📞 064-784-3331 🕐 08:00~20:00(브레이크타임 15:30~16:30, 라스트오더 19:30, 일요일 휴무) ⓘ 주차 가능

☕ CAFE

카페 아오오

건축문화대상을 받은 카페

미술관을 연상시키는 외관의 건물에 있다. 건물 이미지가 당당하고 기품이 있다. 2020년 건축문화대상을 받은 카페인데, 온평에서 신산까지 이어지는 올레 3-B코스 중간에 있다. 커피부터 꽃차, 제주감귤에이드 그리고 디저트까지 메뉴가 다양하다. 시시각각 빛깔과 분위기를 바꾸는 바다를 바라보며 잠시 휴식과 여유를 즐기기 좋다.

🚶 온평포구에서 4.3km(자동차 6분, 도보 1시간) 📍 서귀포시 성산읍 환해장성로 75 📞 064-782-0007 🕐 매일 09:00~19:20(라스트오더 19:00) ⓘ 주차 가능

올레 4코스 표선-남원 올레

시작점 서귀포시 표선면 표선리 40-71(4코스 공식 안내소)
코스 길이 19km(탐방 시간 5~6시간, 인기도 중, 탐방로 상태 상, 난이도 중, 접근성 상)
편의시설 주차장(표선면 표선리 44-14), 화장실(표선해수욕장, 해양수산연구원, 산열이통,
남원하수처리장, 태흥2리 체육공원, 벌포연대, 남원포구), 산책로, 전망대
여행 포인트 바다를 벗 삼아 걷는 해안 올레길, 한적한 포구 마을 즐기기

표선해수욕장(시작점)

알토산고팡
해양수산연구원

해병대길

덕돌포구

남원포구
(도착 지점)
태흥2리 체육공원

눈부신 남쪽 바닷길 원 없이 걷기

표선해수욕장에서 시작하여 아름다운 바닷가 마을을 이어 걷는 해안 올레다. 푸른 바다와 너른 백사장이 눈부시다. 해양수산연구원 지나 세화포구에 들어서면 하얀 등대가 한 폭의 그림 같은 풍경을 연출해준다. 해녀들이 사용하던 길과 등대 주변으로 생태 탐방로도 마련돼 있다. 세화포구를 지나면 4코스에서 유일하게 그늘이 있는 해병대길로 이어진다. 올레꾼에게 그늘을 만들어 주는 바다 숲길로, 제주올레가 해병대 장병들의 도움으로 35년 만에 복원했다. 해병대길을 지나면 토산포구이다. 표선해수욕장에서 9km 거리인 토산포구에 이르기까지 내내 바다를 왼쪽에 끼고 걸을 수 있다. 걷는 동안 무궁화 나무인 황근도 볼 수 있다. 한여름엔 노랗게 꽃이 피어 여행자를 반긴다. 중간 스탬프는 토산2리 마을회관 근처의 식당 알토산고팡 앞에서 찍는다. 알토산고팡은 식사와 간식 등을 판매하며, 어린이도서관 역할도 겸하고 있다. 다시 마을을 빠져나와 신흥리포구와 덕돌포구를 지나면 제주에서 가장 온화한 기후를 자랑하는 남원포구에 닿는다.

How to go   올레 4코스 찾아가기

자동차 내비게이션에 '표선해수욕장' 입력 후 출발

버스 ❶ 제주국제공항 1번 정류장표선, 성산, 남원에서 121번 탑승 → 10개 정류장 이동, 1시간 6분 소요 → 제주민속촌 정류장 하차 → 도보 3분 → 제주올레 4코스 공식 안내소

❷ 서귀포 시청 부근 중앙로터리(동) 정류장에서 101번 승차 → 4개 정류장 이동, 37분 소요 → 표선환승정류장 표선리사무소 하차 → 도보 2분 → 표선리사거리 정류장에서 221, 222, 731-1, 731-2, 732-1, 732-3번으로 환승 → 2개 정류장 이동, 4분 소요 → 제주민속촌 정류장 하차 → 도보 3분 → 제주올레 4코스 공식 안내소

Walking Tip 올레 4코스 탐방 정보

❶ 걷기 시작점 표선해수욕장 제주올레 4코스 공식 안내소에서부터 시작한다. 역방향은 남원포구 용암해수풀장 앞 공식 안내소에서 시작한다.
❷ 트레킹 코스 바다를 곁에 두고 걷는 길이다. 완주가 부담스럽다면 일정에 맞는 도착점을 찾아 나만의 코스를 잡아보자.
❸ 준비물 운동화, 모자, 선크림, 선글라스, 생수, 간식
❹ 유의사항 한여름에는 볕을 피할 곳이 거의 없다.
❺ 기타 해비치호텔부터 가마리개쉼터까지 4.8km 구간은 휠체어 운행이 가능하다. 해안도로를 따라 이어진다.

Travel Tip 올레 4코스 주변의 명소·맛집·카페

(o) HOT SPOT

제주민속촌

제주의 전통 가옥과 독특한 민속 문화

가장 제주다운 체험을 할 수 있는 곳으로 표선해수욕장 바로 건너편에 있다. 제주 사람들 삶의 원형을 100여 채의 제주 전통 가옥으로 마을처럼 재현해 놓아 시간 여행을 하는 기분이 든다. 계절마다 꽃이 만발하는 포토존과 폭포와 분수 등이 있고 공예품 만들기 체험도 할 수 있어 심심할 틈 없다. 흥겨운 민속 공연도 즐기고 옛 주막과 식당도 들러보자.
🚶 제주올레 4코스 공식 안내소에서 도보 1분 ◎ 서귀포시 표선면 민속해안로 631-34 📞 064-787-4501 ⏰ 09:30~19:00(매표 마감 18:00) ⓘ 주차 전용 주차장

(🍴) RESTAURANT

당케올레국수

표선에서 으뜸인 보말칼국수

제주에서 보말칼국수로 유명한 식당 몇 군데를 손꼽을 수 있는데, 표선에서는 이 집이 으뜸이다. 특이하게도 이 집 보말칼국수엔 밥이 들어간다. 진하고 걸쭉한 국물에 국수와 죽이 함께 들어 있는 느낌이다. 반찬은 매번 조금씩 바뀌는데 모두 직접 만들어 손맛이 느껴진다. 매콤하고 달콤한 자리회와 한치회 무침은 제주 막걸리와 찰떡궁합이다. 🚶 4코스 공식 안내소에서 도보 3분 ◎ 서귀포시 표선면 표선당포로 4 📞 064-787-4551 ⏰ 08:00~17:00(목요일 휴무) ⓘ 주차 가능

RESTAURANT
광어다

최상급 품질의 광어요리 전문점

양식장 광어로 만든 요리를 합리적인 가격에 만날 수 있는 식당이다. 이
집 광어는 바로 옆 3천 평 규모의 양식장에서 가져와 언제나 품질이 최상
급이다. 바닷가 건물 2층에 널찍한 실내와 탁 트인 바다 전망까지 갖추고
있어 눈과 입이 함께 즐겁다. 국수, 덮밥, 물회, 탕수어, 미역국 등 다양한
조리법으로 제주 광어를 맛볼 수 있다. 🚶 표선면 세화2리 해녀의집(세화항)
300m 전 📍 서귀포시 표선면 민속해안로 73 광해수산 2층 📞 064-787-8838 🕐
10:30~20:00(라스트오더 19:00, 목요일 휴무) ⓘ 주차 가능

RESTAURANT
범일분식

걸쭉한 찹쌀 순댓국 노포

남원포구 앞에서 순댓국 마니아들의 군침을 돋우는 작은 식당이다. 상호
는 분식집인데 순대 전문점이다. 된장을 풀어 끓인 구수한 육수에 두툼
한 순대와 내장이 듬뿍 들어가 있다. 들깨를 풀어 넣은 걸쭉한 국물이 노
포의 위엄을 세운다. 순대 한 접시에 막걸리까지 곁들이면 하루의 노곤
함이 절로 풀어진다. 아침부터 문을 연다. 🚶 남원포구에서 도보 5분 📍 서귀
포시 남원읍 태위로 658 📞 064-764-5069 🕐 09:00~17:00(토요일 휴무) ⓘ
주차 가능(뒷골목)

CAFE
모카다방

커피 광고에 나온 그 카페

김우빈과 안성기가 나오는 맥심 커피 광고를 여기서 촬영했다. 카페 내부
는 레트로 감성으로 가득하다. 작은 소품 하나하나 옛 추억을 불러일으킨
다. 시원한 바닷바람을 맞으며 정성 가득한 음료와 디저트를 즐겨 보자. 유
기농 밀가루와 설탕, 발로나 초콜릿과 스페셜티 커피를 사용하며, 옆 건물
에 독립서점도 함께 운영해 쉬어가기 좋다. 🚶 남원읍 덕돌포구 앞 📍 서귀포시
남원읍 태신해안로 125 📞 064-764-8885 🕐 10:00~19:00(휴무 인스타그램 공
지) ⓘ 주차 가능(갓길 및 공터)

올레 5코스 남원-쇠소깍 올레

시작점 서귀포시 남원읍 남태해안로 140(남원포구 제주올레 5코스 안내소)

코스 길이 13.4km(탐방 시간 4~5시간, 인기도 중, 탐방로 상태 상, 난이도 하, 접근성 상)

편의시설 주차장, 화장실(큰엉 산책로, 위미1리복지회관, 신례2리복지회관, 쇠소깍), 산책로, 자판기,
운동기구, 휠체어 구간(국립수산과학원부터 진행 방향으로 2.7km), 구급함(신례2리복지회관)

여행 포인트 남원큰엉 해안길의 기암절벽 즐기기, SNS 핫스폿 한반도 포토존에서 사진 찍기,
위미에서 동백 즐기기, 쇠소깍의 절경 즐기기

넙빌레 — 휠체어 구간 종점 — 위미동백나무군락지 — 국립수산과학원(휠체어 구간 시작) — 남원큰엉 입구 — 남원포구(시작점)

망장포

쇠소깍다리(도착 지점)

우리나라 최고의 해안 산책로 걷기

서귀포 남원포구에서 아름다운 해안 남원큰엉 경승지를 지나, 민물과 바닷물이 만나는 쇠소깍에 이르는 길이다. 큰엉은 제주 방언으로 '큰 언덕'을 뜻한다. 바다를 향하여 포효하듯 입을 벌리고 있는 커다란 바위 언덕이라하여 붙여진 이름이다. 큰엉 산책로에서는 기암절벽과 해식 동굴을 찾아볼 수 있으며, SNS에서 유명한 한반도 포토존도 만날 수 있다. 큰엉 지나 바닷길 걷다 보면 국립수산과학원 못미처 위미3리 해안에서 제주 옛 포구인 태웃개를 만나게 되는데, 옛 포구의 모습을 그대로 간직하여 그 풍경이 독특하고 아름답다. 시원한 용천수가 솟아 나와, 지금도 여름철이면 주민들이 물놀이장으로 사용한다. 위미의 해안 올레길에서 마을 올레길로 접어들면 동백나무가 군락을 형성하고 있다. 이곳 동백나무는 140년 전 현맹춘 할머니가 한라산에서 구한 씨를 뿌려심은 것이다. 겨울이면 빨갛게 꽃을 피우고, 정겨운 돌담과 함께 바람을 막아, 마을을 포근하게 품어준다. 이어다시 위미리 바닷길, 하례리 해안 길 지나 종착지인 쇠소깍 다리에 도착한다.

©이다혜

How to go 올레 5코스 찾아가기

자동차 내비게이션에 '남원포구' 입력 후 출발. 포구의 제주올레공식안내소에서 시작

버스 ❶ 제주국제공항 3번 정류장(용담, 시청)[북]에서 1111번 승차 → 2개 정류장 이동 → 탐라장애인종합복지관(남) 정류장 하차하여 231번으로 환승 → 51개 정류장 이동, 1시간 소요 → 남원포구입구 정류장 하차 → 도보 4분, 287m → 남원포구 제주올레공식안내소 ❷ 서귀포버스터미널에서 101번 승차하여 남원환승정류장남원읍사무소 하차. 남원포구까지 7분 이동. 총 45분 소요

콜택시 남원개인24시 064-764-3535, 남원콜택시 064-764-9191

Walking Tip 올레 5코스 탐방 정보

❶ 걷기 시작점 남원 포구 제주올레 5코스 공식안내소에서 출발. 역방향으로 걷길 원하면 종점인 쇠소깍에서 출발

❷ 트레킹 코스 남원 포구부터 아름다운 해안 산책로가 시작되는 큰엉입구 지나 국립수산과학원, 위미동백나무군락지, 넙빌레, 망장포 거쳐 절경이 펼쳐진 쇠소깍 다리에 이르는 코스이다.

❸ 준비물 운동화, 모자, 선크림, 선글라스, 생수

❹ 유의사항 위미동백군락지의 마을 올레길을 지날 때 거주하는 주민들에게 피해 끼치지 않게 조용하게 탐방하자.

❺ 기타 위미항과 공천포 부근에 싱싱한 해산물 식당이 몰려 있다.

Travel Tip 올레 5코스 주변의 명소·맛집·카페

 HOT SPOT

제주동백수목원

겨울, 동백, 몽환적

남원읍의 겨울은 동백 덕에 여름보다 화려하다. 동백이 가장 아름다운 곳은 위미리의 제주동백수목원이다. 올레 5코스에서 도보 6~10분 거리에 있다. 키가 큰 타원형 동백나무가 시선을 끈다. 11월 말부터 2월까지 동백농원은 일부러 물감을 풀어놓은 듯 천지가 붉게 변한다. 동화의 나라에 와 있는 듯 신비롭고 몽환적이다. 길 건너편 동박낭 카페도 손꼽히는 동백 명소이다. 🚶 위미동백나무군락지에서 자동차 1분, 도보 10분 📍 서귀포시 남원읍 위미리 929-2(주차장은 931-1) 📞 064-764-4473 🕐 09:00~17:00(11월 중순~2월 말) ⓘ 입장료 4,000원~8,000원

🖼 HOT SPOT

쇠소깍

심오한 물빛 바라보며 카약 체험

효돈천이 바다와 만나는 곳에 있다. 민물과 바닷물이 교차하면서 에메
랄드 물빛을 만들어 낸다. 낮에는 물이 푸르고 밤이 되면 노란 달을 품는
다. 물이 깊고 그 빛은 심오하다. 쇠소깍은 제주어로 소가 누워있는 모양
의 웅덩이라는 뜻이다. 물빛이 훤히 보이는 투명 카약이나 뗏목 '테우'를
타고 쇠소깍을 즐겨보자. 🚶 5코스 도착점(쇠소깍다리)에서 자동차 1분, 도보 7분 📍 서귀포시 쇠소깍로 128
📞 테우 체험 064-732-9998 카약 체험 064-762-1619

🍴 RESTAURANT

섬소나이 위미점

제주슬랭 별 3개 짬뽕집

위미항에 있다. 전국에 내놔도 손색없는 짬뽕 맛집이다. 우도에 본점이
있다. 10가지 이상의 한약재를 넣어 12시간 끓인 육수에, 제주 톳을 사용
하여 반죽한 면과 우도산 모자반, 신선한 해산물 토핑을 올려 내온다. 불
맛 나는 매콤한 우짬, 깔끔하고 감칠맛이 뛰어난 땡짬, 크림소스와 우도
땅콩으로 만든 백짬뽕, 그리고 피자가 대표 메뉴이다. 🚶 위미1리 복지회관
에서 도보 2분(172m) 📍 서귀포시 남원읍 위미해안로 18 2층 📞 064-900-9878
🕐 10:00~18:00(재료 소진 시 조기 마감, 월요일 휴무) ⓘ 주차 가능

☕ CAFE

카페 서연의 집

영화 〈건축학개론〉의 촬영지

돌담과 아담한 정원, 바다가 3박자를 이루는 아주 제주다운 카페이다. 카
페 곳곳에서 〈건축학개론〉의 포스터와 배우의 사인, 명대사를 눈에 넣으
며 영화를 추억하는 재미가 있다. 1층 폴딩도어 전망창에서 멋진 인증 샷
을 찍을 수 있다. 2층에서도 바다를 조망할 수 있으며, 테라스에는 잔디를
깔아두었다. 시그니처 메뉴는 사려니라테와 카카오라테이다.
🚶 위미동백나무군락지에서 도보 약 35분(2.3km) 📍 서귀포시 남원읍 위미해안로
86 카페서연의집 📞 064-764-7894 🕐 10:00~19:00(라스트오더 18:30, 목요
일 휴무) ⓘ 남원읍 위미리 2937 주차 후 약 200m 도보 이동

올레 6코스 쇠소깍-서귀포 올레

시작점 제주 서귀포시 하효동 999 (쇠소깍 다리)

코스 길이 11km(탐방 시간 3~4시간, 인기도 상, 탐방로 상태 상, 난이도 하, 접근성 상)

편의시설 주차장, 화장실, 산책로, 쇠소깍 안내센터(하효동 999),

휠체어 구간(쇠소깍 안내센터부터 보목포구까지 2.6km 구간)

여행 포인트 쇠소깍 절경 즐기기, 해안 길 올레 즐기기, 보목포구 부근 식당에서 물회 맛보기, 오션 뷰 카페에서

쉬어가기, 작가의 산책길(정방폭포, 왈종미술관, 이중섭 거리) 일부 구간 걸으며 예술 탐미하기

아름다운 해안 절경에 문화 예술 산책까지

쇠소깍에서 시작하여 해안 올레길과 정방폭포, 서귀포 시내까지 이어지는 길이다. 예쁜 카페와 맛집이 들어선 아름다운 해안 길을 걷는다. 서귀포 도심 '작가의 길' 일부 코스에서 예술 작품 감상까지 즐길 수 있다. 쇠소깍은 민물과 바닷물이 만나 이루어진 깊은 물웅덩이이다. 바다와 계곡이 어우러진 절경을 즐기며 카약과 테우 체험을 할 수 있다. 바로 옆 검은 모래 해변에서는 여름철에 해수욕도 즐길 수 있다. 쇠소깍에서 보목포구까지 이어지는 해안 올레는 길이 아름다운 데다, 다양한 맛집과 카페가 들어서 있어 더욱 좋다. 특히 바다뷰를 즐기며 싱싱한 한치, 자리물회를 맛볼 수 있으며, 바다가 보이는 카페에서 쉬어가기도 좋다. 이어 구두미포구에서 섶섬을 바라보고, 검은여쉼터에서 해안 트레킹을 즐기다 보면 어느새 서귀포 도심의 작가의 길에 다다른다. 소라의 성, 왈종미술관, 서복전시관, 소암기념관, 이중섭 거리를 돌아보며 다양한 작가들의 예술 세계도 감상할 수 있다. 돌아볼 곳이 많으니 시간적인 여유를 갖고 탐방하기를 추천한다.

자동차 내비게이션에 '쇠소깍' 입력 후 출발. 쇠소깍 다리에서 도보 7분 거리520m에 쇠소깍 1주차장 있음

버스 ❶ 제주국제공항 2번 정류장일주동로, 51도로에서 181번 탑승 → 14개 정류장 이동, 1시간 5분 소요 → 비석거리정류장 하차하여 624번으로 환승 → 21개 정류장 이동, 26분 소요 → 용운사 정류장 하차 → 도보 3분, 215m → 쇠소깍 다리

❷ 서귀포버스터미널에서 201번 승차 후 효돈농협하나로마트 하차. 도보 16분 이동. 혹은 295번 탑승하여 하례1리입구 정류장 하차. 도보 18분. 총 40분 소요

콜택시 5.16호출택시 064-751-6516, 서귀포호출 064-762-0100, 브랜드콜 064-763-3000, 서귀포ok 064-732-0082

Walking Tip 올레 6코스 탐방 정보

❶ 걷기 시작점 쇠소깍 다리에서 시작한다. 역방향 걷기는 6코스 종점인 제주올레여행자센터에서 시작하면 된다.

❷ 트레킹 코스 제지기오름 입구, 구두미포구, 검은여쉼터, 소라의성, 서귀포매일올레시장 지나 제주올레여행자센터에 이른다.

❸ 준비물 운동화, 모자, 선크림, 선글라스, 생수

❹ 유의사항 폭포, 오름, 맛집, 카페, 미술관 등 즐길 거리가 많다. 시간 여유를 갖고 트레킹 계획을 짜는 게 좋다.

❺ 기타 종착지인 제주올레여행자센터에는 사무국을 비롯하여 식당, 카페, 펍, 숍, 게스트하우스 등이 있다. 이 중섭 거리와 서귀포매일올레시장이 도보 10분 거리에 있으며, 그밖의 명소도 대부분 걸어서 갈 수 있다. ⊙서귀포시 중정로 22 ☏064-762-2167 ⓒ08:00~22:00 체크인 오후 4시

Travel Tip 올레 6코스 주변의 명소·맛집·카페 📷 🍴 ☕

📷 HOT SPOT

정방폭포

한라산 물이 태평양으로 떨어진다

높이 23m, 너비 8m. 멀리서도 폭포 소리가 들린다. 웅장하다. 게다가 한라산에서 달려온 물줄기가 곧장 태평양으로 떨어진다. 우리나라에서 바다로 바로 떨어지는 유일한 폭포다. 폭포 양쪽으로 주상절리 구조의 암벽이 있어 마치 한 폭의 동양화를 보는 듯하다. 폭포는 잠시 연못에 머물다 곧 바다에 안긴다. 해가 맑은 날엔 운이 좋으면 무지개를 볼 수 있다.

🚶왈종미술관에서 도보 4분 ⊙서귀포시 칠십리로214번길 37 ⓒ09:00~17:50 ⓘ입장료 1,000원~2,000원 주차 가능

📷 HOT SPOT
서귀포매일올레시장

서귀포 여행 일번지
제주시에 동문시장이 있다면, 서귀포에는 올레시장이 있다. 전통 시장의 모습을 지키면서도 특색있는 변화를 추구하고 있다. 야시장이 생기면서 밤늦게까지 활기를 띤다. 제주 특산품부터 트렌디한 상품까지 다양하게 찾아볼 수 있다. 특히 신선한 횟감이 많으며, 대표 먹을거리로는 마늘치킨이나 오메기떡, 흑돼지 꼬치구이 등이 꼽힌다.

🚶 제주올레여행자센터에서 도보 7분 ⊙ 서귀포시 서귀동 340 📞 064-762-1949
🕐 하절기 07:00~21:00, 동절기 07:00~20:00 ⓘ 주차 가능

🍴 RESTAURANT
바다나라횟집

제주 물회의 고수
보목 마을은 물회로 유명한 식당이 많다. 여름이면 시원하게 물회 한 그릇 하려는 사람들로 북적인다. 바다나라횟집도 그중 하나다. 특히 이곳은 제주식 된장 물회, 새콤달콤 물회 가운데 선택할 수 있어서 좋다. 한치, 자리, 히라스 물회가 유명하고, 고등어구이도 함께 내어준다. 보목해녀의 집과 어진이네횟집도 유명하다.

🚶 보목포구 앞 ⊙ 서귀포시 보목포로 55 📞 064-732-3374
🕐 매일 10:00~20:00 ⓘ 주차 가능

☕ CAFE
테라로사 서귀포점

커피 맛 좋은 귤밭 옆 카페
빨간 벽돌로 만든 건물과 제주의 돌담이 어우러져 고풍스러운 느낌이 든다. 카페 안으로 들어가면 창이 커서 시야가 트이는 느낌이 좋다. 인테리어는 우드톤이 주를 이루어서 아늑한 느낌을 준다. 야외 정원에도 테이블이 있어서 날이 좋으면 더 여유를 즐길 수 있다. 오름이라는 이름의 티그레, 제주 돌담 블렌드 등 제주를 나타내는 메뉴들과 다양한 베이커리, 기념품도 판매하고 있다.

🚶 쇠소깍에서 도보 약 10분(800m) ⊙ 서귀포시 칠십리로658번길 27-16
📞 1668-2764 🕐 09:00~21:00(라스트오더 20:30) ⓘ 주차 가능

올레 7코스
제주올레여행자센터 - 월평 올레

시작점 서귀포시 중정로 22 제주올레여행자센터

코스 길이 약 17.6km(탐방 시간 5시간~6시간, 인기도 상,

탐방로 상태 상일부 코스 중~하, 난이도 중, 접근성 상)

편의시설 화장실, 구급함, 족은 안내소(솔빛바다, 송이슈퍼), 스탬프 찍는 곳

여행 포인트 칠십리시공원 예술 작품 감상하기, 삼매봉(해발 153m)에서 바라보는

바다와 한라산 전망, 다채롭고 매혹적인 해안 절경 감상하기, 강정천의 맑고 깨끗한 물

가장 아름다운 올레 코스

7코스는 전체 제주 올레 중에서 인기가 가장 많다. 서귀포시의 제주올레여행자센터를 출발하여 삼매봉과 외돌개, 법환포구, 서건도, 강정천을 지나 월평까지 이어진다. 해안을 따라 이어지는 코스로, 빼어난 절경이 자주 걸음을 멈추게 한다. 황우지해안과 외돌개의 절벽 해안길과 돔베낭길을 지나 맑은 물이 흘러나오는 용천수인 속골을 지나면, 올레꾼들이 가장 사랑하고 아끼는 자연생태길 수봉로가 나온다. 올레지기 김수봉 님이 손수 삽과 곡괭이로 계단을 만들어 일군 길이다. 아름다운 어촌 마을인 법환부터 서건도까지 이어지는 해안길은 철썩철썩 파도 소리를 BGM 삼아 걸을 수 있다. 식당과 카페, 기념품점도 있어 쉬어가기에 좋다. 예전에는 험하여 갈 수 없었던 '두머니물~서건도' 해안 구간은 돌을 일일이 골라 바닷길을 조성하고 '일강정 바당 올레'로 이름 지었다. 파도가 칠 때마다 자갈이 부딪히는 소리가 아름답다. 코스는 서건도를 지나 강정천까지 이어진다. 강정천은 은어가 살만큼 깨끗한 물이 사시사철 흐른다. 종점에 도착하기 전에 잠시 쉬어가기 좋다.

How to go 올레 7코스 찾아가기

자동차 내비게이션에 '제주올레여행자센터' _{서귀포시 중정로 22} 입력 후 출발. 주변 공영주차장 이용

버스 서귀포버스터미널에서 201, 281번(간선) 탑승, 약 15분 소요, 평생학습관 정류장 하차, 제주올레여행자센터까지 약 400m 도보 이동

콜택시 5.16호출택시 064-751-6516, 서귀포호출 064-762-0100, 브랜드콜 064-763-3000, 서귀포ok 064-732-0082

Walking Tip 올레 7코스 탐방 정보

❶ 걷기 시작점 서귀포시 서귀동의 제주올레여행자센터에서 시작한다.

❷ 트레킹 코스 제주올레여행자센터를 출발해 칠십리시공원, 외돌개 주차장, 법환포구, 월평포구, 월평마을 아왜낭목까지 이어지는 17.6km 구간이다.

❸ 준비물 트레킹화, 모자, 선크림, 선글라스, 생수

❹ 유의사항 외돌개부터 법환 코스까지 이어지는 해안길은 탐방로의 상태를 살피며 걷자. 운동화보다는 트레킹화 또는 등산화를 신고 탐방하길 추천한다.

❺ 기타 아름다운 포인트가 많은 곳이다. 소요시간보다 넉넉히 시간을 잡고 걷자. 제주올레여행자센터 주변이나, 법환포구, 강정마을에 식당이 제법 많다.

Special Information ——————————————

제주올레여행자센터와 별책부록

제주올레여행자센터는 올레꾼들의 길잡이자 쉼터이다. 비교적 저렴한 가격에 숙박할 수 있으며, 식당과 카페, 펍을 동시에 운영하고 있다. 투숙객에게 고사리육개장을 포함하여, 제철 죽, 라면을 저렴한 가격에 판매한다. 저녁에는 제육볶음, 생선구이 같은 안주와 함께 가볍게 술 한  잔 즐길 수 있다. 맞은편에 있는 별책부록은 제주도의 사회경제적 기업의 상품 판매를 돕고 있다. 제주올레 패스포트, 가이드북을 포함하여 다양한 기념품과 제주와 자연의 가치를 담은 생활용품, 패션 상품 등 다양한 매력을 가진 제품들을 구매할 수 있다.

◎ 서귀포시 중정로 22 ☎ 064-762-2167 ⏰ 08:00~23:00(연중무휴)

📷 HOT SPOT
천지연폭포와 외돌개

7코스 최고의 명소

천지연폭포는 제주도에서 가장 인기가 많고 아름다운 폭포이다. 한라산에서 흘러내린 물이 솜반천을 지나 바다에 닿기 전 절벽에서 힘차게 몸을 던진다. 제주올레여행자센터에서 걸어서 15분 걸린다. 외돌개는 바닷가에 불쑥 솟은 용암 기둥이다. 약 180만 년 전 화산이 폭발할 때 용암이 바닷물에 급격히 굳어 생겼다. 제주올레여행자센터에서 걸어서 30분 걸린다. **천지연폭포** ⊙ 서귀포시 천지동 667-7 ☎ 064-733-1528 ⊙ 일출 시각부터 22:00까지(마감 40분 전까지 입장 가능) ⓘ 입장료 어른 2천원 어린이·청소년 1천원 **외돌개** ⊙ 서귀포시 서홍동 79

🍽 RESTAURANT
맨도롱해장국

바닷게로 만든 제주 전통음식

대표 메뉴는 겡이국게국이다. 겡이국은 제주의 전통음식으로 바닷게를 갈아서 채에 걸러내어 만든다. 번거로움이 많아 요즘에는 찾아보기 어렵다. 그만큼 별미이기도 하다. 부드럽게 갈린 게살이 마치 성게알처럼 보인다. 된장과 미역을 넣어 깔끔하면서도 바다의 풍미가 가득하다. 전복도 들어 있어 영양가가 높다. 여독을 풀기에 좋은 음식이다. 🚶 제주올레 여행자센터에서 도보 3분(약 150m) ⊙ 서귀포시 태평로353번길 11 ☎ 064-733-2402 ⊙ 07:00~14:00(화요일 휴무) ⓘ 주변 공영주차장 이용

☕ CAFE
60빈스

올레길 오션뷰 카페

외돌개를 지나 JW 메리어트 호텔을 지나면 곧 60빈스이다. 숲길을 걷다 요정의 집을 발견하는 느낌이 든다. 유럽풍 정원이 아기자기하게 꾸며져 있다. 카페 내부도 아기자기하게 꾸며져 있고, 야외에서 바다를 보며 쉬어가기에도 좋다. 바다와 햇살, 바람이 하나가 되어 편안하다. 트로피컬에이드, 우도땅콩엄블랑, 60빈스 아이스티, 그리고 햄치즈베이글, 바질에그샌드위치, 파운드케이크 등이 대표 메뉴이다. 🚶 외돌개에서 서쪽으로 도보 약 12분(약 800m) ⊙ 서귀포시 태평로120번길 29-2 ☎ 064-739-1154 ⊙ 매일 09:00~18:00 ⓘ 주차 가능

올레 7-1코스 서귀포 버스터미널-
제주올레여행자센터 올레

시작점 서귀포시 일주동로 9217(서귀포버스터미널)

코스 길이 약 15.7km

(탐방 시간 4시간~5시간, 인기도 하, 탐방로 상태 상, 난이도 중, 접근성 상)

편의시설 구급함, 화장실, 스탬프 찍는 곳

여행 포인트 우거진 들낭숲길 걷기, 폭우 다음 날 엉또폭포의 절경 감상하기, 고근산 정상에서
한라산 감상하기, 제주 유일의 논 하논분화구, 솜반천을 끼고 있는 걸매생태공원

장엄한 폭포와 제주 유일의 논을 찾아서

서귀포버스터미널에서 시작하여 7코스의 시작점인 제주올레여행자센터까지 이어진다. 시작 지점부터 엉또폭포 지나 고근산 정상순수 오름 높이 171m, 해발 높이 396m까지는 줄곧 오르막이다. 엉또폭포는 정말 운이 좋아야 만날 수 있다. 큰비가 온 다음 날에만 폭포를 볼 수 있다. 큰 웅덩이를 가지고 있는 폭포라는 뜻으로, 기암절벽과 천연 난대림으로 둘러싸여 있어 폭포가 떨어지지 않아도 주변 경관이 아름답다. 엉또폭포부터 밀림처럼 우거진 들낭숲길을 거쳐 고근산까지는 사람들이 잘 다니지 않아 여유롭게 걸을 수 있어서 좋다. 고근산 정상에서는 한라산을 온전히 바라볼 수 있다. 사방으로 탁 트인 전망이 절경이다. 고근산을 내려와 서호의 마을 올레길을 지나면 제주에서 유일하게 논농사를 짓는 하논분화구에 다다른다. 가을이면, 제주에서는 희귀한 황금빛으로 물든 논을 만날 수 있다. 걸매생태공원은 천지연폭포 상류 솜반천을 끼고 있다. 편안하게 산책하기 좋고, 여름철에는 솜반천에서 물놀이도 즐길 수 있다.

How to go 올레 7-1코스 찾아가기

자동차 내비게이션에 서귀포버스터미널서귀포시 일주동로 9217 입력 후 출발. 이마트 또는 주변 공영주차장 이용

버스 제주버스터미널에서 181번급행, 간선 버스 281, 282번 이용. 서귀포버스터미널 정류장 하차. 약 1시간 30분 소요

콜택시 5.16호출택시 064-751-6516, 서귀포호출 064-762-0100, 브랜드콜 064-763-3000, 서귀포ok 064-732-0082

Walking Tip 올레 7-1코스 탐방 정보

❶ 걷기 시작점 서귀포버스터미널 앞에서 시작한다.

❷ 트레킹 코스 서귀포버스터미널 앞, 엉또폭포, 고근산, 하논분화구,

걸매생태공원, 제주올레여행자센터까지 약 15.7km 이어진다.

❸ 준비물 운동화 또는 트레킹화, 모자, 선크림, 선글라스, 생수

❹ 유의사항 서귀포버스터미널부터 고근산 정상까지는 줄곧 오르막

이 이어진다. 약 7.1km의 거리를 등산한다고 봐야 한다. 체력 관리를

잘하고 생수를 꼭 준비하자.

❺ 기타 서귀포터미널에 제주올레공식안내소가 있다. 차도와 이어지는 곳이 많으므로 도로를 잘 살피며 걷자.

Travel Tip 올레 7-1코스 주변의 명소와 카페

 HOT SPOT

엉또폭포

비 온 뒤에만 볼 수 있는 장관

한라산 남쪽 간헐천 절벽에 있는 폭포이다. 한라산에 70mm 이상 비가 내릴 때만 볼 수 있다. 한라산에 큰비가

내렸다는 소식이 들려오면 잊지 말고 엉또폭포로 가자. 평생 한 번 볼까 말까 한 장관이 눈 앞에 펼쳐진다. 폭

포 입구부터 천지개벽이라도 하듯 들려오는 웅장한 폭포 소리가 가슴 뛰게 한다. 50m 절벽 위에서 거대한 폭

포가 떨어진다. 그야말로, 장관이다. ⊙ 서귀포시 강정동 1561-1

 HOT SPOT

고근산

한라산과 푸른 바다를 그대 품 안에

고근산은 서귀포 신시가지 북쪽에 있다. 정상부에 아담한 분화구가 있다. 길을 따라 분화구 안까지 들어갈 수 있다. 분화구 둘레길 전망이 아주 좋다. 북쪽에는 한라산이 손에 잡힐 듯 가까이 있고, 남쪽에는 서귀포와 태평양이 환상적인 풍경을 펼쳐놓는다. 한라산을 베고 누운 설문대할망이 고근산 분화구에 엉덩이를 얹어 놓고, 서귀포 앞바다 범섬에 다리를 걸치고 물장구를 치며 놀았다는 전설이 전해진다. ◎ 서귀포시 서호동 1286-1 ① 순수 오름 높이 171m, 해발 높이 394m

RESTAURANT

문치비 서귀포신시가지점

서귀포의 흑돼지 고기 맛집

제주는 역시 흑돼지, 흑돼지 하면 문치비다. 10년 넘도록 손님으로 북적대는 확실한 맛집이다. 흑돼지 품질은 물론, 최고급 비장탄을 사용하니 그 맛이 더욱 뛰어나다. 마늘 소스, 돈가스 소스 등 여러 소스에 찍어 먹으며 다양한 맛을 즐길 수 있다. 무엇보다 좋은 건 여기는 '낮 고기'가 가능하다는 점이다. 고기와 찌개, 달걀, 밥이 포함된 점심 세트 메뉴를 저렴하게 판매해 올레길 걷기 전후로 든든히 배를 채우기에 좋다.

🚶 서귀포시중앙도서관에서 빠레브호텔 지나 한라산 방면 도보 약 3분(250m) ◎ 서귀포시 신서로32번길 14 📞 064-739-2560 🕐 매일 11:30~24:00(라스트 오더 22:30) ① 전용 주차장

CAFE

서귀포 제주에인감귤밭카페

올레길 옆 귤밭 카페

서귀포시 신시가지와 구시가지 사이, 호근동의 제주올레길 7-1코스 근처에 있는 귤밭 카페이다. 귤 창고를 개조한 빈티지 느낌이 나는 카페였으나 몇 해 전 유럽의 전원풍 건물로 다시 지었다. 창문으로 보이는 감귤밭 풍경이 퍽 이국적이다. 8월에는 청귤 따기 체험을, 10월부터는 감귤 따기 체험을 할 수 있다. 수제 청 만들기 원데이 클래스는 상시 진행 중이다. 2천 평의 감귤밭에 포토 존이 여럿이다. 🚶 호근동 용당삼거리에서 도보 5분 ◎ 서귀포시 호근서호로 20-14 📞 0507-1320-3593 🕐 10:00~18:00 ① 전용 주차장

올레 8코스 월평-대평 올레

시작점 서귀포시 색달동 2091-5(월평아왜낭목쉼터)

코스 길이 약 19.6km(탐방 시간 5시간~6시간, 인기도 상, 탐방로 상태 상, 난이도 중, 접근성 중)

편의시설 구급함, 화장실, 족은안내소, 스탬프 찍는 곳

여행 포인트 웅장한 절 약천사 구경하기, 베릿네오름에서 감상하는 천제연계곡과 푸른 바다,

서핑의 성지 중문색달해수욕장, 해안길의 가을 억새, 대평리 박수기정의 기암절벽

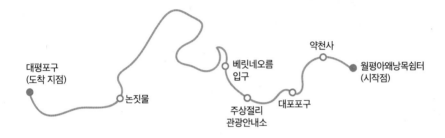

밭담길, 바다 올레, 오름까지 한 번에

올레 8코스는 바다와 마을, 오름까지 즐길 수 있는 길이다. 꽤 길지만 대체로 평탄하다. 동양 최대의 법당을 자랑하는 약천사를 지나 해안가까지는 마을 사이로 난 밭담길을 걷는다. 평화로운 마을 올레를 걷고 나면 바다 올레가 시작된다. 대포주상절리대와 베릿네오름_{해발 높이 100m}까지 코스가 잘 정비돼있다. 용암이 기둥처럼 굳은 주상절리대는 거대한 조각 작품처럼 신비롭고 독특하다. 길은 이윽고 베릿네오름에 닿는다. '별이 내린 냇물'이라는 아름다운 이름을 가진 중문의 오름이다. 바로 아래로 흐르는 천제연 계곡이 마치 은하수처럼 보인다고 하여 이처럼 멋진 이름을 얻었다. 베릿네오름에 오르면 남쪽으로는 바다, 북쪽으로는 한라산이 와락 다가온다. 8코스에서 가장 힘들지만 금방 오를 수 있으므로 걱정하지 않아도 된다. 오름을 내려와 중문을 지나면 유채와 벚꽃이 아름다운 예래생태공원이 나온다. 천연수영장 논짓물부터 종점인 대평리까지는 바다 올레가 줄곧 이어진다. 파도와 바람을 동행 삼아 가뿐가뿐 즐겁게 걸을 수 있다. 멀리서 박수기정과 산방산이 신비로운 자태로 기다리고 있다.

How to go 올레 8코스 찾아가기

자동차 내비게이션에 서귀포시 색달동 2091-5 또는 중문색달통갈치시작점에서 약 100m 입력 후 출발. 주변 공영 주차장 이용

버스 ❶ 제주버스터미널에서 182번급행, 282간선 승차 후 중문고등학교에서 531, 651, 690번 버스 환승. 월평알 동네 정류장 하차. 도보 50m 이동. 총 1시간 20분 소요

❷ 서귀포버스터미널 정류장에서 645번 승차 후 월평마을 장류장에서 하차. 도보 250m 이동, 총 18분 소요

콜택시 중문호출택시 064-738-1700, 5.16호출택시 064-751-6516, 서귀포호출 064-762-0100, 브랜드콜 064-763-3000, 서귀포ok 064-732-0082

Walking Tip 올레 8코스 탐방 정보

❶ 걷기 시작점 월평아왜낭목쉼터에서 시작한다.

❷ 트레킹 코스 월평아왜낭목쉼터, 약천사, 대포포구, 주상절리관광안내소, 베릿네오름, 논짓물, 대평포구까지 약 19.6km 구간이다.

❸ 준비물 트레킹화운동화, 모자, 선크림, 선글라스, 생수

❹ 유의사항 주상절리대는 유료 관광지로 입장권 구매 후 입장할 수 있다. 베릿네오름 정상으로 향하는 탐방로는 한 바퀴 돌고 내려가는 코스로 방향을 잘 확인하고 탐방해야 한다.

❺ 기타 논짓물—대평포구 사이 3.6km는 휠체어로도 갈 수 있다. 시작점 주소는 '서귀포시 하예동 532-3'이다.

Travel Tip 올레 8코스 주변의 명소·맛집·카페 📷 🍴 ☕

📷 HOT SPOT

대포주상절리와 여미지식물원

신비로운 용암 기둥, 사계절 꽃 정원

여미지는 중문관광단지 안에 있다. 야외정원과 온실정원 둘 다 아름답다. 다양한 나라의 정원을 재현해 놓아 이국적인 분위기를 느낄 수 있다. 계절별로 다양한 꽃과 식물들을 감상할 수 있다. 대포주상절리는 화산이 만든 기묘한 돌기둥이다. 용암이 차가운 바닷물에 급히 식으면서 틈이 생겨, 삼각 또는 육각 형태의 기둥이 되었다. 수직 기둥이 절벽을 이룬 모습이 신비롭고 이국적이다.

대포주상절리 📍 서귀포시 이어도로 36-30 📞 064-738-1521
🕐 09:00~18:00(일몰에 따라 변경) ⓘ 입장료 성인 2천원, 청소년·어린이 1천원, 주차료 1천원

여미지식물원 📍 서귀포시 중문관광로 93 📞 064-735-1100
🕐 매일 09:00~18:00 ⓘ 입장료 7,000원~12,000원 ⓘ 주차 가능

🍽 RESTAURANT
대기정

통갈치구이와 전복돌솥밥

대포주상절리에서 북쪽으로 600m 거리에 있다. 대표 메뉴는 갈치와 전복돌솥밥이다. 크기가 엄청난 통갈치구이와 통갈치조림을 맛볼 수 있다. 전복돌솥밥엔 활전복과 대추, 단호박이 듬뿍 들어있다. 신선한 재료를 아끼지 않아 음식 맛이 좋다. 손님이 많지만, 음식을 제법 속도감 있게 준비해 준다. 유명인의 사인이 많이 걸려있다.

🚶 대포주상절리에서 북쪽으로 600m 📍 서귀포시 이어도로 41 📞 064-739-1041
🕐 매일 11:00~21:00(브레이크타임 15:00~17:00) ⓘ 주차 가능

☕ CAFE
바다다

푸른 태평양이 두 눈 가득

멋진 전망을 느낄 수 있는 카페이다. 올레 8코스 대포포구 근처에 있다. 야외에서 시원한 바람을 맞으며 쉬어가기에 더할 나위 없는 곳이다. 아무것도 하지 않고 푸른 태평양만 바라보고 있어도 힐링이 되는 듯하다. 저녁에는 감성 짙은 카페가 낭만의 바로 바뀐다. 음악을 들으며 칵테일이나 수제맥주 마시기 좋다. 서귀포에서 가장 핫한 카페 중 한 곳이다.

🚶 대포포구에서 서쪽으로 도보 200m 📍 서귀포시 대포로 148-15 📞 0507-1440-2893 🕐 목~월 11:00~23:00, 화~수 11:00~18:00 ⓘ 주차 가능

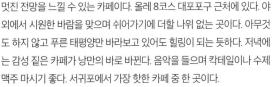

☕ CAFE
카페오션

중문 언덕의 고풍스러운 한옥 카페

제주엔 눈이 즐거운 카페가 많다. 중문단지 언덕에 있는 이 카페도 그런 곳이다. 고풍스러운 한옥 카페이다. 넓게 정원이 있고, 정원 끝은 절벽이다. 절벽 아래로는 중문색달해수욕장과 푸른 바다가 펼쳐진다. 눈에만 담기엔 아까울 정도로 아름다운 풍경이다. 베이커리 카페로 다양한 빵과 음료를 판매한다.

🚶 중문색달해수욕장 입구에서 북쪽으로 도보 5분 📍 서귀포시 중문관광로72번길 29-51 📞 0507-1438-0221 🕐 09:00~19:00 ⓘ 주차 가능

올레 9코스 대평-화순 올레

시작점 서귀포시 안덕면 감산리 982-3(대평포구)

코스 길이 11.9Km (탐방 시간 5~6시간, 인기도 중, 탐방로 상태 상, 난이도 상, 접근성 중)

편의시설 주차장, 화장실(대평포구 난드르 삼거리마트,
안덕계곡, 화순금모래해수욕장), 산책로, 전망대

여행 포인트 박수기정, 군산오름 등반로 및 정상 전망,
신비로운 계곡, 진지동굴, 포구와 해수욕장

상세경로

안덕계곡

군산오름 정상부

창고천 다리

화순금모래
해수욕장
(도착 지점)

대흥사
삼거리

몰질입구   대평포구(시작점)

컴퓨터 그래픽으로도 못 만들 그림 같은 풍경

9코스 시작점인 대평리는 박수기정이 품고 있는 포구 마을이다. 대평포구를 등지고 박수기정절벽 방향으로 난 등반로를 따라가면 된다. '말이 다니던 길'이라는 몰질로 접어들어 10분 정도 걸으면, 박수기정 위의 평원에 도착한다. 평원에 서면 시야가 좋은 날에는 가파도, 마라도까지 보인다. 다음 코스는 약 20분 동안 군산오름 정상부로 가는 오르막이다. 힘겨운 숨을 가다듬으면 선물 같은 풍경에 놀라게 된다. 한라산과 드넓은 바다는 물론 산방산, 송악산까지 한눈에 담을 수 있다. 전망은 컴퓨터 그래픽이라 느껴질 정도로 아름답다. 이곳에서 중간 스탬프를 찍고, 간세 모양을 딴 멋진 벤치에 앉아 눈부신 풍경을 즐기자. 길은 안덕계곡을 따라 이어진다. 상록수림과 희귀 식물이 자생하는 난대림지대로 천연기념물 제377호이다. 유배 시절 추사 김정희가 자주 찾았던 곳으로 알려져 있다. 군데군데 동굴이 있는 신비로운 계곡을 따라 트레킹을 즐기다 보면 콧노래가 절로 난다. 창고천 다리를 건너 도로를 따라가면 화순 마을이 나온다. 금빛 모래밭이 아름다운 화순금모래해수욕장이 9코스의 종착점이다. 걷는 내내 빛이 나는 코스다.

How to go 　 **올레 9코스 찾아가기**

자동차 내비게이션에 '대평포구' 입력 후 출발. 공항에서 1시간, 중문관광단지에서 15분 소요.

버스 ❶ 제주국제공항600번 정류장에서 600번 승차 → 53분 소요 → 예래입구 정류장 하차 → 도보 3분 → 상예입구 정류장에서 530, 531, 633번으로 환승 → 13분 소요 → 대평리 정류장 하차 → 도보 10분 → 대평포구
❷ 중문 천제연폭포 정류장에서 530, 531번 승차 → 12개 정류장 이동, 17분 소요 → 대평리 정류장 하차 → 도보 10분 → 대평포구
콜택시 중문호출택시 064-738-1700, 안덕택시 064-794-6446, 안덕개인호출택시 064-794-1400

Walking Tip 　 **올레 9코스 탐방 정보**

❶ 걷기 시작점 대평포구의 명물식당서귀포시 안덕면 난드르로 82 앞 스탬프 찍는 곳에서 시작한다. 역방향 시작점은
화순금모래해수욕장 앞 제주올레공식안내소파란색 컨테이너이다.
❷ 트레킹 코스 대평포구를 출발해 뭍으로 들어가 군산오름 정상부에 오른 뒤 안덕계곡을 지나 화순금모래해
수욕장에서 끝난다.
❸ 준비물 운동화, 모자, 선크림, 선글라스, 생수, 간식
❹ 유의사항 시작점엔 스탬프 찍는 곳만 있고, 공식 안내소는 도착점인 화순금모래해수욕장에 있다.
❺ 기타 코스가 월라봉을 지나는 기존의 짧은 코스에서 대폭 변경돼 난이도가 높아졌다. 역방향으로 출발하면
경사가 꽤 가파르다.

Travel Tip　올레 9코스 주변의 명소·맛집·카페

 HOT SPOT
박수기정

아찔한 해안 절벽

대평포구 앞에 있는 병풍 같은 해안 절벽이다. 높이가 약 100m에 이를 만큼 압도적이다. 해안 절벽을 한눈
에 보기에는 대평포구 근처가 최적 장소이다. 또 포구에서 이어지는 몽돌이 깔린 바닷길을 따라가면 쭉 펼쳐
진 웅장한 절벽을 감상할 수 있다. 올레길을 따라가면 박수기정 위 들판에 오를 수 있다. 포구 근처와 대평마
을에 절벽을 감상하기 좋은 카페와 맛집이 여럿이다. 🚶 대평포구에서 도보 10분 ⊙ 서귀포시 안덕면 난드르로 90-25

 HOT SPOT

월라봉

진지동굴과 그림 같은 전망

대평포구와 화순해수욕장 사이에 있는 오름이다. 기암들이 멋진 포토스폿을 만들어준다. 급한 경사와 계단이 많지만, 선물 같은 풍경에 감탄하다 보면 곧 정상이다. 화순 쪽으로 내려가는 길엔 깊이 80m의 일제 동굴진지가 남아있다. 동굴에 들어가 밖을 바라보고 사진을 찍으면 송악산과 푸른 숲이 들어오는 프레임이 완성된다. 9코스 마지막 부분 '창고천 다리'를 건너면 월라봉 입구가 나온다.

🚶 화순금모래해수욕장에서 도보 20분(자동차로 2분)
📍 서귀포시 안덕면 감산리 1815 ⓘ 주차 가능(창고천다리 입구 길가)

🍴 RESTAURANT

새물국수

야외 족욕탕이 있는 국숫집

화순해수욕장 주차장 앞에 있는 국숫집이다. 실내가 깔끔하고 넓어 편안하게 식사할 수 있다. 뽀얀 육수가 일품인 고기국수는 물론 매콤 새콤한 비빔국수에도 큼직한 고기가 가득 올라가 있어 든든하게 식사할 수 있다. 식당 건물 밖으로 나오면 족욕탕도 있고, 날이 좋으면 야외 식사도 가능하다. 차분하고 친절한 주인장의 서비스까지 더해져 만족스러운 곳이다.

🚶 화순금모래해수욕장에서 북쪽으로 도보 3분 📍 서귀포시 안덕면 화순해안로 63 📞 010-6389-0610 🕐 10:00~20:00(휴무 인스타그램 공지) ⓘ 주차 가능

☕ CAFE

화순별곡

마음이 커피처럼 부드러워지는

화순해수욕장 앞의 민가를 개조한 브루잉 커피 전문점이다. 민가들이 있는 골목 입구에 있어 마치 이웃집에 놀러 가는 기분이 든다. 다양한 종류의 싱글 빈과 블렌딩 빈을 선택할 수 있으며, 잎차도 정성스레 내려준다. 혼자여도 좋고, 둘 셋이어도 좋다. 차분한 음악을 들으며 도란도란 이야기 나누기 그만이다. 카페 안쪽 방에는 무아상점이라는 빈티지 스토어가 있다.

🚶 화순금모래해수욕장 주차장 앞 골목(새물국수 뒤편) 📍 서귀포시 화순해안로 62 📞 010-8963-7438 🕐 11:00~18:00(화요일 휴무) ⓘ 주차 해수욕장 주차장 이용

올레 10코스 화순-모슬포 올레

시작점 서귀포시 안덕면 화순리 813-9(화순금모래해수욕장 10코스 공식 안내소)

코스 길이 15.6km(탐방 시간 5~6시간, 인기도 상, 탐방로 상태 상, 난이도 중, 접근성 중)

편의시설 주차장, 화장실(화순금모래해수욕장, 사계포구, 송악산, 섯알오름,

하모해수욕장, 하모체육공원), 산책로, 전망대

여행 포인트 서남부 해안 절경 감상하기.

위용 넘치는 산방산과 오름 군락, 한라산까지 한눈에 담기

화순금모래
해수욕장

제주올레
공식 안내소
(시작점)

사계포구

하모체육공원
(도착 지점)

하모해수욕장

섯알오름
화장실

송악산 주차장

송악산 전망대

두 발로 걸어야 볼 수 있는 해안 절경

산방산, 사계 바다, 용머리 해안, 송악산 등 제주 서남부를 대표하는 명소를 모두 지나는 올레길이다. 10코스의 매력은 자동차로 접근하면 볼 수 없는 해변 경관을, 눈에 담으며 걸을 수 있다는 것이다. 화순금모래해수욕장에서 출발한 길은 썩은다리(사근다리)에 다다른다. 썩은다리는 응회암이 오랫동안 풍화되어 썩은 것처럼 보여 붙여진 언덕이다. 언덕 아래로는 찻길에서는 절대 볼 수 없는 비밀 해변 같은 황우치해안이 신비롭게 펼쳐진다. 여기부터 관광 명소인 산방산과 용머리해안까지 약 1.5km는 마치 무인도에 온 것처럼 조용히 걸을 수 있어서 좋다. 산방산 옆 옛 봉수대였던 산방연대는 훌륭한 전망대다. 지나온 길과 걸어갈 길을 시원하게 바라보기 좋다. 이어 형제섬을 바라보며 사계 바닷길을 지나면 서남부 최고의 절경 송악산이 모습을 드러낸다. 송악산 둘레길 절경에 취해 돌아 나오면 드넓은 벌판이다. 일제의 아픈 역사를 간직한 알뜨르비행장과 섯알오름도 찾아볼 수 있다. 이윽고 만나는 곳은 하모해수욕장이다. 마라도와 가파도가 손에 잡힐 듯 가깝게 느껴진다.

자동차 내비게이션에 '화순금모래해수욕장' 입력 후 출발. 역방향에서 출발할 땐 '하모체육공원' 찍고 출발
버스 ❶ 제주국제공항 4번 정류장대정, 화순, 일주서로에서 820-1번 승차 → 7개 정류장 이동, 57분 소요 → 화순환
승정류장안덕농협 하차 → 도보 15분 → 화순금모래해수욕장
❷ 서귀포버스터미널에서 5005, 202번 승차 → 화순리[복] 정류장 하차. 도보 11분 이동. 총 45분 소요
콜택시 안덕택시 064-794-6446, 안덕개인호출택시 064-794-1400, 모슬포호출택시 064-794-5200

❶ **걷기 시작점** 화순금모래해수욕장 주차장 앞 제주올레공식안내소에
서 시작한다.
❷ **트레킹 코스** 화순해수욕장에서 30분쯤 걸어가면 비밀스러운 황우치
해변이다. 이어 산방산과 용머리해안을 지나면 사계해변에 이른다. 해
안도로 옆 사계해변은 보도가 잘 조성돼 있다. 이윽고 아름다운 송악산
둘레길, 섯알오름, 하모해수욕장을 지나면 도착점인 하모체육공원이다.
❸ **준비물** 운동화, 모자, 선크림, 선글라스, 생수, 간식, 쓰레기봉투
❹ **유의사항** 초반 해안 코스는 암석과 모래사장이라 길이 쉽지 않다. 초
반 3km 구간은 식당이 없으니 미리 간식을 챙기는 게 좋다. 식당은 사계포구와 모슬포 항구 쪽에 많다.
❺ **기타** 도착점인 하모체육공원 앞에 버스 정류장이 있다. 이곳에서 제주시나 서귀포시로 나가는 버스를 탈
수 있다.

(📷) HOT SPOT

산방산과 용머리해안

바람과 파도가 만든 아름다운 절경

종을 닮은 산방산은 약 80만 년 전 바닷속에서 화산이 부풀어 올라
종처럼 생겼다. 용암이 폭발하지 않고 풍선처럼 부풀어 오른 상태에
서 굳어 이루어졌다. 깎아내린 절벽 산이 신비롭고 위풍당당하다. 해
발 200m 지점 자연 석굴에 불상을 안치한 산방굴사가 있다. 용머
리해안도 바다에서 불쑥 솟아올랐다. 길이 600m, 높이 30~50m의
절벽이 용처럼 길게 굽이친다.
🚶 화순금모래해수욕장에서 용머리해안까지 도보 45분 📍 서귀포시 안덕
면 사계리 163-1 📞 064-760-6321 🕐 산방산 09:00~18:00 용머리해안
09:00~17:00(만조 및 기상악화 시 통제) ⓘ 입장료 1,500원~2,500원(산방
굴사와 용머리해안 통합관람권) 주차 가능

📷 HOT SPOT
섯알오름과 알뜨르비행장

다크투어리즘 일번지

'알뜨르'는 송악산, 단산, 모슬봉, 산방산의 아래에 있는 뜰이라는 뜻
이다. 제주에서 가장 넓은 평야 지대로, 일제가 10여 년 동안 제주 사
람들을 강제 징용하여 만든 알뜨르비행장이 남아있다. 들판 곳곳에
격납고 19기가 원형 그대로 보존되어 있다. 섯알오름은 4.3사건 당
시 제주 사람들이 학살된 가슴 아픈 장소이다. 평화를 기원하는 파
랑새를 든 소녀상이 있다.

🚶 송악산에서 섯알오름까지 도보 21분, 섯알오름에서 알뜨르비행장까지 도보
20분 ⊙ 서귀포시 대정읍 상모리 1607-11 ⓘ 주차 가능

🍴 RESTAURANT
토끼트멍

달고 쫄깃한 무늬오징어 요리 전문점

매일 낚시로 잡은 무늬오징어를 한정 수량으로 파는 곳. 일반 오징
어보다 훨씬 달고 부드러워 한번 맛을 본 사람은 자꾸만 생각나게
하는 매력을 가지고 있다. 식당은 사계포구 바닷가에서 조금 벗어나
산방산으로 향하는 길가에 있다. 깔끔하게 손질한 무늬오징어를 물
회, 비빔밥, 숙회 등으로 즐길 수 있으며 코스도 준비돼 있다. 🚶 사계
포구에서 도보 5분 ⊙ 서귀포시 안덕면 사계남로 182 📞 064-794-7640 🕐
12:00~21:00(브레이크타임 15:00~17:00, 재료소진 시 마감) ⓘ 주차 가능

🍴 RESTAURANT
홍성방

항구 앞에서 맛보는 중화요리

방어 축제의 거리인 모슬포 항구 초입에 있는 중화요리 전문점이다.
일반 식사 메뉴도 맛있어 점심부터 손님이 꽉 들어찬다. 저녁이라면
코스에 욕심을 내보는 게 좋다. 가격은 인당 16,000원에서 23,000원
이면 된다. 모든 메뉴가 맛있고, 바쁜 와중에도 늘 친절하다.

🚶 하모체육공원에서 도보 3분 ⊙ 제주 서귀포시 대정읍 하모항구로 76
📞 064-794-9555 🕐 09:00~21:00 ⓘ 주차 가능

올레 10-1코스 가파도 올레

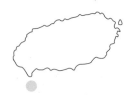

시작점 상동포구(서귀포시 대정읍 가파리 373-2)

코스 길이 4.2km(탐방 시간 1~2시간, 인기도 상, 탐방로 상태 상, 난이도 하, 접근성 중)

편의시설 산책로, 휠체어 구간

여행 포인트 우리나라에서 가장 낮은 섬에서 가장 높은 산인 한라산 바라보기, 느리게 걸으며 생각과 마음을 정리할 수 있는 힐링 명소, 4월 청보리 물결 감상하기, 여름의 해바라기 꽃밭과 가을의 코스모스 물결 즐기기

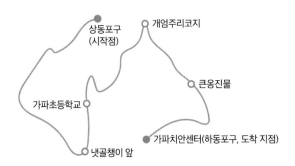

마음마저 출렁이게 하는 청보리 물결

가파도는 아시아에서 가장 낮은 유인도해발 20.5m로, 제주 남서쪽 모슬포와 최남단 섬 마라도 사이에 있다. 모슬포 운진항에서 배를 타고 10분이면 도착한다. 바다를 헤엄치는 가오리 모양을 하고 있어 가파도라는 이름을 얻었다. 상동과 하동으로 나누어져 있으며, 동서 길이는 약 1.3km, 남북 길이는 약 1.4km이다. 주민은 약 170여 명. 보리가 한창 자라는 3~5월이 방문하기 좋은 계절이다. 4월이 되면 '청보리 축제'로 술렁인다. 섬 대부분을 뒤덮고 있는 17만 평의 청보리 물결이 바다와 한라산을 배경으로 넘실대 장관을 이룬다. 5월의 황금 보리 물결도 볼만하다. 가장 낮은 섬에서 바라보는 제주도 본섬과 한라산 풍경은 오래도록 마음에 남는다. 가파도 올레길은 상동포구에서 시작해 해안가 둘레길을 따라 걷다가 마을과 보리밭 사잇길을 가로질러 남쪽 끝자락 하동포구까지 이어진다. 바다, 지붕, 돌담, 보리밭이 어우러진 가파도의 수평 이미지는 자꾸만 걸음을 느리게 하고 생각을 깊게 만든다. 여름엔 해바라기, 가을엔 코스모스가 청보리 대신 물결친다.

How to go **가파도 찾아가기**

모슬포 운진항에서 정기 여객선을 가파도까지 일일 7회 운항한다. 4월 청보리 축제 기간엔 증편하며, 인파가 몰리므로 예약하는 게 좋다. 또 노을 투어 시즌에는 일몰 시간에 맞추어 증편 운행한다. 왕복요금 성인 13,100원, 청소년 12,900원, 초등학생 6,600원, 24개월~미취학 6,100원편도 10분 소요

모슬포 운진항

주소 서귀포시 대정읍 최남단해안로 120(모슬포 운진항 마라도 가파도정기여객선)

전화 064-794-5490

버스로 찾아가기 ❶ 제주국제공항 4번 정류장대정, 화순, 일주서로 에서 152번 탑승 → 12개 정류장 이동, 1시간 15분 소요 → 모슬 포 남항 여객선 터미널운진항 정류장 하차 → 도보 3분 → 운진항 ❷ 그밖에 151, 251, 252, 253, 254, 255, 751-1, 751-2, 752-1, 752-2번 탑승하여 모슬포 남항 여객선 터미널운진항 정류장 하차

마라도가파도정기여객선 홈페이지 www. wonderfulis.co.kr

Walking Tip **가파도 탐방 정보**

❶ 걷기 시작점 상동포구에 내려 바다를 오른쪽으로 두고 걷기 시작한다.

❷ 트레킹 코스 서쪽 해안을 따라 걷다가 보리밭이 펼쳐지는 마을 안길을 지나 동쪽 해안을 거쳐 남쪽 하동포 구가파치안센터까지 걷는다. 본섬으로 가려면 다시 상동 포구로 가야 한다. 가파보건진료소와 가파초등학교를 지 나는 중앙의 직선로를 따라가면 된다.

❸ 준비물 운동화, 모자, 선크림, 선글라스, 생수, 쓰레기봉투(음식물 가지고 갈 경우)

❹ 유의사항 4월 청보리 축제 시즌에는 배편을 예약해두는 게 좋다. 그늘이 없어 한여름에는 볕이 무척 뜨겁다.

❺ 기타 여행객의 승용차는 들어갈 수 없다. 길이 잘 닦여 있어 휠체어, 유모차, 킥보드, 자전거 모두 이용하기 편 하다. 선착장에 내리면 자전거 대여소가 있다. 스탬프 찍는 곳은 상동포구와 가파치안센터 앞에 있다.

 RESTAURANT

가파도용궁정식

가파도 앞바다가 차린 진수성찬

가파도 자연산 제철 음식을 한 상 크게 차려내는 식당이다. 이곳이 아니면 맛보기 힘든 그야말로 용궁에서 차린 듯한 밥상이다. 가파도 앞바다에서 잡은 해산물을 젓갈, 조림, 튀김, 무침, 구이 등 다양한 조리법으로 맛깔나게 선보인다. 불고기와 옥돔구이, 미역국도 함께 나와 든든하다.

🚶 상동포구 선착장에서 가파초등학교를 지나는 중간 길을 가로질러 도보 15분 📍 서귀포시 대정읍 가파로67번길 7 📞 064-794-7089 🕐 10:00~20:00

RESTAURANT

가파도해녀촌식당

해녀와 바다가 만든 짬뽕과 짜장

가파도 바다 내음 가득한 짬뽕과 짜장면을 만날 수 있다. 가파도 해녀가 직접 운영하는 곳으로, 싱싱한 해초와 해산물을 듬뿍 올려 내온다. 날씨가 좋으면 야외에서 탁 트인 바다와 하늘을 보며 식사할 수 있다.

🚶 가파도 하동포구 동쪽. 상동포구에서 도보 20분 📍 서귀포시 대정읍 가파로 76-1 📞 010-3511-2674 🕐 09:00~17:00(재료 소진 시 마감)

CAFE

가파도 블랑로쉐

고소한 보리 디저트 카페

가파도 선착장 정면에 있다. 이 카페는 우도의 절경 하고수동해수욕장이 한눈에 보이는 언덕에 있는 같은 이름의 카페 가파도점이다. 한라산과 가파도 보리밭, 송악산과 산방산을 번갈아 가며 즐길 수 있는 뷰 명당이다. 고소한 가파도 보리로 만든 크림라테와 청보리 아이스크림이 시그니처 메뉴다. 배 타기 전 쉬어가며 즐기기 좋다.

🚶 가파도 선착장에서 약 200m 정면 방향 📍 서귀포시 대정읍 가파로 239 📞 064-794-3370 🕐 10:20~16:30(풍랑주의보 시 휴무)

올레 11코스 모슬포-무릉 올레

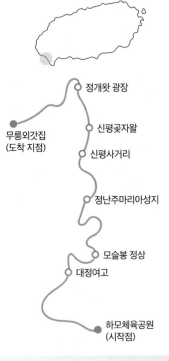

정개왓 광장

신평곶자왈

신평사거리

정난주마리아성지

모슬봉 정상

대정여고

하모체육공원
(시작점)

무릉외갓집
(도착 지점)

시작점 서귀포시 대정읍 하모리 2140
(하모체육공원 제주올레공식안내소)

코스 길이 17.3km(탐방 시간 5~6시간, 인기도 중,
탐방로 상태 상, 난이도 중, 접근성 중)

편의시설 주차장, 화장실(하모체육공원, 대정청소년수련관,
정난주마리아성지, 신평곶자왈, 무릉외갓집), 산책로

여행 포인트 포구와 내륙 농촌 지역 풍경 감상하기,
남서부 일대 오름과 평야 두 눈에 담기, 곶자왈 비밀의 숲 즐기기

제주의 허파 곶자왈 비밀의 숲

11코스는 올레길 중 드물게 바다를 거의 지나지 않는다. 종종 남방 돌고래가 출몰하는 산이물공원에서 칠상사까지, 11코스 초반부 1km 남짓 해안 길을 지나면 길은 내륙으로 방향을 튼다. 이때부터는 평화로운 농촌 마을과 오름과 곶자왈 숲이 올레꾼을 맞이한다. 중간 스탬프가 있는 모슬봉 정상순수높이 131m은 평야가 많은 서남부에서 보기 드문 전망을 자랑한다. 거친 바람에도 굳세게 일어선 억새 군락 너머로 주변의 오름과 바다를 한눈에 바라볼 수 있다. 정난주 마리아 성지대정성지는 제주 최초의 천주교인 정난주의 묘지다. 그녀는 정약용의 조카딸이자, 백서사건으로 순교한 황사영의 아내다. 야자수와 정원이 있는 평화로운 산책로처럼 보이지만, 그의 묘지는 삶과 죽음이 공존하는 근대사를 만날 수 있는 곳이다. 신평리에 다다르면 신평곶자왈이 비밀의 숲을 선사한다. 화산섬의 울퉁불퉁한 지형에서 얽히고설켜 자라난 나무들이 생생하게 숨쉬고 있다. 도착점인 무릉외갓집은 로컬 농산물과 기념품을 합리적인 가격에 만나볼 수 있는 곳이다. 카페도 겸하고 있어 올레꾼에게 훌륭한 쉼터가 되어준다.

How to go 올레 11코스 찾아가기

자동차 내비게이션에 '하모체육공원' 입력 후 출발. 공원 앞 제주올레공식안내소가 출발점. 역방향에서 출발할 땐 '무릉외갓집' 입력 후 출발

버스 ❶ 제주국제공항 4번 정류장대정, 화순, 일주서로에서 152번 승차 → 11개 정류장 이동, 1시간 11분 소요 → 하모체육공원 정류장 하차 → 도보 3분 → 하모체육공원 ❷ 제주버스터미널에서 151, 152, 252, 253, 255번 승차 후 하모체육공원 정류장 하차. 1시간 15분~1시간 35분 소요 ❸ 서귀포버스터미널에서 202번 승차 → 60분 이동 후 하모3리 정류장 하차 → 하모체육공원까지 도보 8분 이동

콜택시 대안택시 064-794-8400, 모슬포호출택시 064-794-5200

Walking Tip 올레 11코스 탐방 정보

❶ 걷기 시작점 모슬포의 하모체육공원 앞 제주올레공식안내소.
❷ 트레킹 코스 하모체육공원에서 정난주마리아성지, 신평곶자왈 지나 무릉외갓집에 다다르는 코스. 도착점인 무릉리는 교통이 불편하다. 완주한 뒤 대중교통으로 이동할 계획이라면 버스보다 콜택시 추천.

❸ 준비물 운동화, 모자, 선크림, 선글라스, 생수, 간식, 쓰레기봉투
❹ 유의사항 신평곶자왈은 올레꾼을 제외하고는 오가는 이가 없는 그야말로 원시의 숲이다. 휴대전화 신호가 잡히지 않는 곳이 많아 둘 이상 동행길 권장한다. 모슬봉은 오름 전체가 무덤이라 할 수 있을 만큼 큰 규모의 공동묘지다. 전망이 좋지만, 으슥하게 느껴질 수 있다.
❺ 기타 신평곶자왈에서 무릉외갓집까지 약 5km 구간은 상점이 없다. 요깃거리를 미리 챙기자.

Travel Tip 올레 11코스 주변의 명소와 맛집 📷 🍽

📷 HOT SPOT

대정오일장

구경하는 재미가 쏠쏠

동문시장과 올레시장이 관광지라면 오일장은 주변 지역 사람들이 찾는 진짜 시장이다. 대정오일장은 서귀포 지역에서 가장 큰 시장이다. 한 달에 단 여섯 번만 개장해 더욱 특별하다. 현지인이 즐겨 찾는 길거리 음식과 맛집이 즐비한 먹자골목에 들어서면 군침이 절로 돈다. 제주 특산물을 구매해 택배로 보낼 수도 있다. 장은 날짜 끝 숫자가 1과 6인 날에 열린다.

🚶 하모체육공원에서 도보 12분
📍 서귀포시 대정읍 하모리 1089-20
🕐 09:00~17:00(끝 숫자 1, 6일) ⓟ 주차 가능

 RESTAURANT

부두식당

싱싱하고 푸짐한 제철 회와 조림

모슬포항에 있는 40년 전통의 맛집이다. 제철 바다 음식이 주메뉴이며, 밑반찬 또한 매일 직접 만든다. 직접 운영하는 승찬호로 생선을 잡아 늘 재료가 싱싱하고 저렴하다. 제철 모둠회와 조림, 구이를 세트로 즐길 수 있으며, 가격은 2인 기준 6~8만 원 선이다. 신선하고 고소한 고등어회도 인기가 많다. 겨울철엔 대방어회도 놓칠 수 없다. 🚶 모슬포항 앞, 하모체육공원에서 도보 4분 📍 서귀포시 대정읍 하모항구로 62 📞 064-794-1223 🕒 09:30~21:30(매주 수요일 휴무) ⓘ 주차 가능

RESTAURANT

미영이네식당

입안에서 살살 녹는 고등어회

전혀 비리지 않은 싱싱한 고등어회를 맛볼 수 있는 곳이다. 특히 채소무침과 참기름 밥이 맛있어 고등어회를 많이 먹어도 질리지 않는다. 기름기 많은 생선이라 회를 먹고 나면 느끼한 맛을 잡아주기 위해 탕이 나온다. 고등어와 잘 어울리는 각종 곡물을 넣은 뽀얀 국물이라 마무리하기 딱 좋다. 여름에는 물회와 객주리(쥐치) 조림을, 겨울에는 방어도 맛볼 수 있다. 🚶 모슬포항 앞, 하모체육공원에서 도보 4분 📍 서귀포시 대정읍 하모항구로 42 📞 064-792-0077 🕒 11:30~22:00 (매일 둘째, 넷째 수요일 휴무) ⓘ 주차 가능

RESTAURANT

엘림소반

입소문 자자한 신평맛집

신평곶자왈에 접어들기 전 든든하고 건강한 식사를 하기 좋은 곳이다. 평화롭고 조용한 마을 신평리에서 오가는 이가 많은 식당이다. 마을에서 재배하는 먹거리로 정갈한 상을 차리고, 매장은 늘 청결하다. 메뉴는 영양전복밥, 나물비빔밥, 굴밥, 묵사발 등이 있다. 낮에만 문 열고, 재료 소진 시 마감하니 가기 전에 전화해 보자. 🚶 신평곶자왈에서 도보 22분, 신평사거리에서 도보 4분 📍 서귀포시 대정읍 추사로 288-6 📞 064-794-6545 🕒 11:00~19:00(일요일, 공휴일 휴무) ⓘ 주차 가능

올레 12코스 무릉-용수 올레

시작점 서귀포시 대정읍 중산간서로 2852
(무릉외갓집)
코스 길이 17.5km(탐방 시간 5~6시간,
인기도 중, 탐방로 상태 상, 난이도 중, 접근성 중)
편의시설 주차장, 화장실(무릉외갓집, 평지교회,
신도생태연못, 산경도예, 신도포구, 한장동 마을회관,
수월봉, 엉알길, 용수포구), 산책로, 전망대
여행 포인트 옥빛 바닷길 걷기, 제주 최대 들판 품에
담기, 내륙 농촌 풍경 감상하기

- ● 용수포구
  (도착 지점)
- ○ 자구내포구
- ○ 엉알길
- ○ 수월봉 육각정
- 산경도예
- ○ 신도포구
- 신도
  생태연못
- ○ 무릉외갓집
  (시작점)

천국의 풍경

중산간의 들판과 오름, 옥빛 바다가 있는 절경 구간이다. 무릉외갓집을 출발해 신비로운 도원연못을 지나면 녹
남봉이다. 녹남봉은 여름부터 가을까지 꽃동산이다. 5분이면 오르는 야트막한 오름엔 형형색색의 백일홍이 흐
드러져 있다. 녹남봉 지나 들판 끝자락에 다다르면 천국의 풍경을 보여주는 해안 길이다. 해안 길 옆 인적 드문
어촌마을 신도리를 지나면 노을 명소인 수월봉이 나온다. 수월봉에서는 차귀도와 와도, 당산봉, 고산평야, 산방
산, 한라산의 멋진 뷰를 감상할 수 있다. 수월봉 화산쇄설층은 천연기념물이며, 유네스코 세계지질공원으로도
인증받은 지질 트레일이다. 차귀도를 바라보며 걷는 엉알길에선 감탄사를 끝없이 연발하게 된다. 옥빛 바다로
마음이 퐁당 빠져든다. 당산봉까지 넘고 나면 생이기정 바당길로 접어든다. 12코스의 하이라이트다. 절벽 위로
산책로를 조성해 햇빛과 바람, 바다와 하늘을 온몸으로 느낄 수 있다. 돌아오지 않는 남편을 그리다 몸을 던진
여인의 사연이 서린 절부암과 김대건 신부의 표착 기념관이 있는 용수포구가 12코스의 종착점이다.

How to go   올레 12코스 찾아가기

자동차 내비게이션에 '무릉외갓집' 입력 후 출발. 역방향에서 출발할 땐 '용수포구'로 가면 된다.
버스 ❶ 제주국제공항 4번 정류장대정, 화순, 일주서로에서 151번운진항 승차 → 3개 정류장 이동, 17분 소요 → 정존
마을(서) 정류장 하차 → 254번운진항으로 환승 → 41개 정류장 이동, 51분 소요 → 무릉2리소공원 정류장 하차 →
도보 16분 → 무릉외갓집 ❷ 그밖에 761-1, 761-2, 761-3번 승차하여 무릉2리소공원 정류장이나 인향동입구 정
류장 하차. 무릉외갓집까지 도보 15분 콜택시 한경콜택시 064-772-1818

Walking Tip 올레 12코스 탐방 정보

❶ 걷기 시작점 무릉외갓집 매장 앞 스탬프 찍는 곳에서 시작한다.

❷ 트레킹 코스 한적한 농촌 무릉리와 어촌 신도리를 지나 환상적인 해안 절경이 있는 수월봉, 당산봉을 통과해 용수포구에 닿는다. 올레 12코스의 해안 길은 제주에서도 이름난 노을 명소다.

❸ 준비물 운동화, 모자, 선크림, 선글라스, 생수, 간식, 쓰레기봉투

❹ 유의사항 시작점부터 신도리까지는 인적이 드문 중산간 농촌 지역이다. 출발 전 생수와 간식을 꼭 챙기자. 식당은 주로 해안가에 있다. 대중교통편이 많지 않으니 버스 시간표를 미리 확인하자. 막차는 20시 무렵이며, 한 시간에 1~2대 정도 다닌다.

❺ 기타 가볍게 해안 길 산책만 하고 싶다면 수월봉~용수포구 구간을 추천한다.

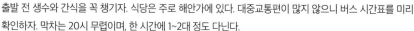

Travel Tip 올레 12코스 주변의 명소·맛집·카페 📷 🍽 ☕

📷 HOT SPOT

도구리알

맑은 물이 빛나는 물웅덩이

도구리는 제주 말로 돼지 먹이통을 뜻한다. 이를 닮은 웅덩이가 신도리 해안에 있어 도구리알이라 불린다. 올레 12코스가 바닷길로 접어들고 나서 약 10분 정도 걷다 보면 해안가에 있다. 주상절리의 차별침식으로 만들어진 물웅덩이인데, 조수간만의 차와 큰 파도에 의해 바닷물이 채워진다. 이 지역은 돌고래가 자주 출몰한다. 파도가 잔잔할 때 잘 살펴보자.

🚶 신도포구에서 도보 8분 📍 서귀포시 대정읍 신도리 3125-5 ⓘ 주차 가능

📷 HOT SPOT

엉알길과 생이기정길

지층과 화산탄이 그대로

엉알길은 수월봉 아래 해안에서 수월봉까지 키가 큰 화산재층 절벽을 따라 이어진 지질트레일 산책로다. 지층과 화산탄이 그대로 드러나 있어 화산섬 제주의 특색을 분명하게 보여준다. 차귀도를 바라보고 걷는 이 산책길은 20분 정도 이어지다 자구내포구에 닿는다. 여기서 당산봉을 넘으면 생이기정길의 절경이 펼쳐진다. 생이기정은 새가 날아다니는 절벽이란 뜻이다.

🚶 수월봉 주차장에서 도보 10분 📍 제주시 한경면 고산리 3653-2 일대
ⓘ 주차 가능(수월봉 주차장)

🍴 RESTAURANT
연희원

든든하고 정갈한 일품 한정식

대정읍 신도포구에서 멀지 않은 곳, 신도보건진료소 근처에 있는 한정
식집이다. 보리굴비정식, 연잎밥정식, 연희원정식이 대표 메뉴이다. 떡
갈비도 먹을 수 있다. 걷다가 지친 몸과 마음을 회복하기에 좋은 음식들
이다. 천연 조미료를 중심으로 조리하기에 음식 맛이 정갈하고 담백하
다. 놋그릇에 음식이 나와 대접받는 기분이 든다.

🚶 신도포구에서 도보 9분, 자동차 1분 ◎ 서귀포시 대정읍 도원중로 144
📞 064-772-1915 🕐 11:30~20:00(브레이크타임 15:00~17:00, 라스트오더
19:00) ⓘ 전용 주차장

🍴 RESTAURANT
신도어촌계식당

바닷길에서 만난 든든한 정식

1인분에 9천 원짜리 정식을 시키면 제육볶음과 쌈채소, 생선구이와 반
찬까지 든든하게 차려준다. 어촌계 식당이라 제철 해산물 요리는 물론
여름 물회까지 곁들일 수 있다. 식당 찾기 어려운 바닷가에 있어 길을
걷다 만나면 무척 반가운 식당이다.

🚶 신도포구 앞
◎ 서귀포시 대정읍 노을해안로 724
📞 064-773-0010 🕐 11:00~19:30 ⓘ 주차 가능

☕ CAFE
제주포슬

케이크가 있는 정원 카페

대정읍 무릉2리의 평지동 마을회관 앞에 있다. 옛집을 개조해 카페로
만들었다. 핑크빛 지붕이 포근한 분위기를 자아낸다. 커피와 좋은 재
료를 듬뿍 넣은 음료와 케이크를 판매한다. 무글루텐 생망고 케이크
와 꾸덕꾸덕한 초코케이크의 인기가 좋다. 안쪽으로 꽤 널찍한 정원
이 있다. 볕이 좋은 날엔 정원에서 차와 디저트를 즐겨보자. 뜨개실 굿
즈도 만날 수 있다.

🚶 올레 12코스 평지교회에서 도보 1분 ◎ 서귀포시 대정읍 무영로228번길 17-7
📞 0507-1375-2520 🕐 11:00~18:00(화·수 휴무) ⓘ 주차 가게 앞

올레 13코스 용수-저지 올레

시작점 제주시 한경면 용수리 4241-7(용수포구 절부암)

코스 길이 15.9km(탐방 시간 4~5시간, 인기도 하, 탐방로 상태 상, 난이도 중, 접근성 중)

편의시설 주차장, 화장실(용수포구, 낙천의자공원, 저지오름 입구, 저지예술정보화마을), 산책로, 전망대

여행 포인트 중산간 마을 숲길 걷기, 저지오름 올라 풍경과 분화구 구경하기

용수포구
(시작점)

용수저수지

특전사숲길
소유주의 과수원 운영
계획에 의해 우회로로 변경

고사리숲길

낙천의자공원

뒷동산 아리랑길

저지오름
입구

저지예술정보화마을
(도착 지점)

중산간 숲길과 오름을 만나러 가는 길

중산간 숲길과 오름을 걷는 한적하고 여유로운 코스다. 시작점은 용수포구의 절부암이다. 고기잡이를 나갔다 조난된 남편이 돌아오지 않자 그의 뒤를 따라 목숨을 끊은 슬픈 여인의 이야기가 전해지는 곳이다. 주변에는 사철, 후박, 동백 등 난대식물이 울창하고, 옥빛 바다가 넘실거린다. 포구 지나 숲길로 접어들면 고목숲길, 고사리숲길이 나온다. 고목과 고사리가 많아 이름 붙여진 길이다. 한두 사람이 겨우 지나갈 수 있을 정도로 좁지만, 길은 빽빽한 초록 숲으로 향기롭다. 평탄하고 푹신한 흙길이라 걷기에 부담스럽지 않다. 물 좋은 샘이 있는 낙천마을에서는 의자공원과 잣담길밭과 목장의 경계로 쌓은 돌담을 잣담이라 한다.을 지난다. 구불구불한 뒷동산 아리랑길을 오르면, 이제부터 길은 끝없이 이어지는 밭과 민가를 지난다. 한가롭고 여유롭다. 저지오름순수높이 100m을 향해 걸으면 되니 길 잃을 염려도 없다. 계절마다 부지런히 야생화와 들풀이 고개를 내밀고, 마늘, 양파 등이 싱그럽게 자란다. 저지오름은 13코스의 하이라이트다. 오름에 올라 울창한 숲과 뷰, 분화구를 즐기고 내려오면 도착지점인 저지마을이다.

How to go 올레 13코스 찾아가기

자동차 내비게이션에 '용수포구' 입력 후 출발. 포구 부근 절부암 앞 스탬프 찍는 곳이 출발점이다. 역방향에서 출발할 땐 '저지예술정보화마을'로 가면 된다.

버스 ❶ 제주국제공항 4번 정류장대정, 화순, 일주서로에서 102번 승차 → 1시간 14분 소요 → 신창환승정류장한경면 사무소(서) 하차 → 127m 이동 →한경면사무소(북) 정류장에서 772-1번고산환승정류장으로 환승 → 6분 소요 → 용수리마을회관 정류장 하차 → 510m 이동 → 용수포구 스탬프 찍는 곳

❷ 그밖에 771-1, 772-2번 승차하여 용수리마을회관 정류장 하차

콜택시 한경콜택시 064-772-1818

Walking Tip 올레 13코스 탐방 정보

❶ 걷기 시작점 용수포구 절부암 앞 스탬프 찍는 곳에서 출발해 내륙으로 들어간다.

❷ 트레킹 코스 용수포구에서 시작해 중산간의 숲길과 낙천의자공원을 지나 저지오름을 오른다. 분화구 안까지 들어가 구경하고 저지리 마을로 내려오면 도착점이다. 노을을 만끽하고 싶다면 점심 무렵 저지리 마을에서 출발해 용수포구 해안에 닿는 코스를 추천한다.

❸ 준비물 운동화, 모자, 스크림, 선글라스, 생수, 간식

❹ 유의사항 코스 중간에 있는 낙천마을과 도착점인 저지리 외에는 식당이 거의 없다. 용수포구에서 미리 먹거리를 준비해가는 게 좋다.

❺ 기타 걷기를 마치고 제주 시내로 나가려면 저지오름 정류장에서 784-1, 771-1번 버스 승차 후 동광환승정류장4제주 방면에서 282, 252, 151번으로 환승하면 된다.

Travel Tip 올레 13코스 주변의 명소·맛집·카페 📷 🍴 ☕

📷 HOT SPOT

저지오름

서부 중산간의 대표 오름

닥몰오름 또는 새오름으로도 불린다. 이정표가 잘 정비되어 있다. 입구의 가파른 계단을 오르다 둘레길을 만나면 흙과 솔 향기 물씬 풍기는 평평한 숲길이 이어진다. 이 숲길이 저지오름의 가장 큰 매력이다. 정상에선 비양도가 보이고, 정상 전망대에서 고개를 돌리면 한라산이 우뚝 솟아 있다. 계단을 따라 분화구 안까지 내려갈 수 있다.

🚶 저지마을회관에서 오름 입구까지 도보 27분(1.4km)

📍 제주시 한경면 산52 🕐 소요시간 왕복 1시간 30분 ⓘ 주차 가능

 RESTAURANT

뚱보아저씨

가성비 만점 오동통한 갈치구이 정식

갈치는 제주에서 흑돼지 다음으로 인기 좋은 메뉴이다. 가격이 비싼 게 단점인데, 저지리의 식당 뚱보아저씨에서는 11,000원이라는 저렴한 가격에 갈치구이 정식을 맛볼 수 있다. 여기에 잘 조려진 고등어조림과 성게미역국까지 나오니 유명 갈치 전문점 부럽지 않다. 아침부터 밤까지 영업하며, 통닭과 왕새우튀김 같은 안주는 포장도 된다. 육개장과 내장탕도 있다.

🚶 저지마을회관에서 도보 3분 📍 제주시 한경면 중산간서로 3651
📞 064-772-1112 🕐 09:30~20:00 (브레이크타임 15:30~17:00, 목요일 휴무)
ⓘ 주차 가능(가게 앞길)

 RESTAURANT

한라당몰국수

24시간 끓여 우려낸 진한 사골 육수

저지마을의 고기국수 전문점이다. 바깥에서부터 진한 육수 냄새가 코를 자극한다. 24시간 육수를 끓이는 가마솥이 있다. 육수 자부심이 있는 곳이니 국수, 국밥은 믿고 먹을 만하다. 흑돼지 돔베고기와 멸치국수도 판매하며, 김치를 포함한 모든 재료는 국내산이다. 친절하고 깔끔해 손님이 끊이지 않는다.

🚶 신저지마을회관에서 도보 5분, 뚱보아저씨에서 91m 거리
📍 제주시 한경면 중산간서로 3645 📞 064-773-0679
🕐 07:30~15:00(수요일 휴무) ⓘ 주차 가능

☕ CAFE

열두달

고즈넉한 마을 안길에서 만난 제주 로컬 디저트

올레길이 지나는 용수포구 마을 안쪽에 있는 카페다. 이름처럼 제주의 1년, 계절의 순환을 담은 디저트와 음료를 준비한다. 제주에서 나고 자란 식재료를 계절별로 재해석한 호텔식 디저트가 눈길을 끈다. 커피는 계절마다 각기 다른 산지와 품종의 스페셜티 원두를 사용한다. 볕이 잘 드는 잔디 마당에서도 티타임을 즐길 수 있다.

🚶 용수포구 스탬프 찍는 곳에서 도보 7분 📍 제주시 한경면 용수길 37
📞 010-5136-0755 🕐 10:00~17:00(월·화요일 휴무) ⓘ 주차 가게 앞

올레 14코스 저지-한림 올레

시작점 제주시 한경면 중산간서로 3687
(저지예술정보화마을 제주올레 공식 안내소)
코스 길이 19.1km(탐방 시간 5~6시간, 인기도 상,
탐방로 상태 상, 난이도 중, 접근성 중)
편의시설 주차장, 화장실(저지예술정보화마을,
월령선인장자생지 입구, 금능해수욕장, 협재해수욕장,
용수사, 한림항), 산책로, 전망대
여행 포인트 고요하고 아늑한 초록 숲길 즐기기,
에메랄드빛 서쪽 바다 감상하기

한림항
(도착 지점)

옹포포구

금능해수욕장

일성제주비치콘도

월령선인장자생지 입구

무명산책길 입구

큰소낭숲길

저지예술
정보화마을
(시작점)

비양도를 눈에 담으며 걷는 길

저지마을에서 출발해 서쪽 바다를 만나러 가는 길이다. 큰소낭숲길 등 굴렁진움푹 패인 지형을 뜻하는 제주 말 숲길과 밭길을 걸으며 서쪽 바다로 향한다. 일부는 울퉁불퉁한 돌길이라 두 발에 힘이 들어간다. 10km 남짓의 내륙 길을 빠져나오면 선인장이 자라는 해안마을에 닿는다. 선인장 자생지 월령리이다. 여름이 되면 까만 현무암 사이로 노란 꽃과 자색 열매를 맺은 선인장이 마을을 뒤덮어 장관을 이룬다. 씨앗이 해류를 타고 멕시코와 필리핀을 거쳐 한림의 해안가 바위틈에 기착한 것으로 보인다. 군락지와 해안 산책로를 따라 바다 내음과 선인장 향기를 맡으며 거닐 수 있다. 월령리 지나면서부터는 바닷길이 이어진다. 14코스의 바닷길은 내내 비양도를 눈에 담고 걷는다. 여러 각도에서 바라보는 에메랄드빛 바다와 그 위에 뜬 푸른 섬이 몽환적으로 느껴진다. 비양도가 보이는 금능과 협재는 제주 서쪽에서 가장 아름다운 바다로 꼽힌다. 야자수 아래 펼쳐진 은빛 모래밭을 거닐기만 해도 힐링이 된다. 천국의 바다다. 도착점인 한림항은 제주에서 가장 활기찬 항구 중 하나다.

How to go　올레 14코스 찾아가기

자동차 내비게이션에 '저지예술정보화마을' 입력 후 출발. 마을의 제주올레공식안내소가 출발점. 역방향에서 출발할 땐 '한림항'으로 가면 된다.

버스 ❶ 제주국제공항 4번 정류장대정, 화순, 일주서로에서 151번운진항 승차 → 49분 소요 → 오설록 정류장 하차 → 도보 2분, 103m → 제주오설록티뮤지엄 정류장에서 784-1번한림체육관 승차 → 8분 소요 → 저지오름(동) 정류장 하차 → 도보 2분, 122m → 저지예술정보화마을

❷ 그밖에 771-1, 772-2, 820-1, 820-2번 승차하여 저지오름 정류장 하차

콜택시 한경콜택시 064-772-1818, 한림서부콜택시 064-796-9595, 한수풀택시 064-796-9191

❶ **걷기 시작점** 저지예술정보화마을 제주올레공식안내소파란색 컨테이너에서 스탬프 찍고 시작한다. 역방향에서는 한림항 도선 대합실 앞 스탬프 찍는 곳에서 시작  한다.

❷ **트레킹 코스** 서쪽 노을을 만끽하고 싶다면 이른 점심 무렵 출발하자. 내륙의 숲길과 밭길을 지나 월령리에 닿으면, 그때부터는 서쪽 해안 길 따라 걸으며 노을을 만끽할 수 있다. 월령-금능-협재-한림항 순으로 바다를 왼쪽에 두고 걷는다.

❸ **준비물** 운동화, 모자, 선크림, 선글라스, 생수, 간식

❹ **유의사항** 내륙 길에는 식당이나 가게가 없다. 초반에 저지리 마을에서 물과 간식을 꼭 챙기자. 해변 마을에 닿으면 상점이 나온다.

❺ **기타** 한림읍의 일성콘도~금능해수욕장까지 2.1km 구간은 휠체어 가능 구간이다. 비양도와 아름다운 금능해수욕장을 즐길 수 있다. 일부 마을 길은 폭이 좁다. 해안 길은 파도가 센 날엔 주의해야 한다.

Travel Tip 올레 14코스 주변의 명소·맛집·카페

🅞 HOT SPOT
한림공원

광활한 공원에서 즐기는 여유로운 산책

풍경은 이국적이고, 규모는 광활하다. 10만 평의 면적에 9개의 테마파크가 들어서 있다. 용암 동굴, 민속마을, 조류공원, 분재원 등 둘러볼 곳이 많다. 수선화, 핑크뮬리, 동백, 벚꽃, 튤립 등 계절마다 다른 꽃이 피어난다. 2km의 둘레길을 에코버스를 타고 둘러보는 트로피칼 둘레길 투어도 즐겁다. 공원 곳곳에 먹거리를 파는 곳과 벤치가 있다. 🚶 금능해수욕장 주차장에서 도보 4분 ⊙ 제주시 한림읍 한림로 300 📞 064-796-0001 🕐 08:30~19:00(9~10월 08:30~18:30, 11~2월 09:00~18:00), 폐장 1시간 30분 전 입장 마감 ⓘ 주차 가능

☕ CAFE
rnr

쪽빛 포구 앞 명품 베이커리

협재 포구 앞에 있는 예약이 많은 베이커리다. 입구부터 고소한 냄새가 풍겨오고, 진열장은 맛있는 빵으로 빼곡하다. 여행객은 물론 주기적으로 예약해 빵을 찾아가는 지역 주민들이 있어서 더 믿음직하다. 건강한 식사 빵과 과자를 고루 갖추고 있으며 테이블도 있다. 주차는 협재 포구 앞에 하면 된다. 🚶 금능해수욕장에서 도보 14분, 협재 포구 앞 ⊙ 제주시 한림읍 협재1길 29 📞 0507-1387-0280 🕐 10:00~17:00(월~수 휴무) ⓘ 주차 포구 앞

 RESTAURANT

한림일품횟집

한림항 앞 푸짐한 횟집

항구 앞 오래된 횟집이다. 한림매일시장에서도 가깝다. 푸짐한 모둠회를 시키면 상다리 부러지게 나오는 곁들임 음식도 일품이다. 싱싱한 해산물이 가득하다. 왁자지껄한 분위기가 싫다면 예약하길 추천한다. 개별 룸에서는 오붓하게 즐기기 좋다. 식사류는 2인부터 주문 가능.

🚶 한림항 앞 한림1리사무소 건물
📍 제주시 한림읍 한림해안로 154
📞 064-796-7534 🕐 11:00~22:00 ⓘ 주차 가능

🍴 RESTAURANT

금능샌드

테이크아웃 샌드위치 전문점

금능해수욕장 서쪽 모퉁이에 있는 샌드위치와 파니니 포장 전문점이다. 검은색 모닝빵에 에그 샐러드를 듬뿍 넣은 현무암 샌드가 가장 인기 메뉴. 주문 즉시 바로 구워 만드는 파니니 종류도 다양하다. 음료와 컵 와인, 샹그리아 등도 함께 판매해 비치 피크닉에 제격이다.

🚶 금능해수욕장 서쪽 모퉁이
📍 제주시 한림읍 금능길 89 📞 064-796-8072
🕐 10:00~18:00(화요일 휴무) ⓘ 주차 가능

 CAFE

카페이면

작고 진한 카페

금능포구 근처 한적한 마을에 자리한 작은 카페다. 좌식 테이블이나 빈티지 소파에 앉아 책 읽기 좋은 분위기다. 다양한 원두를 소개하며, 시향대에서 손님이 선택한 원두를 정성스럽게 내려준다. 마들렌이나 케이크 같은 디저트도 곁들이기 딱 좋은 깔끔함을 갖추었다. 아침 일찍 문을 여니 모닝커피 마시기에 제격이다.

🚶 금능해수욕장에서 도보 13분, 금능포구 근처 📍 제주시 한림읍 금능5길 13
📞 010-6302-8864 🕐 10:00~16:00(10세 미만 노키즈존, 4인 미만 이용 가능, 토·일요일 휴무) ⓘ 주차 가능

올레 14-1코스 저지-서광 올레

시작점 제주시 한경면 중산간서로 3687(저지예술정보화마을 제주올레공식안내소)

코스 길이 9.3km(탐방 시간 2~3시간, 인기도 하, 탐방로 상태 중, 난이도 하, 접근성 중)

편의시설 주차장, 화장실(저지예술정보화마을, 문도지오름 입구, 오설록 녹차밭), 산책로, 전망대

여행 포인트 곶자왈 숲과 전망 좋은 오름 즐기기, 제주 최대 녹차밭 감상

제주 서쪽 내륙의 깊은 숲과 너른 녹차밭

26개 올레길 가운데 내륙으로만 걷는 2개의 코스 중 하나다. 다른 하나는 7-1코스이다. 14코스와 마찬가지로 저지예술정보화마을에서 출발하지만, 길이가 짧아 쉬엄쉬엄 걷기 좋다. 저지마을을 벗어나자마자 길은 밭 사이로 구불구불 이어진다. 마중오름 옆을 돌아가면 허허벌판에 덩그러니 서 있는 한 그루 나무가 보이는데, 이곳이 강정동산이다. 강정동산 지나면 본격적인 제주의 허파, 곶자왈이다. 울창한 곶자왈 숲속에 문도지오름순수 높이 55m 이 나지막하게 솟아 있다. 동쪽으로 벌어진 말굽 모양으로. 죽은 돼지가 누운 모습문은 돌이 같다 하여 '문도지'라 이름 붙였다. 15분이면 정상에 닿는데, 전망이 으뜸이다. 한라산과 주위 오름 능선, 곶자왈 숲이 뻗어나가는 풍경을 차례로 눈에 담을 수 있다. 문도지오름은 2~3월 백서향별 모양의 하얀 꽃을 피운다. 꽃향기가 만리까지 퍼진다고 하여 '만리향'이라 부른다. 이 만개할 때 찾으면 더 매력적이다. 정상을 넘으면 중간 스탬프 찍는 곳이 나오고, 다시 나무와 덩굴이 우거져 사방이 어둑한 곶자왈 숲길로 접어든다. 숲을 빠져나오면 초록 물결의 오설록 녹차 밭이 바다처럼 펼쳐진다.

How to go 올레 14-1코스 찾아가기

자동차 내비게이션에 '저지예술정보화마을' 입력 후 출발. 제주올레공식안내소가 출발점이다.

버스 ❶ 제주국제공항 5번 정류장평화로, 800번에서 182번 승차 → 41분 소요 → 동광환승정류장5서귀 방면 하차 → 196m 이동→ 동관환승정류장2영어교육도시 방면에서 784-1번으로 환승 → 17분 소요 → 저지오름(동) 정류장 하차 → 도보 1분 → 저지예술정보화마을 제주올레공식안내소

❷ 그밖에 771-1, 772-2, 820-1, 820-2번 승차하여 저지오름(동) 정류장 하차

콜택시 한경콜택시 064-772-1818, 한림서부콜택시, 064-796-9595, 한수풀택시 064-796-9191

❶ 걷기 시작점 저지예술정보화마을 제주올레공식안내소한경농협 건너편 파란색 컨테이너. 한경면 중산간서로 3687에서 스탬프 찍기부터 시작한다. 역방향은 오설록 녹차밭에서 시작

❷ 트레킹 코스 3시간 내로 완주할 수 있는 짧은 코스다. 저지마을에서 출발하여 오설록 녹차밭에 도착하면 가까이에 버스 정류장이 있어 시내로 나오기 편하다.

❸ 준비물 운동화, 모자, 선크림, 선글라스, 생수, 간식

❹ 유의사항 시작점 저지마을과 종점 스탬프를 찍는 지점인 이니스프리 제주하우스오설록 옆 이외에는 식당이나 가게가 없으니 반드시 도시락과 물, 간식을 준비하자.

❺ 기타 문도지오름과 오설록 이외 코스는 백서향 만개하는 2~3월 외에는 인적이 드물다. 특히 곶자왈은 숲이 우거져 낮에도 어둡게 느껴진다. 되도록 동행과 함께하자. 늦게 출발한다면 곶자왈 숲에서 가까운 오설록 녹차밭에서 시작해야 어둠이 내리기 전에 숲을 빠져나올 수 있다.

Travel Tip 올레 14-1코스 주변의 명소·맛집·카페·숍 📷 🍴 ☕ 🛍

📷 HOT SPOT
오설록 티 뮤지엄

국내 최초의 차 박물관

아모레퍼시픽이 한국 전통차와 문화를 소개하기 위해 2001년 개관했다. 서광리의 오설록 차밭과 맞닿아 있으며, 디자인이 돋보이는 박물관과 카페 건물이 주변 풍광과 멋지게 어우러져 사진 남기기 좋다. 오설록의 녹차 디저트와 상품, 화산송이로 만든 이니스프리 제품도 만나볼 수 있다. 티클래스를 운영하며예약제, 천연 비누 만들기 체험도 준비돼 있다. 🚶 문도지오름에서 도보 1시간 10분, 제주항공우주박물관에서 도보 25분 📍 서귀포시 안덕면 신화역사로 15 📞 064-794-5312 🕐 09:00~18:00 ⓘ 입장료 무료, 주차 가능

📷 HOT SPOT
제주현대미술관

작품 감상하고 산책도 즐기고

제주 자연 친화성을 우선으로 한 건축공모전의 최우수작품을 가져다 설계하여 개관했다. 상설전시관에는 개관 당시 작품을 기증한 김흥수 화백의 그림 20여 점을 전시한다. 수준 높은 기획전이 열리는 기획전시실에서는 현대미술을 만날 수 있다. 야외 정원은 열린 공간이다. 전시장을 들어가지 않더라도 무료로 즐길 수 있다. 🚶 저지문화예술인마을 안. 저지예술정보화마을에서 도보 30분 📍 제주시 한경면 저지14길 35 📞 064-710-4300 🕐 09:00~18:00, 7~9월 09:00~19:00(월요일, 신정, 설날, 추석 휴관) ⓘ 도슨트(작품설명) 11:00, 15:00 주차 가능

🍽 RESTAURANT
뉴저지김밥

맛도 좋고 메뉴도 다양한 분식
'엄마가 해준 집밥'을 지향하는 저지리의 분식집이다. 각종 김밥을 비롯해 찌개, 국밥, 돈가스, 라면, 떡볶이 등 스무 가지가 넘는 메뉴가 기다리고 있다. 그야말로 분식 천국이다. 맛도 추억의 분식집 스타일이다. 스탬프 찍는 곳 근처에 있어 출발 전 식사나 김밥 포장하기에 제격이다. 매장 안도 넓고 깔끔하다. 여름엔 시원한 열무국수와 냉면도 개시한다.
🚶 저지오름 정류장에서 도보 1분 📍 제주시 한경면 중산간서로 3678 📞 064-772-3255 🕐 07:00~19:00 ⓘ 주차 가능

☕ CAFE
우호적무관심

저지리 햇살 카페
저지문화예술인마을을 대표하는 제주현대미술관 주차장 옆에 있는 카페다. 중정이 있고, 창이 모두 통유리라 햇살 좋은 날 찾으면 특히 아름답다. 좌식 자리와 잔디밭 야외 테이블이 있어 예술 작품 같은 제주의 자연과 햇살을 만끽하며 여유를 즐기기 좋다. 달콤한 디저트도 직접 구워 판매한다.
🚶 제주현대미술관 주차장 앞 📍 제주시 한경면 저지12길 103
📞 010-3523-2866 🕐 10:00~18:00(연중무휴) ⓘ 주차 가능

🛍 SHOP
책방 소리소문

올레길 옆 작은 서점
작은 마을의 작은 글(小里小文)이란 아름다운 뜻을 가진 책방이다. 한경면의 조용한 마을 저지리에 있는데, 감성과 실속 모두 알차기로 소문이 나 있다. 책 내용을 알 수 없게 포장한 블라인드 북 인기가 좋다. 테마를 갖춘 코너 구석구석을 구경하는 재미가 있다. 필사할 수 있는 공간도 있고, 아이들을 위한 책도 제법 갖추고 있다.
🚶 저지예술정보화마을 올레안내소에서 도보 6분
📍 제주시 한경면 저지동길 8-31 📞 010-8298-9884 🕐 11:00~18:00(화·수요일 12:00~18:00) ⓘ 인스타그램 sorisomoonbooks

올레 15 A·B코스 한림-고내 올레

시작점 제주시 한림읍 한림해안로 196(한림항 도선대합실 제주올레공식안내소)

코스 길이 A코스 16.5km(탐방 시간 5~6시간, 인기도 중, 탐방로 상태 상, 난이도 중, 접근성 중)

B코스 15km(탐방 시간 4~5시간, 인기도 상, 탐방로 상태 상, 난이도 하, 접근성 중)

편의시설 주차장, 화장실(한림항, 수원리사무소, 선운정사,

납읍리 난대림, 곽지해수욕장, 고내포구), 산책로, 전망대

여행 포인트 곶자왈 난대림과 중산간 흙길 걷기,

투명한 쪽빛 바다 감상하며 걷기

고내포구
(도착 지점)

애월초등학교 뒷길

하이엔드
제주

B 코스

고내봉 입구

A 코스

금성천 정자

제주한수풀해녀학교

납읍리
난대림
화장실

납읍숲길

수원리 농로

영새새물

선운정사

한림항(시작점)

비밀스러운 숲길과 쪽빛 바닷길

한림항에서 출발해 수원리 마을회관 앞 농로에서 A코스와 B코스로 나뉜다. 한적한 밭을 지나 중산간 숲길을 걷고 싶으면 A코스로, 쪽빛 바다를 만나고 싶으면 B코스로 가면 된다. A코스는 농지 따라 걷다가 밭길이 지루해질 무렵 금성천 건너 선운정사를 지난다. 이제 본격적인 숲길이다. 금산공원이라 불리는 납읍리 난대림 지대를 걸으면 신비롭고 비밀스러운 숲의 세계로 빠져들게 된다. 이어 과오름 둘레길 돌아 돌담과 덩굴 길을 지나 또 다른 오름 고내봉 옆길로 빠져 고내포구에 다다른다. B코스는 곳곳이 관광 명소다. 무엇보다 아름다운 바닷길이라 좋다. 귀덕해안도로는 풍경에 반해 자꾸만 걸음을 멈추게 되는 한적한 바닷길이다. 정자와 벤치 등 쉬어갈 곳도 많다. 금성천 정자에서 스탬프를 찍고 바닷길 따라 언덕을 넘어가면 곽지해수욕장이다. 다음은 그 유명한 한담해안산책로다. 각종 방송 촬영지로 유명해져 인파가 많다. 곽지해수욕장, 한담해안산책로, 애월카페거리. 제주의 핫스폿을 잠시 즐긴 뒤 애월항 지나면 고내포구에 도착한다.

How to go 올레 15코스 찾아가기

자동차 내비게이션에 '한림항 도선대합실' 입력 후 출발. 대합실의 제주올레공식안내소가 출발점

버스 ❶ 제주국제공항입구(동) 정류장에서 202번 탑승 → 15분 소요 → 제주버스터미널(북) 정류장 하차 → 도보 112m → 제주버스터미널가상정류소 정류장에서 102번으로 환승 → 1시간 소요 → 한림환승정류장한림리 하차 → 도보 10분, 688m → 한림항도선대합실

❷ 그밖에 291, 292, 781-2, 783-1, 783-2, 784-1, 784-2, 785번 승차하여 한림천주교회 정류장 하차. 한림항도선대합실까지 도보 6분.

콜택시 한수풀호출택시 064-796-9191, 애월호출택시 064-799-9007

Walking Tip 올레 15코스 탐방 정보

❶ 걷기 시작점 한림항도선대합실 앞 스탬프 찍는 곳에서 시작한다. 대합실 2층에 제주올레공식안내소가 있다. 역방향은 고내포구 앞 제주올레공식안내소가 출발점

❷ 트레킹 코스 한림항을 떠나 수원리 사무소 앞 농로까지 1.6km 구간은 A코스와 B코스가 같은 길을 걷는다. 난대림 숲길로 가는 A코스를 가려면 한라산 방향으로, 곽지와 한담 바다를 걸으려면 B코스를 택하면 된다. 갈림길 이정표가 잘 되어 있다.

❸ 준비물 운동화, 모자, 선크림, 선글라스, 생수, 간식

❹ 유의사항 A코스는 납읍리를 제외하면 식당이 없다. 출발점에서 미리 간식과 물을 준비하자. 그리고 숲길이 많아 일찍 어두워지므로, 어느 계절이든 오전에 출발하는 게 좋다.

❺ 기타 해안도로를 따라가는 B코스에는 상점, 식당, 카페 등이 많다. 오후에 출발한다면 걷다가 노을도 볼 수 있고, 인파가 많아 안전한 B코스가 좋다.

HOT SPOT

고내봉

애월 앞바다와 한라산을 한눈에

동네 주민들이 산책과 운동을 위해 즐겨 찾는 곳이다. 애월 앞바다와 한라산을 모두 조망할 수 있는 숨겨진 뷰 명당이기도 하다. 보광사 쪽 입구가 정상에서 가장 가깝다. 울창한 숲과 억새 군락을 지나면 중간 전망대를 만난다. 제주 서쪽 오름 능선과 한라산을 시원하게 바라볼 수 있다. 3월에는 푸른 바다를 배경으로 벚꽃도 활짝 핀다. 정상까지 왕복 40분. 🚶 고내포구에서 도보 30분, 자동차로 5분 ⊙ 제주시 애월읍 고내봉길 63-16 ⓘ 주차 가능(보광사 지나서 오르는 길의 넓은 공터가 주차장)

 HOT SPOT

연화지

매혹적인 연꽃의 향연

연화지는 제주에서 가장 깊고 가장 넓은 연못으로, 연잎과 연꽃이 못을 가득 채우고 있다. 연못 가운데엔 한국의 정취가 물씬 나는 전통 정자가 조용히 앉아 있다. 연꽃이 만발한 초여름에 방문한다면 꽃봉오리 속에서 요정이라도 튀어나올 것 같은 분위기를 즐길 수 있다. 연꽃은 초여름부터 8월 사이에 절정을 이루며 피어난다. 🚶 더럭초등학교에서 북동쪽으로 도보 5분 ⊙ 제주시 애월읍 하가리 1359-1번지

바람수제비

모든 메뉴가 다 맛있다

허름한 식당이지만 한림 맛집이다. 쫀득한 반죽이 일품인 수제비가 대표 메뉴. 얼큰한 맛도 가능하고, 기본 찬으로 달걀을 부쳐준다. 후식으로 직접 담근 식혜도 나온다. 문어볶음, 제육볶음, 갓돔조림, 갈치조림, 물회, 파전 등 모든 메뉴가 다 맛있다. 동네 어르신부터 장 보러 나온 주부, 가족 단위 손님 등 다양한 연령대 사람들이 찾는다.

🚶 15코스 시작점(한림항 도선대합실)에서 도보 10분.
📍 제주시 한림읍 한림로 650 📞 064-796-0043
🕐 10:00~21:00(토요일 휴무) ⓘ 주차 가능(가게 앞 길가)

새큰이가든

진한 녹두 삼계탕과 오리탕

녹두 삼계탕과 한방 오리탕으로 유명한 납읍리 식당이다. 좌식테이블과 룸이 있어 편안하게 보양식을 즐길 수 있다. 야들야들한 육질의 고기에 녹두가 들어가 고소하고 진하다. 탕을 더 맛있게 먹게 도와주는 김치 맛도 일품이다. 채소는 모두 이 집 텃밭에서 기른 것이다. 공기 좋고 물 맑은 곳에서 건강식을 먹으니 몸도 마음도 든든해진다. 포장도 가능.

🚶 A코스의 과오름 입구에서 도보 10분 📍 제주시 애월읍 애원로 198
📞 064-799-9080 🕐 10:30~21:00(일요일 휴무) ⓘ 주차 가능

큰여

해물 요리 잘하는 도민 맛집

곽지에서 한림읍내 가는 길에 있는 귀덕리 도민 맛집이다. 보말톳칼국수는 2인 이상 주문 가능하며, 건강하고 맛이 구수하다. 면을 다 먹으면 죽을 끓여주는데 진하고 찰지다. 조림과 물회 메뉴도 대만족이다. 매콤달콤 양념이 쫀득한 생선 살에 잘 배어들어 밥도둑이다. 가격도 합리적이다. 그날 들어온 생선으로 조림을 맛볼 수 있다. 🚶 B코스의 귀덕해안도로에서 도보 17분, 귀덕1리항에서 도보 5분, 귀덕사거리 부근 📍 제주시 한림읍 일주서로 5889
📞 064-796-8890 🕐 10:00~21:00(브레이크타임 15:00~17:30, 10~5월 둘째 넷째 화요일 휴무, 6~9월 매주 화요일 휴무) ⓘ 주차 가능

🍴 RESTAURANT
해변횟집

애월항 앞 가성비 만점 횟집

포구의 정취가 짙은 애월항 앞의 횟집이다. 세련된 시설이나 상다리
부러지는 곁들임은 없지만, 항구 마을 주민들과 노동자들이 즐겨 찾는
가성비 좋은 곳이다. 조림과 물회 등 제철 맞은 생선으로 차리는 식사
도 맛이 좋다. 선도 좋은 모듬회를 비롯하여 고등어회, 방어회 등도 있
다. 자리는 대부분 좌식테이블이라 편하다.

🚶 한담해변에서 도보 22분, 애월항 앞 📍 제주시 애월읍 애월해안로 90
📞 064-799-7710 🕐 11:00~21:30 ⓘ 주차 가능

☕ CAFE
쉬리니케이크

맛있기로 소문난 케이크 전문 카페

제주에서 맛있기로 손에 꼽혀 주문 제작도 많은 케이크 전문 카페다.
정성스러운 손길이 닿은 탁월한 맛의 케이크라 무얼 골라야 할지 고
민이다. 동화에서 나온 것 같은 새하얗고 아담한 건물과 사계절 꽃이
피고 겨울엔 귤이 열리는 정원은 달콤한 디저트와 어우러져 아름다
운 화음을 만든다.

🚶 납읍초등학교(금산공원)에서 도보 8분 📍 제주시 애월읍 애납로 175
📞 010-3052-9353 🕐 12:00~17:00 (화·수요일 휴무) ⓘ 주차 가능

☕ CAFE
인디고인디드

푸른 바다 앞 감성 카페

애월해안도로가 끝나고 고내포구로 접어들기 전에 있는, 감성과 분위
기가 확실한 카페다. 내부가 조용해서 부담스럽다면 바깥쪽에 자리를
잡자. 차가 다니지 않는 울타리 안쪽에 안전한 자리가 있다. 푸른 바
다가 배경이라 더욱 운치 있다. 커피가 신선하고 진하며, 직접 만드는
파운드 케이크와 쿠키 등 디저트도 맛있다. 간단한 잡화도 판매한다.

🚶 고내포구에서 도보 6분(430m) 📍 제주시 애월읍 애월해안로 204
📞 064-799-1218 🕐 11:00~19:00(월요일 휴무)
ⓘ 주차 가능

올레 16코스 고내-광령 올레

시작점 제주시 애월읍 고내리 1103-1(고내포구 제주올레공식안내소)

코스 길이 15.8km(탐방 시간 4~5시간, 인기도 상, 탐방로 상태 상, 난이도 중, 접근성 상)

편의시설 주차장, 화장실(다락쉼터, 중엄새물, 구엄어촌체험마을, 수산봉, 항파두리 항몽유적지 휴게소, 광령1리 사무소), 산책로, 전망대

여행 포인트 절벽 위 애월해안도로와 한적한 중산간 마을 감상하기, 삼별초 항쟁 역사의 현장 탐방

애월의 매력을 만끽하다

고내포구에서 출발해 아름다운 애월해안도로를 지나는 코스다. 남두연대조선시대의 군사통신 시설 지나 1.1km쯤 가면 중엄리새물이다. 용천수에 바닷물이 섞여들지 않게 하여 식수를 마련했던 곳이다. 검은 절벽이 예술이다. 중엄리새물에서 다시 약 1km정도 걸으면 구엄리 돌염전에 이른다. 넓은 현무암 바위 위에 진흙으로 둑을 쌓고, 그곳에 고인 바닷물을 말리면 소금이 생겨났다. 약 390년 동안 이어온 마을 주민들의 생업이다. 길은 구엄포구를 지나며 애월읍 내륙으로 접어든다. 해안도로를 벗어나 한적한 마을 길을 걷다 보면 수산봉순수 높이 92m이 나온다. 오름 정상에 올랐다 내려와 좀 더 내륙 깊숙이 걸어가면 항파두리 항몽유적지에 다다른다. 고려시대 삼별초 최후의 항쟁지였던 곳이다. 높게 쌓았던 토성은 둘레길처럼 이어져 있어 멋진 산책로가 되었다. 토성 주변으로 유채, 해바라기, 코스모스가 계절마다 아름답게 피어난다. 토성에 올라서면 서쪽 바다가 시원하게 내려다보이고, 초록 들판은 융단처럼 빛난다. 이어 한적한 숲길을 지나면 마지막 코스인 조용한 마을 광령리에 닿는다.

How to go 올레 16코스 찾아가기

자동차 내비게이션에 '고내포구' 입력 후 출발

버스 ❶ 제주국제공항 4번 정류장대정, 화순, 일주서로에서 102번 탑승 → 33분 소요 → 애월고등학교(북) 정류장 하차하여 795번한라수목원으로 환승 → 2개 정류장 이동 → 고내포구 정류장에서 하차 → 도보 2분 → 고내포구 제주올레공식안내소 ❷ 그밖에 202, 202-1, 202-2, 270, 793-1, 793-2, 794-1, 795번 승차하여 고내리 정류장 하차. 고내포구까지 도보 8분

콜택시 애월호출택시 064-799-9007, 하귀호출택시 064-713-5003

Walking Tip 올레 16코스 탐방 정보

❶ **걷기 시작점** 고내포구 앞 제주올레공식안내소파란색 컨테이너에서 스탬프를 찍으면서 시작한다. 역방향은 광령1리 사무소 앞 스탬프 찍는 곳에서 시작

❷ **트레킹 코스** 고내포구에서 시작하는 정방향 코스를 선택하면 길이 더 편하다. 도착점인 광령리에서 제주공항까지는 차로 25분이면 도착한다. 서쪽 노을을 만끽하고 싶다면 점심 무렵 광령리에서 역방향으로 출발해 애월 해안에 닿는 코스가 좋다.

❸ **준비물** 운동화, 모자, 선크림, 선글라스, 생수, 간식

❹ **유의사항** 정방향으로 걸을 때 해안길 코스 마지막 지점인 구엄포구를 지나면 편의시설이 거의 없다. 식사해야 한다면 구엄포구 근처에서 해결하자. 도착점인 광령리에 도착하면 식당과 슈퍼마켓 등이 있다.

❺ **기타** 등산이 버겁다면 수산봉 정상에 오르지 않고 아랫길로 돌아서 갈 수 있다. 완주하지 않고 맛보기만 하고 싶다면 항파두리 항몽유적지나 구엄포구에 주차하고 주변 길을 걷는 방법이 있다.

Travel Tip 올레 16코스 주변의 명소·맛집·카페 〔📷〕〔🍴〕〔☕〕

📷 HOT SPOT
수산저수지

SNS 인생 사진 명소

수산봉 기슭에 있는 커다란 인공 저수지다. 인근 주민들이 피크닉이나 산책하는 곳이었는데, 최근 수산봉 입구에 걸린 나무 그네가 유명해져 SNS 인생 사진 명소가 되었다. 저수지 앞에는 수산리를 지키는 천연기념물 곰솔 나무가 우아한 자태로 늘어져 있다. 400살이 넘은 이 곰솔은 저수지 수면에 닿을 듯 말 듯 한 모습인데, 멋스러워 한참을 바라보게 된다. 🚶 구엄어촌체험마을(돌염전)에서 도보 45분, 수산봉 바로 동남쪽 📍제주시 애월읍 수산리 738 ⓘ 주차 가능

🍴 RESTAURANT
애월고사리밥

제주산 재료로 만든 정갈한 솥밥 정식

올레16코스의 시작점인 고내포구에 있는 돌집 식당이다. 제주산 고사리, 톳, 버섯 중 선택하면 솥밥으로 만들어주고, 기본 찬으로 제육볶음과 생선구이가 나온다. 제육에는 당귀를 듬뿍 올려 보기에도 좋고 풍미도 으뜸이다. 정갈하고 간이 세지 않은 반찬도 하나하나 맛이 좋다. 손맛 좋고 정다운 주인아주머니가 반겨주시는 작은 식당이다. 🚶고내포구에서 도보 2분, 고내포구 건너편 우주물 뒤편 📍제주시 애월읍 고내로9길 44-2 📞 064-757-0068 🕐 11:00~15:00(재료 소진 시 마감, 2인 이상 주문 가능, 일요일 휴무) ⓘ 주차 가능

 RESTAURANT

돌빌레

구엄리 주민들의 생선요리 맛집

16코스는 구엄리에서 해안도로 길이 끝나고 내륙으로 들어가는데, 들어가는 길 모퉁이에 있는 생선요리 전문점이다. 갈치와 고등어 조림과 구이를 맛볼 수 있고, 그날 잡은 제철 생선은 활어로 요리해 준다. 동네 주민들이 세꼬시회와 반주를 즐기기도 하고, 올레꾼들이 든든한 한 끼를 해결하기도 한다. 이 부근에서 보기 드문 관광지답지 않은 식당이라 좋다.

🚶 구엄리 돌염전 건너편(올레 16코스 해안도로 끝나는 지점) ◎ 제주시 애월읍 구엄4길 48 📞 064-713-5149 🕐 10:00~22:00(첫째, 셋째 화요일 휴무) ⓘ 주차 포구 앞 또는 골목길

RESTAURANT

광성식당

입소문 자자한 광령리 맛집

낮 동안만 영업하는 동네 식당이다. 간판과 외관만 봐도 내공이 절로 느껴진다. 허름하지만, 다 맛있게 잘하는 집의 포스다. 제육과 생선을 비롯하여 한 상 가득 차려지는 정식은 고민 없이 시킬 수 있는 메뉴다. 두루치기와 갈치조림을 공략해도 좋겠다. 여름에는 제주식으로 된장과 제피 잎을 넣어 만든 물회도 추천이다.

🚶 광령1리 마을회관 앞 ◎ 제주시 애월읍 광성로 298 📞 064-747-9669 🕐 10:00~15:00(격주 일요일 휴무) ⓘ 주차 마을회관 또는 광령초등학교 건너편

CAFE

윈드스톤

커피와 책이 있는 돌집 카페

광령초등학교 바로 옆 모퉁이에 있는 돌집을 개조한 카페다. 이른 아침부터 신선한 원두로 내린 커피를 만날 수 있다. 고소하고 달콤한 아몬드라떼가 인기가 좋다. 건물은 오래된 돌집을 개조해 제주 분위기가 물씬 풍긴다. 한쪽엔 북마스터가 선정한 책과 감각적인 소품을 파는 공간이 있다. 자갈 깔린 마당에도 테이블이 있다. 별채에선 전시나 팝업스토어가 열린다.

🚶 광령초등학교 옆, 광성식당에서 서쪽으로 도보 3분 ◎ 제주시 애월읍 광성로 272 📞 070-8832-2727 🕐 09:00~17:00(격주 일요일 휴무) ⓘ 주차 학교 건너편 주차장

올레 17코스 광령-제주 원도심 올레

시작점 제주시 애월읍 광성로 298-1(광령1리사무소)
코스 길이 18.9km(탐방 시간 6~7시간, 탐방로 상태 상, 난이도 중, 접근성 상, 인기도 상)
편의시설 주차장, 화장실(레포츠 공원, 용연다리 입구),
휠체어 구간(도두봉 내려오는 길 ~ 용연다리까지 4.4km),
구급함(외도월대, 어영소공원, 용연다리)
여행 포인트 무수천 계곡과 월대천의 절경 즐기기,
이호테우해수욕장과 조랑말등대 등
핫스폿 감상하기, 원도심 걸으며
옛날과 현재의 제주 느끼기

어영소공원

용연다리

김만덕 기념관
(도착 지점)

도두봉
이호테우해수욕장

외도월대

무수천트멍길

광령1리사무소
(시작점)

아름다운 해안 길부터 제주 원도심 풍경까지

애월읍 광령리의 작은 숲이 반겨주는 무수천트멍길트멍은 제주말로 구멍을 10분 정도 걸어가면 무수천계곡이 나온다. 무수천의 절경 앞에 서면 감탄이 절로 나온다. 무수천 하류의 월대는 '하늘에서 신선이 내려와 물가에 비치는 달을 구경하는 누대'라는 뜻이다. 월대 주변은 월대천이라 불리며, 물이 깊고 맑은 데다 민물과 바닷물이 만나는 곳이라, 뱀장어와 은어가 많이 서식한다. 조선 시대엔 시인과 묵객들이 찾아와 절경을 바라보며 시를 읊었다. 외도월대에서 이어지는 내도바당길은 바닷물이 드나들 때, 자갈이 부딪히며 고운 소리를 내는 자갈제주어로 작지 해안이라 알작지해변이라고도 불린다. 이곳 자갈층은 약 50만 년 전에 형성된 것으로 2003년 제주시문화유산으로 지정되었다. 이호테우해변과 제주의 랜드마크 말등대까지 아름다운 경치를 보며 걸으면 어느새 도두봉과 용담해안도로 지나 원도심의 관덕정에 다다른다. 드라마 <폭삭 속았수다>에서 애순이가 참여한 백일장 장면을 이곳에서 촬영했다. 1448년에 지은 관덕정은 병사 훈련장 등으로 쓰이다가, 이재수의 난, 제주4·3 사건 등 모진 역사를 이겨내고 아직도 자리를 지키고 있다.

How to go 올레 17코스 찾아가기

자동차 내비게이션에 '광령1리사무소' 혹은 '제주시 애월읍 광성로 298-1' 찍고 출발

버스 제주국제공항 5번 정류장 평화로, 800번에서 182번 탑승 → 3개 정류장 이동, 17분 소요 → 정존마을(서) 정류장 하차하여 455번으로 환승 → 7개 정류장 이동, 10분 소요 → 광령1리사무소(북) 정류장 하차 → 도보 2분, 145m → 광령1리사무소

콜택시 위성개인콜택시 064-711-8282, 애월하귀연합콜택시 064-799-5003, 애월콜택시 064-799-9007

Walking Tip 올레 17코스 탐방 정보

❶ 걷기 시작점 광령1리사무소에서 시작한다. 주차는 주차장이나 인근 골목길에 가능

❷ 트레킹 코스 광령1리사무소에서 출발하여 무수천트멍길, 외도월대, 내도바당길, 이호테우해변, 도두봉, 용담해안도로, 제주 원도심의 관덕정을 지나 김만덕 기념관에 이르는 길이다. 제주 북쪽의 시원한 바다 풍경을 보며 걸을 수 있다.

❸ 준비물 운동화, 모자, 선크림, 선글라스, 생수

❹ 유의사항 화장실이 코스 곳곳에 있지만, 광령1리사무소에서 출발하면 외도월대에 도착할 때까지 5.6km에 이르는 길에는 화장실이 없다. 출발 전 미리 대비하자.

❺ 기타 알작지해변부터 도두항까지, 그리고 용담해안도로 따라 식당이 줄지어 들어서 있다. 걷다가 식사할 계획이라면 이곳을 잘 기억해 두자.

Travel Tip 올레 17코스 주변의 명소·맛집·카페   📷 🍽 ☕

📷 HOT SPOT
도두동 무지개해안도로

인기 절정인 형형색색 해안도로

제주 공항 북쪽 용담해안도로의 일부 구간이다. 도두봉를 지나면 이윽고 무지개해안도로가 나온다. 시멘트 방호 구조물을 페인트로 알록달록 칠했다. 빨주노초파남보, 무지개해안도로와 에메랄드빛 바다가 어우러져 매혹적인 풍경을 연출한다. 인스타그램에 사진이 올라오면서 알려지기 시작하더니 지금은 제주시에서 손꼽히는 핫플이 되었다.
🚶 제주시 도두일동 1734

 RESTAURANT

도두해녀의집

싱싱한 재료, 저렴한 가격

제주의 대표 해산물인 성게, 전복, 한치로 만든 물회와 전복죽, 미역국 등을 파는 향토음식점이다. 싱싱한 재료와 청결함과 정갈한 밑반찬으로 고객의 입맛을 사로잡고 있다. 언제나 사람이 가득한 맛집으로 꼽힌다. 회덮밥, 한치덮밥, 성게비빔밥 등의 메뉴도 있다. 싱싱한 재료로 만든 식사를 저렴하게 즐길 수 있다. 🚶 이호테우해수욕장에서 도보 15분, 자동차로 5분 📍 제주시 도두항길 16 📞 064-743-4989 🕐 10:00~20:00(브레이크타임 15:30~17:00, 주문 마감 17:30, 재료 소진 시 조기 마감)

RESTAURANT

정성듬뿍제주국

시원하고 깔끔한 생선국

오전 이른 시간부터 왁자지껄한 동네 맛집으로, 장대국, 각재기국이 대표 메뉴이다. 장대는 양태, 각재기는 전갱이를 뜻하는 제주 사투리이다. 육지에서는 보기 힘든 생선국이지만 비린 맛이 전혀 없고 시원하고 깔끔하다. 밑반찬으로 나오는 장대조림과 멜멸치볶음도 무한리필할 수 있다. 고소한 멜튀김과 멜회무침은 안주로 최고이다. 🚶 관덕정에서 도보 3분 📍 제주시 무근성7길 16 📞 064-755-9388 🕐 월~금 10:00~20:30(브레이크타임 15:00~17:30), 토·일 10:00~15:00(주문 마감 14:30, 20:00)

CAFE

외도339

아름다운 풍경, 맛있는 디저트

오션뷰에 테라스가 있는 디저트 맛집이다. 전용 케이지가 있다면 반려동물 동반이 가능하다. 제주 수박으로 만든 땡모반, 제주애플망고주스, 제주말차라떼를 포함한 다양한 음료와 빵과 케이크 등을 맛볼 수 있다. 걷기 여행 중 피로가 밀려오고 당이 떨어진 신호가 감지된다면 외도339로 발길을 돌리자. 아름다운 풍경 보며 맛있는 디저트 먹고 편히 쉬어가기 좋다. 🚶 내도알작지에서 차로 3분, 도보 10분 📍 제주시 일주서로 7345 OEDO339 📞 0507-1345-0339 🕐 매일 09:00~22:00

올레 18코스 제주 원도심-조천 올레

시작점 제주시 산지로7 김만덕기념관 1층

코스 길이 19.7km(탐방 시간 6~7시간, 인기도 중, 탐방로 상태 상, 난이도 중, 접근성 상)

편의시설 주차장, 화장실, 18코스 공식 안내소

여행 포인트 사라봉과 별도봉에서 제주 시내와 한라산 전망 즐기기, 삼양해수욕장에서 검은 모래사장 바라보며
산책하기, 조천 신촌마을의 미로 같은 골목길 즐기기, 조천만세동산에서 다크투어

별도봉 산책길 · 화북 포구 · 삼양해수욕장 · 닭머르 · 연북정 · 조천만세동산 (도착 지점)

김만덕기념관 (제주올레 18코스 공식안내소)

오름, 바다, 마을 길, 그리고 항일운동의 흔적까지

올레 18코스는 오름, 아름다운 바다 풍경, 제주의 마을 길, 항일운동의 흔적까지 만날 수 있는 다채로운 길이다. 길은 제주 원도심을 출발해 제주 북쪽 해안과 마을을 따라 이어진다. 김만덕기념관을 지나 제주항 부두를 따라 걷다 보면 어느새 발길은 사라봉과 별도봉에 닿는다. 그리 높지 않은 오름이지만 제주 시내와 바다, 한라산이 한눈에 들어오는 전망을 즐길 수 있다. 사라봉에서 별도봉까지 이어지는 해안길에서는 오름과 역동적인 제주항, 바다가 어우러진 멋진 풍경에 탄성이 터져 나온다. 다시 길은 화북과 삼양, 신촌의 마을 옛길로 이어지며 제주의 시골 정취를 선사한다. 특히 화북포구, 삼양해수욕장과 삼화포구는 잠시 무거워진 발걸음에 활기를 되찾아준다. 조천읍 신촌리의 시비코지와 닭머르해안길에서는 탁 트이는 풍경이 가슴을 시원하게 해준다. 해안길은 18코스가 주는 선물이다. 봄마다 유채꽃, 벚꽃, 꽃잔디가 무리 지어 피어나 화사한 봄꽃의 향연을 선사한다. 이어 연북정 지나면 항일만세운동을 벌린 조천만세동산에 다다른다.

How to go 올레 18코스 찾아가기

자동차 내비게이션에 김만덕기념관 또는 '제주시 산지로 7' 입력 후 출발
버스 ❶ 제주공항 3번 정류장(용담, 시청)에서 465번 탑승 → 15분 소요 → 김만덕기념관 정류장 하차
❷ 315, 316, 332번 승차하여 탐라광장 정류장 하차. 김만덕기념관까지 도보 6분
콜택시 조천함덕호출택시 064-783-8288, 조천만세호출택시 064-784-7477

Walking Tip 올레 18코스 탐방 정보

❶ 걷기 시작점 김만덕기념관 1층의 올레 18코스 공식 안내소에서 시작한다. 조선 시대 여성 거상 김만덕
(1739~1812)의 나눔 정신을 살펴보고 출발해 보자.
❷ 트레킹 코스 김만덕기념관에서 출발하여 제주항 지나 사라봉과 별도봉 거쳐 화북, 삼양, 신촌의 아름다운 해
안 길을 지나간다. 종착점은 조천만세동산이다. 사라봉과 별도봉 정상은 꼭 올라가 보길 추천한다.
❸ 준비물 운동화, 모자, 선크림, 선글라스, 생수
❹ 유의사항 자동차가 오가는 해안도로 구간에서는 차량을 주의해야 한다.
❺ 기타 18코스의 중간지점인 삼양해수욕장 근처에 식당이 제법 있다. 이르게 출발했다면 닭머르와 신촌포구
근처 식당에서 먹어도 좋다. 도민들이 거주하는 마을을 통과할 때는 공중도덕에 유의하자.

Travel Tip 올레 18코스 주변의 명소와 카페

 HOT SPOT

동문재래시장과 산지천

체험, 제주 삶의 현장

제주에서 가장 크고 오래된 시장이다. 농산물, 수산물, 축산물 등 제주에서 나는 상품이 이곳에 있다. 여주를
찾는 여행자의 필수 코스이다. 밤에는 야시장으로 변신한다. 8번 게이트 쪽에 푸드트럭 30여 곳이 24시까지
문을 연다. 2, 3번 게이트로 나와 횡단보도를 건너면 산지천이다. 한라산에서 시작한 물길을 따라 산책로가
잘 정비돼 있다.

🚶 김만덕 기념관에서 도보 9분 📍 제주시 동문로 16 📞 064-722-3284, 3001 🕐 매일 08:00~21:00(야시장 5~10월
19:00~24:00, 11~4월 18:00~24:00) ⓘ 주차 공영주차장(동문로4길 9, 이도동 1330-5, 이도동 1349-44)

📷 HOT SPOT
닭머르해안길

해안 절경, 노을 감상 뷰 포인트

올레 18코스를 대표하는 해안 길이다. 바위가 흙을 파헤치고 있는 닭 형상이라 닭머르라 불린다. 닭머르부터 신촌포구, 신촌리 어촌계 탈의장까지 이어지는 1.8km 코스 걷기는 30분이면 충분하다. 전망대까지 나무데크로 이어져 있어 산책하기 편하며, 푸른 바다와 화산지형이 어우러진 해안 절경을 감상할 수 있어 많은 이들이 찾는다. 노을 명소이기도 하다.

🚶 올레 18코스 탐방로에 위치 📍 제주시 조천읍 신촌리 3404-2
ⓘ 주차 가능(제주시 조천읍 신촌북3길 58 앞 공영주차장)

☕ CAFE
글로시 말차

넓은 매장과 쾌적한 공간

Life with glossy. '당신의 삶이 조금 더 윤택해졌으면 한다'라는 바람을 담은 카페다. 말차 고유의 풍미를 담은 음료와 디저트를 즐길 수 있다. 말차는 서귀포 생태농원에서 재배한 100% 유기농 첫순 잎으로 만들어 진하고 부드럽다. 시그니처 메뉴는 '제주, 오름'이다. 아이스크림과 그래놀라를 혼합한 메뉴로 푸른 맛과 영롱한 색감이 매력적이다. 2층은 소품 가게이다.

🚶 올레 18코스 연북정에서 도보 10분 📍 제주시 조천읍 조함해안로 112
📞 0507-1391-7580 🕐 10:30~18:30(라스트오더 18:00) ⓘ 전용 주차장

☕ CAFE
카페 점점

진하고 달콤한 커피 한잔

조용해서 더 특별한 카페다. 모던하고 소박한 느낌의 인테리어가 거부감 없이 손님들을 맞이한다. 매장 가득 퍼져 있는 커피 향은 식욕마저 자극할 정도다. 시그니처 메뉴인 '점점 라떼'와 디저트 '모나카'의 달콤함이 인상적이다. 신촌리 앞바다의 아름다운 노을을 바라보며 커피 한잔을 즐기고 싶다면 점점으로 가자.

🚶 올레 18코스 탐방로에 위치. 닭머르에서 도보 7분 📍 제주시 조천읍 신촌리 2384 📞 0507-1360-0357 🕐 11:00~20:00(연중무휴) ⓘ 주차 가능

올레 18-1코스 추자도 올레

시작점 제주시 추자면 대서리 19-1(추자도 여행자센터,
날씨 및 기타 코스 문의 : 추자도 올레지기 010-4057-3650)
코스 길이 18.2km(탐방 시간 6~8시간, 탐방로 상태 중, 난이도 상, 접근성 하, 인기도 중)
편의시설 올레 공식 안내소(추자도 여행자 센터), 주차장, 화장실, 산책로, 전망대, 자판기, 운동기구
여행 포인트 산과 바다 동시에 즐기기, 절벽 능선 따라 걷는 나바론 하늘길의 묘미 즐기기,
땅끝 절벽 눈물의 십자가에서 추자도 순례길의 감동 맛보기, 바다와 어우러진 추자군도의 경치 감상하기

첩첩해중, 제주도의 또 다른 풍경

추자도는 제주와 전라도 사이에 있는 섬으로, 상추자도와 하추자도로 나뉘어 있다. 유인도 4개와 38개의 작은
무인도가 있다. 1910년까지는 전라도에 속했으나 그 이후 제주시로 편입되었다. 올레 18-1코스는 추자도의 내
면 속으로 안내해준다. 추자 올레는 추자항, 최영 장군 사당, 봉골레산 등이 있는 상추자도에서 추자대교 건너
하추자도까지 두 섬을 한 바퀴 도는 코스이다. 산과 바다를 한눈에 담고 걸을 수 있기에 풍경이 늘 환상적이다.
'나바론 하늘길'은 영화 <나바론 요새>에 나오는 절벽과 닮아 이름 지어진 가파른 절벽 능선이다. 구불구불 이
어진 길을 걷다가 절벽 밑 바다를 내려다보면, 오금이 저릴 만큼 아찔하다. 하지만 풍경이 그림처럼 아름다워 이
내 즐거워진다. 하추자도의 묵리고갯길은 시야가 탁 트이는 시원한 전망으로 지친 발걸음을 잠시 쉬어가게 한
다. 해무가 끼면 실재하는 섬이 아니라 환타지 영화에 나오는 신비로운 섬 같다. 비현실적일 만큼 몽환적이다.
몽돌해수욕장, 산티아고 순례길을 떠오르게 하는 눈물의 십자가도 꼭 기억해두자.

How to go ## 올레 18-1코스 찾아가기

찾아가기 ❶ 제주국제공항 3번 정류장용담, 시청에서 465번 탑승 → 21
분 소요 → 제주연안여객터미널(남) 정류장 하차 → 도보 2분 → 제주
항연안여객터미널

❷ 제주월드컵경기장 서귀포버스터미널 정류장에서 182번 탑승급행,
약 1시간 소요 → 제주여자중고등학교광양방면 정류장 하차하여 426번으
로 환승 → 제주연안여객터미널 정류장 하차

추자도 오가는 법

퀸스타 2호

승선 부두 제주항 제2부두 연안여객터미널 **전화** 061-243-1927

운항 시간 제주항 출항 09:30상추자항 11:00 도착, 상추자항 출항 16:30제주항 18:00 도착

요금 대인 편도 13,400원

한일고속훼리(송림 블루오션)

승선 부두 제주항 제7부두 국제여객터미널 **전화** 1688-2100

운항 시간 제주항 출항 13:45하추자도 신양항 16:05 도착, 하추자도 신양항 출항 10:40제주항 13:00 도착

요금 대인 편도 8,650원

기타 운항 일정이 변경될 수 있으니, 반드시 인터넷과 전화로 사전 확인 필수. 화물선이라 자동차 실을 수
있음.

추자도 마을버스 정보

전화 064-742-3595(추자 교통)

운행코스 대서리 — 영흥리 — 물리 — 신양2리 — 예초리

운행시간 07:20~20:30(1시간 간격)

요금 성인 1,000원, 청소년 600원, 어린이 400원

Walking Tip 올레 18-1코스 탐방 정보

❶ 걷기 시작점 상추자항 추자도 여행자센터에서 시작한다.

❷ 트레킹 코스 추자면사무소 옆 작은 길을 통해 추자초등학교와 최영 사당, 봉골레산 지나 추자대교 건너 하추자도를 한 바퀴 돌고 오는 코스이다. 추자도 올레길은 산이 많고 거리도 꽤 긴 편이다. 중간중간 빼어난 경치도 많아 머물며 감상하다 보면 예상보다 더 많은 시간이 소요된다. 상추자도, 하추자도로 나누어 걷는 1박 2일 트레킹을 추천한다.

❸ 준비물 등산화, 모자, 선크림, 선글라스, 생수, 간식

❹ 유의사항 올레 코스에 산이 많다. 긴 바지와 등산화를 착용하는 게 좋다. 하추자도에는 식당이 별로 없으므로, 미리 식사하거나 간식이나 도시락을 준비하자. 중간 지점인 묵리슈퍼에서 컵라면 등으로 간단히 시장기를 달랠 수 있지만 매일 문을 열지는 않는다.

❺ 기타 추자도는 봄마다 유채꽃으로 노랗게 물든다. 특히 추자대교에서 예초 삼거리까지 5km에 이르는 길에는 노란 꽃이 절경을 이룬다. 또 봄에 해무가 끼면 분위기가 신비롭고 몽환적이다. 마치 상상 속의 섬인 듯 환상적인 풍경이 여행자를 매료시킨다. 추자도는 식당들보다 펜션과 민박에서 만들어 주는 밥이 기가 막히게 맛있다. 집 따라, 철 따라 메뉴가 바뀐다. 가격은 저렴하지만, 그야말로 인심 가득한 진수성찬이다. 올레꾼들에게 도시락을 싸 주는 민박과 펜션도 있다.

HOT SPOT

눈물의 십자가

천주교 111개 성지 가운데 한 곳

신유박해1801년 때 황사영이 순교하자 그의 부인인 정난주다산 정약용의 조카는 제주도로 유배 가는 길에 한 살 아들 황경한을 추자도 예초리의 한 어부에게 맡기고 떠난다. 훗날 이를 안 황경한은 어머니를 그리워하며 평생 추자도에서 살았다고 전해진다. 정난주는 제주의 관노로 여생을 살았다. 근처에 '황경한의 묘'와 '모정의 쉼터'도 있다.

🚶 황경한의 묘 맞은편 '물생이 끝' 바위 (신대산 끝자락 갯바위) ⊚ 제주시 추자면 신양리 산20-1(황경한의 묘)

 RESTAURANT

오동여식당

신선한 활어회와 생선구이

추자도는 낚시 성지이다. 오동여식당에서는 추자도에서 나오는 신선한 자연산 회를 저렴한 가격에 맛볼 수 있다. 밑반찬도 정성 가득하고 아주 맛있다. 특히 삼치회를 먹을 때는 양념장, 파김치, 배추김치의 맛이 뛰어나서 입안에서 조화롭게 섞이면서 살살 녹는다.

🚶 추자항에서 도보 3분 ⊚ 제주시 추자면 추자로 20 📞 064-742-9086 🕐 매일 09:00~21:00

RESTAURANT

시골밥상

쫄깃쫄깃하고 싱싱한 거북손 요리

경상도 출신 부부가 운영하는 곳이다. 낚시에 빠진 남편 따라 이곳 추자도에 정착했다. 제주도에서도 찾기 어려운 거북손을 이용한 메뉴가 많다. 거북손해물국수, 거북손무침, 거북손전 등이 있다. 굴비구이, 섭전골, 삿갓조개뚝배기도 맛이 좋다. 소주를 마시지 않고 버티기 어렵다. 두어가지 메뉴를 시키면 소중한 야관문주 한 병이 서비스로 나온다.

🚶 추자항에서 도보 5분 📍 제주시 추자면 추자로 52 📞 064-742-2070
🕐 매일 08:00~20:00(브레이크타임 16:00~17:00)

 CAFE

티타임커피

조용한 무인 카페

조용한 여행을 즐기는 사람에게 안성맞춤인 카페이다. 추자도 올레길 탐방을 마무리하고 배를 타기 전에 잠시 카페인을 충전하며 쉬어가기 좋다. 준비해 놓은 설명을 잘 읽어보고 카드로 결제하면 된다. 신선한 원두를 공수하여 잘 블렌딩 했다. 저렴한 가격이지만 커피 맛은 꽤 수준급이다. 올레길 주변에 카페가 여럿 생겼다. 추자항기브런치 카페, 몽돌, 플로렌스가 대표적이다.

🚶 추자항에서 도보 2분 📍 제주시 추자면 추자로 10
📞 0507-1369-5597 🕐 24시간

올레 19코스 조천-김녕 올레

시작점 제주시 조천읍 조천리 2859-1(조천만세동산 옆 제주올레 19코스 공식 안내소)
코스 길이 19.4km(탐방 시간 6~7시간, 인기도 중, 탐방로 상태 상, 난이도 중, 접근성 중)
편의시설 주차장, 화장실
여행 포인트 신흥리 관곶에서 해안선과 오름 군락, 한라산 원경 감상하기, 너븐숭이 4·3기념관에서 4·3항쟁의 아픔 되새기기, 서우봉에서 아름다운 함덕 바다 풍경 즐기기, 북촌에서 김녕서포구로 이어지는 운치 넘치는 숲길 걷기

놀멍쉬멍 꼬닥꼬닥 걷는 길

아름다운 해안 길 걸으며 놀멍쉬멍 꼬닥꼬닥놀며 쉬며 천천히 즐기기 좋은 코스다. 걷는 내내 바다, 해안마을, 밭담, 오름이 이어져 지루할 틈이 없다. 일제강점기에 독립 만세를 외쳤던 '조천만세동산'에서 시작하여 밭담 따라 조금 걸으면, 이후에는 길 대부분이 해안선 따라 이어진다. 신흥리 관곶은 해남 땅끝과 가장 가까운 곳으로 직선 거리가 83km이다. 제주의 울돌목이라 할 만큼 파도가 세다. 아름다운 바다 풍경에 빠져 걷노라면 어느새 함덕의 에메랄드빛 바다가 반갑게 맞아준다. 서우봉 둘레길을 걷다가 바라본 함덕 해변과 한라산의 멋진 풍경은 오래도록 가슴에 남는다. 서우봉에서 내려오면 북촌리의 자그마한 포구 해동포구다. 포구 근처의 너븐숭이4·3기념관을 지날 때는 마음이 절로 숙연해진다. 이어 북촌포구의 구름다리 건너 바다 풍경을 뒤로한 채 올레길 리본 따라 걸으면 어느덧 발길은 김녕의 평원과 마을로 들어선다. 계속하여 현무암 돌담으로 만든 정겨운 밭담 길 따라 유유자적 걷다 보면 어느새 종착지인 '김녕서포구'에 도착한다.

How to go **올레 19코스 찾아가기**

자동차 내비게이션에 '제주시 조천읍 조천리 2859-1' 입력 후 출발. 조천만세동산이 올레 19코스 시작점
버스 ❶ 제주국제공항 2번 정류장일주동로, 516도로에서 101번 승차 → 42분 소요 → 조천환승정류장조천리사무소 하
차 → 도보 7분, 414m → 조천만세동산 ❷ 그밖에 201, 300, 311, 312, 325, 326, 341, 342, 348, 349, 380, 701-1,
702-1, 703-1번 승차하여 조천환승정류장조천리사무소 하차. 19코스 공식 안내소까지 도보 7분
콜택시 김녕호출택시 064-782-2777, 구좌만장콜택시 064-784-5500

Walking Tip **올레 19코스 탐방 정보**

❶ 걷기 시작점 조천만세동산 옆 제주올레 19코스 공식안내소에서 시작
한다.
❷ 트레킹 코스 조천만세동산에서 출발하여 신흥리백사장, 함덕해수욕
장, 너븐숭이4.3기념관 지나 김녕 농로 거쳐 김녕서포구에 이르는 코스로
제주의 아름다운 풍광이 끝없이 이어진다. 서우봉을 제외한 모든 구간이
대체로 평탄하다. 시간이 되면 너븐숭이기념관 부근 '북촌마을 4·3길'도
꼭 걸어보자. 19코스는 4.3사건과 항일역사의 흔적들을 통해 제주의 아픈
역사도 확인할 수 있는 길이다.
❸ 준비물 운동화, 모자, 선크림, 선글라스, 생수
❹ 유의사항 함덕해수욕장과 서우봉 둘레길은 항상 관광객들로 붐빈다.
들뜬 분위기 탓에 자칫 올레 탐방 페이스를 잃어버릴 수 있다. 마을 안쪽
밭담 길을 걸을 때는 절대 밭으로 들어가거나 농작물에 손대서는 안 된다.
❺ 기타 화장실이 있는 지점에 도착하면 용변을 해결하는 게 좋다.

Travel Tip 올레 19코스 주변의 명소·맛집·카페   📷 🍴 ☕

📷 HOT SPOT

관곶과 신흥해수욕장

올레 19코스 걷다가 만난 바다

관곶관곳은 땅이 바다로 길게 뻗은 곳으로 제주도에서 가장 북쪽이다.
전망대가 있으며, 일몰과 제주시 야경을 함께 즐길 수 있다. 여기서 올
레 19코스를 따라가면 신흥해수욕장이 나온다. 함덕의 물빛과 백사
장을 닮았지만, 인적이 드물어 좋다. 화장실과 샤워실을 갖추고 있다.
낚시 체험을 할 수 있는 신흥바다낚시공원이 근처에 있다.
📍 관곶 제주시 조천읍 조합해안로 217-1 신흥해수욕장 제주시 조천읍 조합해
안로 273-35 신흥바다낚시공원 제주시 조천읍 조합해안로 247-2(064-783-
8855)

🍴 RESTAURANT
해녀김밥 본점

SNS를 달구는 김밥 맛집

함덕 해변의 해녀김밥이 SNS를 달구고 있다. 특히 고소한 전복김밥과 탱글탱글한 딱새우김밥의 인기가 좋다. 제주까지 와서 고작 김밥이라고 생각한다면 오산이다. 네모 모양의 이 집 김밥을 예쁘게 찍으려는 사람들로 가게는 늘 북새통이다. 전복 내장으로 만든 전복김밥은 고소한 밥에 두툼한 달걀이 조화를 이루고 있다. 김밥 하나 먹었을 뿐인데 입안 가득 퍼지는 바다 향이 좋다.

🚶 올레 19코스 서우봉 입구에서 도보 8분 ⓥ 제주시 조천읍 함덕로 40, 302호 📞 0507-1342-3005 ⓒ 09:00~15:00(일 휴무) ⓘ 식당 주변 주차

☕ CAFE
카페 델문도

아름다운 함덕 바다를 두 눈 가득

제주 바다를 마음껏 볼 수 있는, 함덕 해변의 대표적인 카페다. 실내외 다양한 좌석이 있는데, 어디에 앉아도 바다가 보인다. 특히 야외 테이블에 앉아 끝없이 펼쳐진 바다를 만끽하고 있으면 마치 외국의 휴양지에 와 있는 듯한 느낌이 든다. 전 세계 60대만 존재하는 빅토리아 아르두이노 머신으로 만든 맛있는 커피도 맛볼 수 있다. 🚶 함덕해수욕장에서 도보 1분 ⓥ 제주시 조천읍 조함해안로 519-10 📞 064-702-0007 ⓒ 07:00~24:00(연중무휴, 비치 웨이브 18:00~24:00) ⓘ 주차 가능

올레 20코스 김녕-하도 올레

시작점 제주시 구좌읍 김녕리 4070 김녕서포구

코스 길이 17.6km(탐방 시간 5~6시간, 인기도 중, 탐방로 상태 상, 난이도 중, 접근성 중)

편의시설 주차장, 화장실, 20코스 족은안내소(고래고래게스트하우스, 제주시 구좌읍 김녕항3길 32-4)

여행 포인트 해안 따라 이어지는 올레 걷기, 평화로운 밭담 길 즐기기, 해녀박물관에서 제주 여성의 삶 엿보기

해안 바람길 따라 걷기

올레 20코스는 제주 북동부의 아름다운 해안과 밭을 따라 걷는 길이다. 일곱 개의 바닷가 마을과 해녀들의 삶의 터전인 바다, 그리고 억척스럽게 농사를 짓던 들판을 지난다. 김녕서포구에서 시작하여, 마을의 돌담 사이로 들어가 제주 사람들의 삶의 현장을 보고 나오면, 어느새 에메랄드 물빛이 눈부신 김녕성세기해변에 이른다. 파도를 타는 서핑족들의 멋진 풍경을 뒤로하고 김녕의 밭담 길 지나면 제주 바다의 아름다움을 오롯이 담은 월정리해수욕장을 만나게 된다. 고운 모래 위 카메라 앞에서 여행자들이 멋진 포즈를 취한다. 월정리 언덕길을 지나 행원포구에 다다르면 거대한 풍력발전기들이 이국적인 풍경을 연출해준다. 시원한 바닷바람 맞으며 한동리와 평대리를 지나면 어느덧 제주 동쪽에서 가장 큰 세화오일장에 다다른다. 장날이라면 잊지 말고 시장을 구경하자. 5일과 10일로 끝나는 날에 시장이 열린다. 세화해수욕장도 풍경이 아름다워 사진 찍기 좋다. 세화해수욕장을 빠져나오면 길은 종착점인 제주해녀박물관으로 향한다.

How to go 올레 20코스 찾아가기

자동차 내비게이션에 '김녕서포구' 입력 후 출발

버스 ❶ 제주국제공항 2번 정류장일주도로, 516도로에서 101번 탑승 → 56분 소요 → 김녕환승정류장김녕초등학교[남] 하차 → 도보 1분 → 김녕환승정류장김녕초등학교[북]에서 711-2번으로 환승 → 1개 정류장 이동 → 김녕리(북) 정류장 하차 → 도보 7분 → 김녕서포구 ❷그밖에 201번 승차하여 남흘동(남) 정류장에서 하차. 김녕서포구까지 도보 5분

콜택시 구좌만장콜택시 064-784-5500, 구좌세화호출택시 064-784-8200

Walking Tip 올레 20코스 탐방 정보

❶ 걷기 시작점 김녕서포구에서 시작하여 제주해녀박물관에서 끝난다.

❷ 트레킹 코스 김녕서포구에서 출발하여 김녕해수욕장, 월정리해수욕장, 평대해수욕장, 세화해수욕장 지나 제주해녀박물관에 이르는 코스이다. 동부의 해수욕장을 모두 지나는 길이다. 여름에는 해수욕을 하며 여유를 부려 보자. 또 탐방길 곳곳에서 동네 책방과 전망 좋은 카페를 쉽게 찾을 수 있다. 커피 한잔에 여독이 제주 바람과 함께 사라진다.

❸ 준비물 운동화, 모자, 선크림, 선글라스, 생수

❹ 유의사항 마을 길을 통과하는 코스에서는 소음에 유의해야 한다. 당근이나 무 같은 작물 수확 철에는 허락 없이 밭에 들어가지 말자.

❺ 기타 화장실이 있는 지점에 도착하면 용변은 미리 해결하는 게 좋다.

Travel Tip 올레 20코스 주변의 명소·맛집·카페

 HOT SPOT

김녕월정지질트레일

특이한 지질의 흔적 따라 탐방하기

김녕·월정 지역 지하에는 만장굴 등 여러 동굴이 있다. 지상은 당근과 마늘을 키우는 척박한 빌레왓암반밭이다. 화산지형, 밭담과 마을 길을 연결하여 탐방길을 만들었는데, 이것이 김녕월정지질트레일이다. 일부는 올레 20 코스와 겹친다. 14.6km인 일반 코스는 5시간쯤 걸린다. 풍차, 바다, 신비로운 해안선, 용천수 등을 만날 수 있다. 4.7km인 단축 코스는 1시간 30분쯤 소요된다.

🚶 제주시 구좌읍 김녕로21길 12(김녕어울림센터) 📞 064-740-6000(제주관광정보센터) ⓘ 주차 가능

🍴 RESTAURANT
방모루

제주식 물회와 전복돌솥밥

제주 분위기 물씬 풍기는 김녕의 맛집이다. 김녕마을은 여전히 예스
러움을 간직하고 있어 좋다. 방모루는 김녕어울림센터 앞에 있는, 가
성비 좋은 음식점이다. 해물뚝배기와 전복돌솥밥, 제주식 물회가 맛
있다. 밑반찬도 정갈하고, 맛깔스러운 음식 솜씨로 도민들에게 더 사
랑받는 곳이다.

🚶 김녕해수욕장에서 자동차로 1분, 도보 7분 📍 제주시 구좌읍 김녕로21길 7
📞 010-2691-5862 🕐 09:00~20:00(일요일 휴무) ⓘ 주차 가능

☕ CAFE
토끼문

월정리 바다 뷰 카페

월정리에서 전망이 가장 좋은 카페다. '월정리'는 '달이 머문다'는 뜻
이라, 달에 내려온 '토끼'가 카페 콘셉트이다. 실내 곳곳을 토끼 마스
코트로 장식했다. 달콤한 조각 케이크와 아이스 아메리카노를 앞에
놓고 '바다 멍' 즐기기 좋다. 시그니처 메뉴는 '티라미수 라테'와 '흑
임자 크림 카페라테'이다. 달달하여 지친 여행에 새로운 에너지를 불
어넣어 준다.

🚶 월정리해수욕장 앞 올레 20코스 지나는 길 📍 제주시 구좌읍 해맞이해안로
456 📞 010-4811-7971 🕐 09:00~22:00 ⓘ 주차 가능

☕ CAFE
런던베이글 뮤지엄 제주점

제주 웨이팅 1위 맛집

'줄 서는 베이글 맛집'의 원조다. 런던베이글 제주점은 독특한 베이글
과 샌드위치를 선보이고 있다. 기본 맛부터 바질, 시나몬, 쪽파, 양파,
무화과, 흑임자, 초콜릿, 블루베리 등 여러 종류 중에서 골라 먹는 재미
가 있다. '오픈 런'은 물론, 매장에 들어가려면 평일에도 2~3시간은 족
히 대기해야 한다. 맛 좋은 베이글을 포장해서 김녕해수욕장이나 월정
리해수욕장으로 피크닉을 떠나보자.

🚶 올레 20코스 김녕서포구에서 차로 3분 📍 제주시 구좌읍 동복로 85 제2동 1층
🕐 매일 08:00~18:00 ⓘ 주차 전용 주차장(구좌읍 동복리 1352)

올레 21코스 하도-종달 올레

시작점 제주시 구좌읍 해녀박물관길11
(21코스 공식 안내소, 해녀박물관 건너편)
코스 길이 11.3km(탐방 시간 3~4시간,
인기도 상, 탐방로 상태 상, 난이도 하, 접근성 중)
편의시설 주차장, 화장실(제주해녀박물관,
석다원, 토끼섬, 하도해수욕장, 종달항),
산책로, 전망대
여행 포인트 밭길, 바닷길,
오름을 다 돌아볼 수 있는 짧은 올레길

자연이 그린 풍경화 감상하기

동쪽 끝의 가장 제주다운 풍경을 돌아보기 제격인 코스다. 마을과 밭길, 바닷길, 오름 등 제주 동부의 자연을 고르게 체험할 수 있다. 구불구불 이어지는 밭담 너머로 농작물과 들풀, 들꽃이 어우러진 모습은 그 자체로 자연이 그린 풍경화이다. 밭담 길을 지나면 바닷길이 시작된다. 처음 만나는 해변은 하도리 별방진 앞이다. 조선 전기 왜구 방비를 위해 축조한 진으로, 바다를 배경으로 멋진 사진을 남기기 좋다. 우리나라 유일의 문주란 자생지6~8월 개화인 토끼섬이 보이는 해안도 지난다. 이어 철새가 찾아드는 하도해수욕장이 나오는데, 물이 얕고 잔잔해 한적하게 물놀이를 즐기기 좋다. 길은 하도해수욕장 지나 지미봉순수 높이 160m에 다다른다. 지미봉 정상에 서면 360도로 시원한 파노라마 뷰가 펼쳐진다. 지미봉 둘레길에는 봄마다 벚꽃이 꽃 터널을 이룬다. 종점인 종달리 바닷길에 다다르면 앞으로 뻗어 나온 해안선에 우뚝 솟은 성산일출봉, 그 뒤로 소처럼 엎드려 누운 우도가 꿈처럼 밀려든다. 제주올레의 마지막 루트인 21코스의 종점에 딱 어울리는 풍경이다.

How to go 올레 21코스 찾아가기

자동차 내비게이션에 '해녀박물관' 입력 후 출발. 박물관 건너편 21코스 공식 안내소가 출발점이다.

버스 ❶ 제주국제공항 2번 정류장일주동로, 516도로에서 101번 승차 → 14개 정류장 이동, 1시간 11분 소요 → 세화환승정류장세화리 하차 → 도보 12분, 821m → 제주해녀박물관

❷ 그밖에 260, 711-1, 711-2번 승차하여 해녀박물관 정류장에서 하차. 201번 승차하여 해녀박물관 입구 정류장 하차.

Walking Tip 올레 21코스 탐방 정보

❶ 걷기 시작점 해녀박물관 건너편 21코스 안내소에서 스탬프 찍으며
시작한다. 역방향에서 출발할 땐 '제주시 구좌읍 종달리 596-2'로 가
면 된다. 길 건너편 뒤쪽에 주차할 공터가 있다.

❷ 트레킹 코스 출발하기 전 해녀박물관도 돌아보자. 해녀박물관 뒤
로 이어진 밭담 길을 지나면 하도리 해변이다. 이어 석다원, 토끼섬 해
변, 하도해수욕장 지나 지미봉에 다다른다. 지미봉 둘레길을 돌아 종
달항을 지나면 도착점인 종달바당이다.

❸ 준비물 운동화, 모자, 선크림, 선글라스, 생수, 간식

❹ 유의사항 중간스탬프가 있는 석다원 지나 하도리 토끼섬 해변에서
새싹꿈터로 가는 길은 만조 시 우회로를 따라야 한다. 만조 시간대는
어플 '물때와날씨', '바다타임'에서 검색할 수 있다.

❺ 기타 도착점에서 제주시 행 버스를 타려면 올레 1코스를 20분 정도
걸어 종달초등학교 정류장으로 가야 한다.

Travel Tip 올레 21코스 주변의 명소·맛집·카페　📷 🍴 ☕

📷 HOT SPOT

종달리해안도로

숨비소리, 수국, 우도, 성산일출봉

호이, 호이. 해녀들의 숨비소리가 들려오는 종달리해안도로는 평소에는 한적하지만, 6월 수국 철이 되면 차
댈 곳이 없을 정도로 붐빈다. 고망난돌쉼터는 수국이 있는 해안가 바로 옆에 조성한 쉼터 공원이다. 이곳에서
남쪽으로 20분쯤 걸으면 엉불턱전망대제주시 구좌읍 종달리 451-3가 나온다. 우도와 성산일출봉을 바라보기 좋다.

🚶 하도해수욕장에서 도보 20분, 자동차 2분 📍 제주시 구좌읍 종달리 112-4(고망난돌쉼터)
ⓘ 주차 무료 주차장(종달리 153)과 공터 및 갓길(안전 유의)

 RESTAURANT

얌얌돈가스

올리브유에 재운 흑돼지 돈가스

얌얌돈가스의 대표 메뉴는 치즈 돈가스이다. 자연산 치즈와 엑스트라버진 올리브유에 재운 제주산 냉장 흑돼지 등심으로 만든다. 촉촉하고 바삭바삭하면서도 담백한 맛을 즐기고 싶다면 흑돼지 돈가스를 주문하자. 새우튀김을 시키면 블랙 타이거 왕새우 7마리가 등장한다. 시원한 막국수와 뜨끈한 우동도 즐길 수 있다.

🚶 세화민속오일장에서 도보 7분
📍 제주시 구좌읍 구좌로 44 📞 064-782-8865
🕐 11:00~20:00(브레이크타임 15:00~17:00, 목 휴무)

🍴 RESTAURANT

소금바치순이네

감칠맛 돋는 돌문어볶음

맛있는 매콤함에 불맛을 입혀 감칠맛 돋는 돌문어볶음이 일품이다. 홍합과 양파, 깻잎 등이 함께 어우러져 한국 사람이 좋아하는 맛을 제대로 살려낸다. 쌈을 싸서 먹으면 술이 저절로 생각나고, 국수사리 비벼 먹고 남은 양념에 밥까지 비벼 먹으면 여기 참 잘 왔다는 생각이 든다. 돔베고기, 고등어구이, 보말국과 세트로도 시킬 수 있다.

🚶 종달항에서 도보 15분 📍 제주시 구좌읍 해맞이해안로 2196
📞 064-784-1230 🕐 09:30~19:00(목 휴무, 브레이크타임 15:00~16:30)
ⓘ 주차 가능

☕ CAFE

카페책자국

여유로운 감성 북카페

초록빛 정원을 지나 만나는 독채 건물 안에 들어선 아늑한 북카페다. 책은 읽을 수도 있고, 구매도 가능하다. 청귤카푸치노와 케사디야가 시그니처 메뉴다. 맥주와 칵테일도 곁들일 수 있으니 편안하고 조용한 분위기를 한껏 즐겨보자. 필사와 방명록 쓰는 것도 잊지 말자. 걷다가 만난 인연과 풍경에 대해 기록을 남기기 좋다.

🚶 종달리 해변 앞 도보 4분 📍 제주시 구좌읍 종달로1길 117 📞 010-3701-1989
🕐 10:30~18:00(화요일 휴무) ⓘ 길가 주차

WALKING · TRAVEL · JEJU ISLAND

PART 3
제주 동부권
제주시 도심·조천읍·
구좌읍·성산읍·표선면·남원읍

용담해안도로와 제주 원도심, 비자림과 사려니
숲길, 그리고 신비롭고 전망이 황홀한 오름들.
제주 동부는 아름답고 매혹적인 걷기 코스를 가
득 품고 있다. 어느 곳을 선택해도 후회하지 않
을 다채롭고 매력적인 코스를 소개한다.

제주 동부권 여행 지도

신해조식당
김만덕기념관
김만덕 객주
김주학짬뽕
동이트는집
두맹이골목
미친부엌
사라봉
국립제주박물관

제주 원도심
앙뚜아네트 용담점
용담해안도로
카페나모나모
도두반점
제주사수본점
도두봉
제주국제공항
동문시장과
산지천
누옥
문계야
제주민속자연사박물관
국수문화거리
가시식당 2호점

함덕해수욕장
서우봉
둘레길
제주항일기념관
대성
아귀찜
북촌
오드랑
베이커리

조천읍

봉개족발순대
본점
5L2F
선흘방주할머니식당
밀림원
낭뜰에쉼팡

최익현유배길
제주 콜로세움
한라수목원과 광이오름
담아래본점
포도원흑돼지
그러므로
PART 2
수목원길
야시장
방선문계곡
한데모아
정실점
정실
곤드레집
오드씽
산천단
소산오름

제주시

카페
유지웍스
넝쿨하늘가든
프로파간다
남국사수국길
제주대 은행나무 길
제주대
정실마을
벚꽃길
제주마방목지

누보
제주돌문화공원
교래리금보겸
에코랜드
노루생태
관찰원
교래
자연휴양림
절물
자연휴양림
카페 다락
말로

삼다수
숲길

렛츠
목장
교래흑
본점

붉은오름
자연휴양림
물찻오름
사려니숲
무장애나눔길
사려니
숲길

물영아리오름

한라산
백록담

한남연구시험림

머체왓숲길
(머체왓식당·머체왓 족욕 카페)

이승악벚꽃길과
삼나무숲길

효명사
서귀다원
고살리숲길

휴애리자연생활공원

동백포레스트

연수네가든
도우미식당
네이처캔버스
하례점빵

돌고래 요트 투어
김녕해수욕장
곰막식당
진빌레밭담길
월정리해수욕장
카멜커피 제주점
김녕에사는 김영훈
포앤프라이
월정리갈비밥
명진전복
아라파파 북촌
소라횟집
세화해수욕장
만장굴
달책방
숨비소리길
평대성게국수
당근과 깻잎
해녀박물관
하도해수욕장
지미봉
동백동산
카페세바
구좌읍
선흘곶
자드부팡
종달리수국길
놀놀
종달리마을길
구좌지앵
비자블라썸
모뉴에트
카페 책자국
헛간
비자림
다랑쉬오름
더반스위트
아끈다랑쉬오름
플레이스 엉물
한울타리한우
송당나무
풍림다방 송당점
거문오름
치저스
월라라
안돌오름과 비밀의 숲
거슨세미오름
성산일출봉
아부오름
보룡제과
스누피가든
광치기해변
성산읍
해왓
아쿠아플라넷 제주
솔트리 감성수목원
유민미술관
하와이안비치카페
섭지코지
청초밭
보롬왓
유채꽃프라자 카페
따라비오름
초가헌
쫄븐갑마장길
녹산로
조랑말체험공원
표선면
모드락572
가시식당
나목도식당
수망일기

남원읍

용담해안도로

시작점 제주시 서해안로 195(도두봉 장안사)

전화 064-746-2001

코스 길이 약 5km(탐방시간 2시간, 탐방로 상태 상, 인기도 상, 난이도 하, 접근성 상)

편의시설 화장실(도두봉, 레포츠공원, 용연구름다리), 구급함(어영소공원, 용연다리)

여행 포인트 인증샷 명소(도두봉 키세스존, 무지개해안도로, 투썸플레이스 루프톱의 천국의 계단, 용연구름다리, 용두암)에서 사진찍기, 해안선을 따라 들어선 맛집과 카페 탐방하기, 여름철 밤바다에 불 밝힌 어선 풍경 감상하기, 여름철 동한두기에서 일몰 만끽하며 한치회 맛보기

상세경로

인생 사진 명소 따라 걷는 즐거움

용담해안도로는 도두봉에서 용연구름다리에 이르는 코스로 올레 17코스의 일부이다. 공항과 가까워 여행객들이 제주 여행의 시작점이나 마지막 추억을 남길 곳으로 선택한다. 어느 걷기 코스보다 인생 사진 명소가 많은 곳이다. 도두봉순수 오름 높이 55m은 제주의 숨은 비경을 간직한 곳으로 정상 전망대까지 가볍게 오를 수 있지만, 도두항과 마을 전경, 드넓은 바다까지 조망할 수 있어 즐거움이 크다. 전망대 부근에 있는 인생 사진 명소 키세스존도 잊지 말고 들러보자. 도두봉에서 동쪽으로 1km 정도 이어지는 무지개해안도로 또한 최근 SNS 인증 샷 명소로 인기가 많다. 도두봉 정상에서 동쪽으로 내려오면 이윽고 무지개해안도로에 닿는다. 푸른 바다와 하늘을 배경으로 알록달록 무지개 블록 위에 앉아 찍은 여행 사진은 화보가 되어 추억으로 남는다. 바닷가의 공원 어영소공원은 경관도 멋지고 놀이터도 있어 잠시 쉬어가기 좋다. 어영소공원에서 2.5km 정도 걸으면 용머리 모양 바위 용두암과 용연구름다리에 다다른다. 해 질 녘이라면 용두암을 기억하자. 여의주처럼 입에 문 용두암의 일몰은 아름다움을 넘어 감동적이다.

How to go 용담해안도로 찾아가기

자동차 내비게이션에 '도두봉' 찍고 출발. 갓길 주차

버스 제주국제공항 3번 정류장용담, 시청[북]에서 453번 승차 → 18개 정류장 이동, 23분 소요 → 오래물광장 정류장(북) 하차 → 도보 5분, 257m → 도두봉 입구장안사 쪽

Walking Tip 용담해안도로 탐방 정보

❶ 걷기 시작점 도두봉 장안사 쪽 입구에서 시작한다.

❷ 트레킹 코스 도두봉에서 용연구름다리까지 이어지는 코스이다. 도두봉에 올라 도두항과 바다 전경 즐기고, 무지개해안도로에 들러 인생 사진을 찍는다. 이어 어영소공원 지나 용두암에 다다른다. 투썸플레이스 용두암점, 용연구름다리 등 인생 사진 명소에서 여행의 추억을 카메라에 담아보자.

❸ 준비물 운동화, 모자, 선크림, 선글라스, 생수

❹ 유의사항 용담해안도로는 차가 많이 다닌다. 자전거 도로도 함께 있어 차와 자전거에 유의하자. 해안가 쪽 인도를 이용하여 걸으면 안전하다.

❺ 기타 7월은 한치 철이다. 해가 완전히 지고 어둠이 찾아들면 집어등을 밝힌 어선들로 밤바다가 환하게 빛난다. 제주의 여름이 선사하는 명품 풍경 중 하나이다.

Travel Tip 용담해안도로 주변의 명소·맛집·카페

 HOT SPOT

도두봉

제주시의 최고 전망 명소

도두봉은 제주공항 북쪽에 있다. 어느 방향으로 올라도 10분이면 정상에 닿는다. 정상 풍경이 아름답다. 동쪽에선 해안도로가 아름다운 곡선을 그리고 있고, 남쪽으로는 한라산과 오름 군락이 시야 가득 다가온다. 제주시와 제주공항의 활주로도 한눈에 잡힌다. 서쪽으로는 도두항과 이호해수욕장이 손에 잡힐 듯 가까이 있고, 북쪽으로는 망망대해가 펼쳐진다. 도두봉에 오르면 인생 사진 명소로 떠오른 '키세스 초콜릿 존'을 찾아보자.

🚶 제주공항에서 자동차로 8분 ◉ 제주시 도두일동 산1 ⓘ 순수 오름 높이 55m 등반 시간 편도 10분 주차 갓길 주차

🍴 RESTAURANT

도두반점 제주사수본점

제주 흑돼지로 만든 맛있는 중식

쫄깃하고 육질이 뛰어난 제주 흑돼지는 꼭 구워 먹지 않아도 맛있다. 도두반점은 흑돼지를 사용한 중식 메뉴를 선보인다. 흑돼지와 모자반풀, 해초의 일종으로 시원하고 칼칼한 국물을 내 요리한 몸짬뽕, 기름기가 적고 깔끔한 불맛이 일품인 흑돼지 짜장면이 대표 메뉴이다. 외식사업가 백종원이 인정하여 중문 더본호텔에도 체인점이 있다. 가격도 저렴하다.

🚶 도두봉에서 자동차로 2분, 도보 10분 ⊙ 제주시 서해안로 317 📞 064-745-2915
🕐 매일 11:30~21:30(휴식시간 15:00~17:30, 마지막 주문 21:00) ⓘ 주차 가능

☕ CAFE

카페 나모나모베이커리

무지개해안도로 앞 바다 전망 카페

나모나모의 가장 큰 장점은 바다이다. 카페에서 제주의 푸른 바다를 한가득 눈에 담을 수 있다. 매일 직접 로스팅하여 신선하고 풍미가 좋은 커피, 신선한 음료와 달콤한 디저트를 맛볼 수 있다. 음료와 베이커리의 종류가 다양하여 선택의 폭이 넓다. 1층에서 음료와 베이커리를 주문한다. 2~3층에서는 넓게 펼쳐진 바다를 조망할 수 있고, 루프톱에서는 하늘과 바다를 배경 삼아 멋진 사진을 남길 수 있다.

🚶 도두봉에서 무지개해안도로 방향으로 도보 3분(200m) ⊙ 제주시 도두봉6길 4
📞 064-713-7782 🕐 10:00~22:00(라스트오더 21:30) ⓘ 전용 주차장

☕ CAFE

앙뚜아네트 용담점

바다 전망 베이커리 카페

용담해안도로에서 가장 뜨고 있는 베이커리 카페이다. 빵, 마카롱, 다양한 디저트와 브런치, 음료, 커피를 두루 즐길 수 있다. 주차장에 차를 세우고 가게로 들어서면 유리창 너머로 푸른 바다가 시원하게 펼쳐진다. 커피 향과 고소한 빵 냄새가 코를 자극한다. 지하로 내려가면 야외로 연결된다. 날이 좋은 날에는 빈백에 편안하게 누워 푸른 바다를 즐겨보자. 파도 소리가 마음을 편안하게 해준다.

🚶 용두암에서 도보 5분 ⊙ 제주시 서해안로 671
📞 064-713-2220 🕐 매일 09:00~22:00 ⓘ 주차 가능

제주 원도심 산책

시작점 제주시 일도이동 830(신산공원)

코스 길이 3.2km(탐방 시간 2시간, 인기도 중, 탐방로 상태 상, 난이도 하, 접근성 상)

편의시설 주차장, 화장실, 산책로

여행 포인트 오래된 제주 만나기, 산지천과 동문시장 주변 거닐며 제주의 과거와 현재 만나기

상세경로

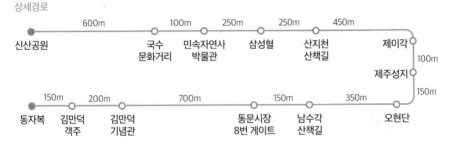

산지천 따라 제주의 역사문화 산책

제주 원도심 투어는 3개 코스로 이루어져 있다. 메인 코스는 1코스이다. 제주의 역사와 문화, 과거와 현재가 공존하는 여행길이다. 산지천 동쪽 신산공원에서 시작한다. 신산공원 바로 서쪽에 제주도민속자연사박물관이 있고, 거기서 다리를 건너면 삼성혈이다. 삼성혈은 탐라국 시조 삼신인三神人 신화가 전해지는 도심 속의 또 다른 명소다. 가지를 드리운 벚나무들이 이 성스러운 공간을 지키고 있다. 삼성혈을 지나 2009년 제주 제1호 문화의 거리로 지정된 삼성혈문화의거리를 걷다 보면 어느덧 발길은 제이각에 이른다. 제이각은 왜적 방어를 위한 천연요새인 남수각 절벽 위에 세운 누각이다. 제이각에 서서 제주읍성을 내려다보면 성안은 물론 주변의 언덕과 하천 그리고 해안까지 한눈에 조망할 수 있다. 제이각에서 산지천을 따라 제주성지와 오현단, 남수각 지나면 동문재래시장에 다다른다. 동문시장을 지나 산지천 끝자락에 이르면 제주의 의녀 김만덕을 기리는 '김만덕기념관'과 옛 모습을 재현한 '김만덕객주'가 방문객을 맞이한다. 객주터 바로 위에는 마지막 종착점인 동자복이 있다.

* 관덕정과 제주목 관아를 중심으로 한 2코스와 해안 길이 중심인 3코스도 있다. 옛 제주 사람들의 삶과 생활을 느끼며 거닐기엔 1코스가 제일 좋다.

How to go 제주 원도심 찾아가기

자동차 내비게이션에 '제주시 일도이동 830' 혹은 '신산공원' 입력 후 출발

버스 제주국제공항 3번 정류장_{용담}, 시청에서 1111번 탑승 → 3개 정류장 이동, 15분 소요 → 민속자연사박물관 정류장 하차 → 도보 6분, 416m → 신산공원

Walking Tip 제주 원도심 탐방 정보

❶ 걷기 시작점 신산공원에서 시작한다. 공원에 무료 주차장이 있다.

❷ 트레킹 코스 신산근린공원에서 출발하여 국수문화거리, 삼성혈, 제이각 쉼터, 오현단, 동문시장 8번 게이트, 김만덕기념관 지나 동자복에 이르는 코스를 추천한다. 오현단은 조선 시대에 관리로 오거나 유배를 와 제주 발전에 공헌한 우암 송시열 등 다섯 명을 기리는 제단이다. 동자복은 사람의 수명과 행복을 관장하는 신으로, 현무암으로 만든 조각상이다. 이 동자복에서 코스가 끝난다. 탐방길은 3.2km 인데 2시간이면 충분히 둘러볼 수 있다.

❸ 준비물 운동화, 모자, 선크림, 선글라스, 생수

❹ 유의사항 도민들의 거주지를 지날 때는 공중도덕을 지키며 조용히 걷자.

❺ 기타 제주시에서는 원도심 내 문화와 관광자원을 방문하는 여행객들을 대상으로 '원도심 심쿵투어'를 운영하고 있다. 총 3개 코스로 구성되어 있으며, 다양한 이벤트도 진행하고 있다. 문의는 제주시 관광진흥과에 하면 된다. 064-728-2751

 HOT SPOT

국수문화거리

고기국수의 모든 것

제주민속자연사박물관 앞 900m에 이르는 거리에 조성된 고기국수를 위한 거리이다. 고기국수 전문점 20여 곳이 자리하고 있다. 원도심 투어를 시작하면서 국수문화거리에서 구수하고 진한 고기국수 한 그릇으로 여행의 즐거움을 더하기 좋다. 제주공항에서 가깝고, 제주 시내에서도 가까워 많은 사람이 찾는다.

🚶 신산공원에서 도보 6분, 제주민속자연사박물관 앞
📍 제주시 일도2동 1050-1

🍴 RESTAURANT

신해조식당

도민이 인정하는 갈치 맛집

김만덕기념관 서쪽 건너편, 제주도 수산물이 한곳에 모이는 건입동 제주 수협공판장 앞에 있다. 수협공판장 앞에 있다는 건 음식 재료의 신선함이 보장된 거나 다름없다. 그럼 맛은? 제주 도민들이 인정하는 현지인 맛집이다. 갈치조림, 갈칫국, 물회 등을 즐길 수 있다. 갈칫국은 시원하고 구수해 해장하기에 안성맞춤이다. 🚶 김만덕기념관에서 도보 5분 📍 제주시 임항로 38-4 📞 064-722-3338 🕐 11:00~22:00(브레이크타임 15:00~17:00, 화 휴무) ⓘ 주차 가게 남서쪽 30m 산짓물 공영주차장 이용(건입동 1328-6)

 CAFE

누옥

나만 알고 싶은 감성카페

오래된 양옥을 개조한 베이커리 감성 카페다. 실내로 들어서면 감각적인 인테리어에 감탄사가 절로 나온다. 시그니처 메뉴는 누옥커피와 클래식 크루아상이다. 누옥 커피는 에스프레소에 밀크티를 탄 것으로 꼭 한번 맛보기를 추천한다. 화창한 오후 햇살을 머금은 돌담 앞 야외 테이블에서 책 한 권 읽기도 좋다. 전용 주차장이 없어 골목길에 주차해야 한다.

🚶 국수문화거리 입구에서 도보 3분 📍 제주시 삼성로5길 21-1
📞 0507-1386-7787 🕐 09:00~19:00(일 10:00~17:00) ⓘ 주차 주변 골목 주차

두맹이골목 벽화마을

시작점 제주시 동문로14길 13-1(구중경로당)

코스 길이 1km(탐방 시간 1시간, 인기도 중, 탐방로 상태 상, 난이도 하, 접근성 상)

편의시설 주차장, 화장실, 산책로

여행 포인트 추억여행 하기, 벽화마을 구경, 포토존에서 사진 찍기, 제주 원도심 산책 즐기기

상세경로

```
        30m      80m      40m      40m      70m      70m      50m
  공영주차장 ── 3-1번 ── 2번 ── 14번 ── 13번 ── 12-1번 ── 12번 ── 11번
                                                                      │
        70m      70m      40m      60m      60m      70m      50m    │
  공영주차장 ── 3-2번 ── 4번 ── 9번 ── 8번 ── 5번 ── 6번 ── 10번 ──┘
```

*두맹이골목 바닥 곳곳에 1번부터 14번까지 번호를 붙여놓았다. 탐방은 3번 골목 부근 공영주차장과
구중경로당(제주시 동문로 14길 13-1) 있는 곳에서 시작한다. 경로당에 화장실 있다.

아련한 추억이 가득한 기억의 정원

제주시 일도 2동의 두맹이골목은 벽화마을이다. 제주 특유의 토속적인 벽화를 만날 수 있다. 정감 어린 아련한 추억과 레트로 향수를 불러일으켜, 사진 찍고 걷다 보면 시간 가는 줄 모른다. 골목 곳곳은 기억 저편에 감춰둔 어린 시절의 이야기와 닮았다. 그래서 이 골목의 또 다른 이름이 기억의 정원이다. 원래는 콘크리트와 시멘트벽으로 차갑게 방치되어 있었는데, 2008년 제주특별자치도 공공미술 공모전에 선정된 일도2동 주민자치위원회와 탐라미술인협회 공공미술제작팀이 협업하여 따뜻한 그림들로 채우면서 감각적인 마을로 변신했다. 두맹이마을 벽화는 지금도 계속 늘어나고 있다. 인근 동문시장과 사라봉에서 가까워 도보로 충분히 이동할 수 있다. 제주 구도심 마을 한가운데 벽화 골목을 조성해 주차장이 협소하다. '구중경로당' 앞 작은 공영주차장을 이용하거나 골목에 주차해야 한다. 두맹이골목 탐방은 이 공영주차장부터 시작된다. 길바닥에 번호가 표기되어 있고 탐방길 곳곳에 이정표도 설치해놓아 길을 잃을 염려는 없다.

자동차 내비게이션에 '제주시 동문로14길 13-1 구중경로당' 입력 후 출발. 도착지점 바로 앞 공영주차장에 주차 버스 ❶ 제주국제공항 3번 정류장용담, 시청[북]에서 325번 승차 → 10개 정류장 이동, 20분 소요 → 제주동초등 학교(남) 정류장 하차 → 도보 3분, 177m → 구중경로당 ❷ 그밖에 312, 316, 326, 332, 344, 351, 352, 411, 422, 431, 435, 3002번 승차하여 제주동초등학교 정류장 하차.

❶ 걷기 시작점 '제주시 동문로 14길 13-1 구중경로당 앞 공영주차장이 시작점이다. 공영주차장은 협소한 편이 다. 되도록 대중교통을 이용하고, 주차공간이 없다면 주변 골목에 주차해야 한다.
❷ 트레킹 코스 공영주차장에서 출발하여 골목을 시계 반대 방향으로 한 바퀴 돌고 다시 주차장으로 돌아오는 코스를 추천한다. 골목 바닥에 숫자 표기가 되어 있어 트레킹 하기에 불편함은 없다. 천천히 사진 찍고 탐방해 도 1시간이면 충분히 둘러볼 수 있다.
❸ 준비물 운동화, 모자, 선크림, 선글라스, 생수
❹ 유의사항 도민들 주거지이므로 마을 길을 걸을 때나 사진 촬영 시에 큰 소음이 발생하지 않도록 조심하자. 빈 집이 곳곳에 있지만, 사유재산이므로 들어가지 말자.
❺ 기타 탐방길에 별도의 화장실이 없다. 구중경로당과 두맹이복지회관제주시 동문로14길 16-1의 개방형 화장실 을 이용하면 된다.

📷 HOT SPOT

제주민속자연사박물관

제주의 자연과 삶을 품었다

제주의 자연과 삶을 품고 있는, 아이와 가면 더 좋은 체험 공간이다. 화산섬 제주의 지질 및 생태학적 특성, 제 주 사람들이 살아온 흔적을 의식주 중심으로 살펴볼 수 있으며, 민속 유물이 함께 전시되어 있다. 전시실은 크 게 민속, 자연사, 해양으로 나누어져 있다. 제주도 전통가옥과 해녀들의 삶, 물고기잡이 배 '테우'를 구경하는 재미가 특별하다. 🚶 두맹이골목에서 자동차로 3분, 도보 16분 📍 제주시 삼성로 40(일도2동 996-1) 📞 064-710-7708 🕐 09:00~18:00(월 휴무)

RESTAURANT
동이 트는 집

제주시의 추어탕 명가

추어탕 한 가지 메뉴만 고집하는 집이다. 남도식 추어탕을 맛볼 수 있다. 미꾸라지를 삶아 곱게 갈고 여기에 들
깨즙을 푼 뒤 무청 시래기와 된장을 넣어 끓인다. 추어탕 맛이 깊고 담백하면서도 구수하다. 여행자보다 제주도
민들이 더 많이 찾는 현지인 맛집이다. 예쁜 옹기그릇에 담긴 양념게장, 쌈용 채소, 깍두기 같은 맛깔스러운 기
본 반찬이 먼저 나온다. 제주 여행길에 건강을 챙기고 싶다면 동이 트는 집이 안성맞춤이다.

🚶 두맹이골목에서 도보 10분 ⊚ 제주시 신산로 71 📞 064-758-2309 🕐 09:30~20:00(브레이크타임 14:20~17:00, 일요
일은 13:00까지) ⓘ 주차 식당 앞, 골목 주차

RESTAURANT
김주학짬뽕

맛과 건강 둘 다 잡은 엄나무 고기짬뽕

제주시에서 이름난 고기짬뽕 가게이다. 1972년부터 중화요리를 해온 주인의 50년 내공이 짬뽕에 그대로 담겨
있다. 엄나무를 넣고 육수를 내 맛과 건강을 동시에 잡았다. 동의보감에 따르면 엄나무는 염증 제거와 진통 효과
가 뛰어난 약재이다. 육수는 칼칼하고 깔끔하다. 특히 뒷맛이 좋아 해장하기 딱 좋다. 고기짬뽕이지만 홍합과 생
새우 같은 해산물도 들어가고, 죽순, 목이버섯, 숙주, 호박, 청경채 등 채소도 듬뿍 들어간다. 일반 짬뽕, 엄나무 짜
장면, 탕수육 맛도 고기짬뽕에 뒤지지 않는다. 🚶 두맹이골목에서 도보 1~2분 ⊚ 제주시 동문로14길 10 📞 064-751-7711
🕐 10:00~19:30(브레이크타임 15:30~17:00, 수요일 휴무) ⓘ 주차 가능

동문시장과 산지천

시작점 제주시 동문로 16(동문시장)

코스 길이 2km(탐방 시간 1시간 30분, 인기도 중, 탐방로 상태 상, 난이도 하, 접근성 상)

편의시설 주차장, 화장실, 산책로

여행 포인트 동문시장 구경하기, 시장 맛집 탐방, 제주기념품과 제주특산물 쇼핑, 산지천과 김만덕 기념관 돌아보기

상세경로

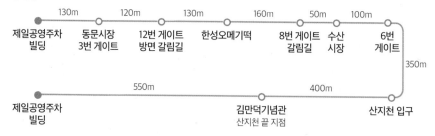

제주 원도시 탐방, 그들의 삶

제주 원도심에는 개발 속에서 살아남은 볼거리들이 아직 남아있다. 그중 하나가 동문시장과 산지천이다. 동문 로터리에서 동쪽으로 걸어가면 동문시장과 그 앞을 흐르는 산지천이 나온다. 산지천은 동문시장에서 제주항으로 이어지는 물길이다. 60년대에 복개됐으나, 2002년 다시 생태하천이던 옛 모습을 되찾았다. 평범한 하천 같지만, 옛날 주민들의 빨래와 목욕이 이루어지던 지역공동체 중심 역할을 했던 곳이라 의미가 있다. 하천 하류의 산지포구에서 고기 잡는 모습을 '산포조어'山浦釣魚라 하여 영주십경 중 하나로 꼽았다. 산지천 광장 건너로는 동문시장을 알리는 커다란 입 간판이 보인다. 동문시장은 제주 최대 상설시장으로 제주 사람들의 삶을 만날 수 있다. 3번 게이트에 들어서면 좌우로 늘어선 과일가게가 먼저 손님을 맞이한다. 한라봉, 레드향 등 황금빛 제주 과일이 시장을 훤히 밝힌다. 수산시장에서는 제주의 바다를 만날 수 있다. 특히 회를 저렴하게 살 수 있어, 포장해 숙소에 가서 먹는 여행객들이 많다. 그 밖에 오메기떡 등 다양한 먹거리를 만날 수 있다.

자동차 내비게이션에 '제주시 관덕로 15길 3 제일공영주차빌딩' 입력 후 출발.

버스 ❶ 제주국제공항 3번 정류장용담, 시청[북]에서 325번 승차 → 9개 정류장 이동, 16분 소요 → 동문로터리, 동문시장(남) 정류장 하차 → 도보 3분 → 동문시장과 산지천

❷ 그밖에 312, 315, 316, 325, 326, 332, 344, 351, 352, 380, 411, 422, 3002번 승차하여 동문로터리, 동문시장(남) 정류장 하차. 동문시장과 산지천까지 도보 3분

Walking Tip 　 **동문시장과 산지천 탐방 정보**

❶ 걷기 시작점 '제주시 관덕로15길 3 제일공영주차장'에 주차 후 탐방을 시작한다. 동문시장과 연결된 주차장이 여러 개 있지만, 산지천과 동문시장 두루 다니기 편한 위치의 주차장이 이곳이다.

❷ 트레킹 코스 제일공영주차장에서 시작하여 동문시장 3번 게이트, 12번 게이트, 8번 게이트, 6번 게이트 거쳐 산지천 입구와 산지천 마지막 지점인 김만덕기념관을 돌아보고 다시 제일공영주차장으로 돌아오는 코스를 추천한다. 1시간 30분이면 충분히 둘러볼 수 있다.

❸ 준비물 운동화, 모자, 선크림, 선글라스, 생수

❹ 유의사항 동문시장 주변은 차량으로 붐비는 곳이다. 안전운전은 필수다. 동문시장과 연결되는 주차장들은 비좁아 초보운전자들에게는 난코스다. 사람이 붐비는 주말에는 주차하려는 차들 때문에 시장 일대가 마비된다. 산지천 주변으로는 노숙인들이 많으니 주의가 필요하다.

❺ 기타 오메기떡이나 신선식품 등은 변질되기 쉬우니 되도록 즉시 섭취하는 것이 좋다.

Travel Tip 　 **동문시장과 산지천 주변 명소·맛집·술집** 　 📷 🍻 🍸

📷 HOT SPOT

김만덕기념관

나눔의 정신을 기리다

조선 시대 여성 거상 김만덕1739~1812의 나눔 정신을 기념하기 위한 기념관이다. 김만덕은 전 재산을 털어 굶주린 제주 백성을 구해 정조로부터 '의녀반수'라는 벼슬을 받은 여성이다. 기념관은 산지천 하류 인근에 지상 3층 규모로 건립되었다. 1층에는 나눔 교육관과 카페가 있고, 2층에는 체험관과 메모리얼 홀이, 3층에는 상설전시실과 기획전시실이 있다.

🚶 동문시장과 산지천 코스 마지막 지점
📍 제주시 산지로 7
📞 064-759-6090
🕐 09:00~18:00(월요일 휴무)
ⓘ 주차 가능

RESTAURANT

골목식당

동문시장 옆 꿩메밀국수 맛집

동문시장 수산 코너에서 가깝다. 테이블 다섯 개 남짓한 작은 꿩고기 전문 식당이지만, 블루리본을 받은 도민 맛집이다. 메뉴는 꿩구이와 꿩메밀국수인데, 꿩메밀국수 인기가 더 많다. 꿩고기와 수제 메밀 가락, 구수한 국물이 삼위일체를 이룬다. 벽에 붙은 수많은 언론 보도 사진이 이 집의 맛과 역사, 유명세를 증명해준다.

🚶 동문시장에서 도보 3~5분 📍 제주시 중앙로 63-9 📞 064-757-4890
🕙 10:30~20:00(연중무휴) ⓘ 주차 바로 옆 공영 주차장(제주시 오현길 81)

 DRINK

미친부엌

안주가 맛있는 이자카야 술집

혼밥과 혼술을 하며 고독한 미식가가 될 수 있는 곳이다. 분위기도 좋고 맛도 좋다. 가성비 좋은 메뉴들 덕분에 식당은 언제나 붐비지만, 바 테이블이 있어 혼자여도 부담이 없다. 인기 메뉴인 '고독한 미식가 세트'에는 제주의 싱싱한 사시미, 맥주가 그냥 넘어가는 치킨 가라아게, 시그니처 크림짬뽕이 포함되어 있다. 오픈 키친이라 셰프들 구경하는 재미도 있다.

🚶 동문시장에서 도보 12분 📍 제주시 탑동로 15 📞 064-721-6382 🕙 17:30~24:00(연중무휴) ⓘ 주차 길 맞은편 공영주차장

사라봉

시작점 제주시 사라봉동길 74

코스 길이 3.7km(탐방 시간 1시간 30분, 인기도 중, 탐방로 상태 상, 난이도 하, 접근성 상)

편의시설 주차장, 화장실, 산책로, 전망대, 자판기, 운동기구

여행 포인트 정상 전망 즐기기, 산지 등대에서 야경 즐기기, 별도봉 주변 올레 18코스 산책하기

상세경로

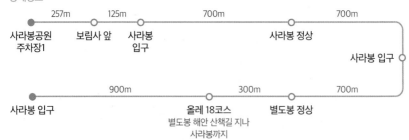

사라봉공원 주차장1 ─257m─ 보림사 앞 ─125m─ 사라봉 입구 ─700m─ 사라봉 정상 ─700m─ 사라봉 입구

사라봉 입구 ─900m─ 올레 18코스 (별도봉 해안 산책길 지나 사라봉까지) ─300m─ 별도봉 정상 ─700m─

사라봉, 별도봉 그리고 올레 18코스까지

사라봉 트레킹은 두 개의 오름과 올레길까지 걸을 수 있는 코스이다. 해안 절경을 끼고 있어 트레킹 만족도가 매우 높다. 사라봉순수 높이 98m은 제주항 근처에 있다. 제주 올레 18코스가 사라봉 정상을 지나 동쪽의 또 다른 오름 별도봉 해안가로 이어진다. 사라봉은 소나무 숲이 아름다우며, 봄에는 화사한 벚꽃 엔딩을 감상할 수 있다. 정상에 오르면 망양정이 반겨준다. 정자에서는 제주 시내와 제주항, 푸른 바다를 시원하게 감상할 수 있다. 황홀한 석양은 제주 영주십경 중 하나인 사봉낙조沙峰落照라 불린다. 사라봉 트레킹 후에는 제주 도심에서 경치가 가장 멋진 오름 별도봉순수 높이 101m으로 바로 연결하여 걸을 수 있다. 별도봉 해안엔 절경 산책길이 있다. 올레 18코스 구간이다. 별도봉 정상에서 해안 쪽으로 내려가 아름다운 풍경을 감상하며 18코스를 역방향으로 걸으면 다시 사라봉 입구가 나온다. 사라봉 북쪽엔 1916년 처음 불을 밝힌 산지 등대가 있다. 이곳 야경 또한 아는 사람만 누릴 수 있는 특권이다. 주변에 주차장이 있어 트레킹을 마친 후 차로 가도 된다.

How to go 사라봉 찾아가기

자동차 내비게이션에 '사라봉공원주차장1' 입력 후 출발. 주차장에서 사라봉 입구(보림사 쪽 탐방로 입구)까지 도보 6분

버스 ❶ 제주국제공항 3번 정류장(용담, 시청)에서 466번 탑승 → 17개 정류장 이동, 27분 소요 → 이화아파트 정류장 하차 → 도보 16분, 931m → 사라봉 등산로 입구(보림사 쪽 입구) ❷ 그밖에 201, 312, 316, 325, 326, 352, 380, 411, 422, 3002번 승차하여 우당도서관(남) 정류장 하차. 사라봉 입구(충혼각 쪽 탐방로 입구)까지 도보 9분

Walking Tip 사라봉 탐방 정보

❶ **걷기 시작점** '사라봉공원주차장1'에서 시작한다. 탐방로 입구는 충혼각 쪽 입구와 보림사 쪽 입구 두 개이다. 일반적으로 '사라봉공원 주차장 1'에 주차한 뒤 보림사 쪽 탐방로로 오른다. 이 탐방로 입구는 별도봉과도 연결된다. 유모차도 오를 수 있어 더욱 편리하다.

❷ **트레킹 코스** 사라봉공원주차장1에서 출발하여 사라봉 정상에 올랐다가 다시 입구로 내려와 별도봉 정상에 오른다. 정상에서 해안으로 내려가 올레 18코스를 역방향으로 걸어 사라봉 입구로 돌아온다. 사라봉에서 하산한 뒤 순방향으로 18코스를 먼저 걷고 별도봉으로 올라도 된다. 사라봉 둘레길 4.2km를 먼저 걸은 뒤 '상세경로'를 따라 트레킹 해도 된다. 이때는 트레킹 시간을 2시간 정도는 잡아야 한다.

❸ **준비물** 운동화, 모자, 선크림, 선글라스, 생수

❹ **유의사항** 두 오름 입구는 주택가와 인접해 있다. 공중도덕을 지키며 조용히 트레킹 하자.

❺ **기타** 탐방길 중간에는 화장실이 없다. 입구 화장실을 이용하자.

Travel Tip 사라봉 주변의 명소와 맛집 📷 🍴

📷 HOT SPOT

국립제주박물관

제주의 독특한 역사와 문화 만나기

섬과 바다를 배경으로 삶을 일궈온 제주의 독특한 역사와 문화를 압축해서 만나볼 수 있다. 유배도 제주의 역사를 꾸며주는 키워드이다. 조선 후기 제주로 유배 온 우암 송시열, 추사 김정희, 면암 최익현의 글과 초상이 눈길을 끈다. 제주도는 또 한반도와 중국, 일본을 잇는 문화교류의 주요 거점이었다. 이런 교류의 흔적을 박물관에서 확인할 수 있다.

🚶 사라봉에서 도보 5분, 자동차로 1분

📍 제주시 일주동로 17 📞 064-720-8000

🕐 09:00~18:00(매주 월요일, 설날, 추석 휴관)

ⓘ 주차 가능

김만덕 객주

백성을 구한 여자 거상을 기리다

건입동에 제주 출신 거상 김만덕1739~1812의 객주를 재현해놓았다. 관람동과 주막동으로 나뉘는데, 민속촌 분위기가 나는 관람동을 돌아보고 주막동에 들러 막걸리와 해물파전, 자리물회, 한치물회 등을 즐길 수 있다. 김만덕은 흉년이 들자 도민들에게 곡식을 나누어주었고, 그 공을 인정해 정조는 금강산 여행을 시켜 주었다. 주막 근처에 김만덕기념관도 있다.

🚶 사라봉에서 자동차로 6분 📍 제주시 임항로 68 📞 064-727-8800
🕐 11:00~22:00(월요일 휴무) ⓘ 주차 가능

문게야

다양한 문어 요리와 활우럭 조림

문어 요리 전문점이다. '문게'는 제주도 방언으로 문어를 뜻한다. 문어숙회, 문게두루치기, 문게물회, 문어라면 등 각종 문어 요리가 일품이다. 활우럭 조림 역시 맛이 기가 막힌다. 땅콩, 감자, 무가 들어간 제주도식 조림인데, 갓 잡은 우럭에 양념을 곁들여 요리하여 쫄깃하고 맛있다. 남은 양념은 밥을 비벼 먹어도 그만이다.

🚶 사라봉에서 자동차로 3분 📍 제주시 동광로23길 23 📞 0507-1442-0165 🕐 11:00~22:00(화요일 휴무)
ⓘ 주차 건너편 공영주차장

한라수목원과 광이오름

시작점 제주시 수목원길 72

전화 064-710-7575

운영시간 야외 09:00~23:00, 실내 09:00~18:00(12월~2월 09:00~17:00, 설날·추석 당일 휴관, 입장료 무료)

탐방 시간 1시간 30분~3시간(다양한 코스 선택 가능, 인기도 중, 난이도 하, 접근성 상)

편의시설 주차장, 화장실

여행 포인트 꽃과 나무 즐기며 산책하기, 수목원 야간 산책 즐기기, 광이오름 트레킹, 오름 정상에서 제주 시내 풍경 즐기기

상세경로

안내소 주차장 — 도외수종원 — 약식용원 — 죽림원 — 관목원 — 광이오름
안내소 주차장 — 야생화원 — 교목원 — 화목원 — 잔디광장 — 수생식물원 — 삼림욕장

마음이 행복해지는 수목원 산책

한라수목원은 제주시 남쪽 광이오름과 남조순오름 기슭에 있다. 꽃과 나무 사이를 천천히 걸으며, 햇살을 맞고 맑은 공기로 호흡하며, 몸과 마음을 정화하기 좋은 곳이다. 야간에도 개방하는데, 가로등이 잘 정비되어 있어 저녁 식사 후에 가볍게 산책하기 좋다. 1300여 종의 식물 12만여 본을 보유하고 있다. 수목원 안에는 삼림욕장, 희귀특산수종원, 관목원, 수생식물원, 죽림원, 전시실, 연구원 등이 있다. 산책하는 내내 다양한 식물을 만나고 산책 코스가 단조롭지 않아 발걸음이 즐겁다. 산책로가 많아 시간을 고려해 마음 내키는 대로 걷기 좋다. 수목원 산책로는 광이오름 탐방로와 그대로 연결된다. 광이오름순수 오름 높이 77m은 수목원 동남쪽에 있는데, 함께 트레킹 즐기기 좋다. 정상까지 산책로가 잘 정비되어 있고, 오름 둘레길 탐방 코스도 있어 가볍게 땀 흘리며 등산 즐기기 좋다. 중턱에는 체력단련장이 있고, 정상에는 정자가 있어 시원한 바람에 땀을 식히며 제주 시내를 조망할 수 있다. 그리 높지 않기 때문에 이마에 땀이 송글송글 맺힐 즈음 정상에 도착한다.

자동차 내비게이션에 '한라수목원 공영주차장' 입력하고 출발

버스 제주국제공항 6번 정류장노형, 연동에서 332번 탑승 → 14개 정류장 이동, 22분 소요 → 한라수목원(서) 정류장 하차 → 도보 11분, 607m → 한라수목원

Walking Tip 한라수목원과 광이오름 탐방 정보

❶ 걷기 시작점 한라수목원 주차장에서 시작한다.

❷ 트레킹 코스 한라수목원은 7만여 평에 이르는 큰 수목원으로 다양한 코스를 선택할 수 있다. 안내도를 참고해도 좋고, 발걸음이 닿는 곳으로 트레킹해도 된다. 이른 봄엔 수목원 진입로가 벚꽃 세상으로 변한다.

❸ 준비물 운동화, 모자, 선크림, 선글라스, 생수

❹ 유의사항 나무에 오르거나 식물을 채취해선 안 된다. 도시락 등 음식물 반입은 할 수 없으며, 쓰레기는 반드시 다시 가지고 가야 한다.

❺ 기타 한라수목원은 제주 자생식물 유전자원의 수집, 증식, 보존, 관리, 전시 및 자원화를 위한 곳이다. 따라서 공익에 벗어나는 행동을 삼가야 한다.

Travel Tip 한라수목원과 광이오름 주변의 명소·맛집·카페 📷 🍴 ☕

📷 HOT SPOT

수목원길야시장

왁자지껄 야시장의 신나는 축제

한라수목원 입구 부근의 수목원테마파크에서 매일 야시장이 열린다. 소나무 숲에 길게 조명을 켜고 들어서 행복이 넘치는 분위기이다. 푸드트럭에서는 큐브스테이크, 양꼬치, 고인돌고기(칠면조), 통생과일주스 등을 판매한다. 액세서리와 장식용 소품, 사격, 인형 맞추기 가게 등도 들어선다. 여기저기서 맥주 파티가 벌어지고, 아이들은 신나게 뛰어논다. 🚶 한라수목원에서 도보 10분, 자동차로 2분 📍 제주시 은수길 69(수목원테마파크 일대) 📞 064-752-3001 🕐 18:00~23:00(동절기~22:00) ⓘ 주차 있음

🍴 RESTAURANT
포도원흑돼지

참숯 위 구리석쇠 불판에서 구운 고기

양돈장에서 직접 공수한 흑돼지를 48시간 숙성시키고, 육질이 부드러워
지면 초벌구이하여 내어온다. 참숯으로 불을 피워 열전도율이 높은 구리
석쇠 불판에서 고기를 굽기 때문에 향과 맛이 더 좋을 수밖에 없다. 반찬
으로 나오는 양념게장과 추자도 멸치젓, 파절임, 쌈무도 모두 직접 만든
것들이다. 고기와 곁들여 먹기 좋다. 🚶 한라수목원 입구에서 도보 2분 📍 제주시 수목원길 51
📞 064-745-0880 🕐 매일 11:00~ 22:00(라스트오더 21:00) ⓘ 주차 가능

🍴 RESTAURANT
담아래본점

정갈하고 건강한 돌솥밥

한라수목원 진입로에 있는 정갈한 맛집이다. 제주에서 난 재료로 가장
제주적인 돌솥밥을 즐길 수 있다. 딱새우간장밥, 한라버섯밥, 꿀꿀김치
밥, 뿔소라톳밥 등을 돌솥으로 만든다. 메인 메뉴를 주문하면 기본 반찬
과 찌개가 나온다. 5천 원을 추가하면 돔베고기와 가지튀김을 먹을 수
있다. 식당에서 직접 만든 귤 드레싱을 판매한다. 수목원과 거리가 가까
워 산책 전후에 가기 좋다. 🚶 한라수목원에서 도보 6분 📍 제주시 수목원길 23
📞 064-738-5917 🕐 11:00~20:00(마지막 주문 18:30, 매주 일요일 휴무)
ⓘ 편의시설 주차장, 아기 의자

☕ CAFE
그러므로 Part 2

넓은 정원이 있는 카페

카페는 간결미를 한껏 드러낸 회색 벽돌 건물이다. 모던하면서도 따뜻한
느낌을 준다. 실내는 테이블 사이에 간격을 두어 여유가 넘친다. 대표 메
뉴는 '메리하하'이다. 일종의 차가운 커피인데, 한 모금 길게 마시면 부드
러운 우유 맛과 고소한 커피 맛을 차례로 느낄 수 있다. 타르트, 케이크,
마들렌 등 디저트도 다양하다. 블루베리 타르트 인기가 좋다.
🚶 한라수목원에서 도보 10분, 자동차로 2분 📍 제주시 수목원길 16-14
📞 070-8844-2984 🕐 10:30~21:00(월요일 휴무) ⓘ 주차 가능

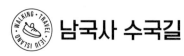 

남국사 수국길

시작점 제주시 아라일동 499-3

코스 길이 약 300m(탐방 시간 10분, 인기도 중, 탐방로 상태 상, 난이도 하, 접근성 상)

편의시설 주차장, 화장실, 산책로

여행 포인트 삼나무 숲길에 피어나는 보랏빛 수국 감상하기, 평화로운 사찰 정원 산책

상세경로

```
        130m                    170m
●━━━━━━━━━━━━●━━━━━━━━━━━━●
주차장 앞        법당 앞 정원          주차장
법당 가는 길
산책로
```

아담한 사찰이 주는 풍성한 위로

수국은 제주의 여름을 가장 먼저 알리는 꽃이다. 물을 좋아해 비가 많이 내리는 6월에 싱그럽게 만개한다. 이맘때 수국을 만나면 고마운 마음이 든다. 여름을 나야 할 우리에게 몽환적인 풍경을 선사하기 때문이다. 남국사는 제주대학교 근처에 있는 작은 사찰이다. 제주시 아라동을 가로지르는 큰 길가에 진입로가 있어 자칫 지나치기 쉬우니 유의하자. 한라산을 넘는 516도로로 가는 길목에 있다. 일주문 옆에서 시작하는 삼나무 숲길은 보랏빛 수국이 어우러지는 여름에 가장 아름답다. 100m 남짓이지만, 자꾸만 걸음이 멈추게 되니 짧게 느껴지지 않는다. 숲길 끝엔 정원이 기다리고 있다. 사찰을 곁에 두고 분수와 정자, 흔들 그네와 잔디밭까지 있어 마음이 편안해진다. 가벼운 나들이에 제격이다. 고목에 매달아 둔 그네에 앉아 새소리와 물소리를 들으며 쉬어가자. 법당은 누구에게나 열려있는 곳이다. 마음에 담아둔 일이 있다면 잠시 기도하는 시간도 가질 수 있겠다. 수국이 피어날 때는 방문객들을 위해 소소한 체험 거리도 준비해두고 있다. 수국꽃이 피지 않을 땐 한적한 곳이라 언택트 여행지로 제격이다.

How to go 남국사 수국길 찾아가기

자동차 내비게이션에 '아라일동 499-3' 입력 후 출발. '남국사'로 입력하면 주차 공간이 없는 뒤쪽으로 안내할 수 있으니 주의. 일주문 옆에 산책로 입구가 있다.

버스 ❶ 제주국제공항1 정류장표선·성산·남원에서 112, 122, 132번 탑승 → 7개 정류장 이동, 25분 소요 → 제주대학교 입구 정류장 하차 → 도보 8분 ❷ 제주버스터미널 정류장에서 212, 222, 232, 281번 버스 탑승 → 16개 정류장 이동, 24분 소요 → 남국사 정류장 하차 → 도보 5분 ❸ 270, 341, 342, 345, 346, 351, 352, 356, 356-1, 360, 365, 366, 441, 442, 446, 447, 455, 477번 버스 탑승하여 남국사 정류장 하차

Walking Tip 남국사 수국길 탐방 정보

❶ **걷기 시작점** 일주문 왼쪽 '법당 가는 길'이란 표지판부터 숲길 산책로가 시작된다.

❷ **트레킹 코스** 삼나무 숲길을 따라 법당 앞 잔디밭까지 가면 정원이다. 코스가 짧아 좀 아쉽다면 남국사와 연결하여 하늘에 제사 지내는 산천단이나 제주대로 코스를 확장하는 것도 좋다. 남국사 정류장에서 버스로 두 정거장만 가면 산천단이다. 도보로는 약 22분 걸린다. 제주대학교 쪽으로 가고 싶으면 버스로 일곱 정류장, 도보로는 30분 정도 가면 된다.

❸ **준비물** 운동화, 모자, 선크림, 선글라스, 생수

❹ **유의사항** 사찰이므로 조용히 머물다 가자.

❺ **기타** 소산오름과 산천단까지 걸으면 상쾌한 트레킹을 즐길 수 있다. 버스도 많이 다녀 되돌아오기 편리하다.

HOT SPOT

산천단

행복을 주는 아라동 쉼터

아라동엔 제주 사람들이 오랫동안 하늘에 제를 지낸 '산천단'이 있다. 수령 600년이 넘는 곰솔군락이 제단을 지킨다. 바로 옆 언덕의 볕 좋은 자리엔 벤치가 있고, 핸드드립 커피를 파는 카페 '바람'도 있어 쉬어가기 좋다.

🚶 남국사에서 자동차로 3분 📍 제주시 아라일동 375-3 ⓘ 주차 가능

 HOT SPOT

소산오름

휴양 즐기기 좋은 편백 숲

산천단 입구 쪽에서 곰솔 나무 뒤로 이어진 언덕 길로 가면 빽빽한 대나무 숲이 나타난다. 대나무 숲 따라 힘들지 않은 오르막을 5분 정도 오르다 보면 '소산오름 편백숲'이 나온다. 편백나무 숲은 2012년 여름 단장한 '아라동 역사문화 탐방로'의 일부다. 상쾌한 피톤치드를 뿜어내는 비밀의 편백숲에는 휴식용 평상이 여럿 있어 휴양을 즐기기 좋다.

🚶 남국사에서 자동차로 4분, 산천단에서 편백숲까지 도보 6~7분 📍 제주시 아라일동 산31-8 ⓘ 주차 가능

아라동 역사문화 탐방로 제주의 자연을 있는 그대로 즐길 수 있는 탐방로로, 모두 2개의 코스가 있다. 1코스는 소산오름 이웃인 '삼의악'을 너머 관음사까지 이어지는 4km 길이다. 2코스는 소산오름 편백숲을 지나 산천단까지 가는 1.5km 길이다.

 RESTAURANT

넝쿨하늘가든

몸보신과 해장에 좋은 오리탕

'든든한 한 뚝배기'라는 말이 제대로 어울리는 오리탕 전문점이다. 도민들 사이에서 모르는 이 없는 맛집인데, 위치는 조금 외진 곳에 있다. 구수한 된장 베이스의 육수 안에 오리고기와 채소가 듬뿍. 매콤함보다는 고소한 풍미가 진해 편하게 먹을 수 있다. 3명 이상이면 전골을 시켜서 더욱 푸짐하게 즐겨보자.

🚶 남국사에서 자동차로 6분 📍 제주시 대원북길 21
📞 064-744-7555 🕐 10:00~15:30(일요일 휴무) ⓘ 주차 가능

RESTAURANT

가시식당 2호점

가시리의 그 맛 그대로

표선읍 중산간 가시리의 명물 식당이 제주시에 분점을 냈다. 메뉴는 수육, 순대, 고기국수, 구이, 몸국 등이며, 가장 인기 있는 건 두루치기다. 빨갛게 양념한 돼지고기에 콩나물과 파무침, 무생채를 자작하게 볶아 먹는다. 모자반과 메밀이 들어가 걸쭉하고 불그스름한 몸국은 서비스다.

🚶 남국사에서 자동차로 11분 📍 제주시 구남로4길 6 📞 064-722-1035 🕐 10:00~21:00(일요일 휴무) ⓘ 주차 가능(가게 앞 또는 근처 공영주차장)

CAFE

프로파간다

커피에 집중하고 싶은 순간

제주대학교 병원 앞 빌라 건물 1층에 들어선 작은 커피 전문점이다. 매장은 무척 깔끔하다. 모든 것이 커피만을 위해 준비되어 있다. 원두를 고르면 핸드드립으로 정성스럽게 내려준다. 디저트도 심플하다. 커피를 사랑하는 사람에게 소중한 시공간을 마련해 준다.

🚶 남국사에서 자동차로 4분 📍 제주시 아란11길 9-13 1층
📞 010-3326-6467 🕐 매일 09:00~21:00(라스트오더 20:00)
ⓘ 주차 가능(바로 앞 무료 공영주차장)

제주대-정실마을 벚꽃길

시작점 제주시 제주대학로 102(제주대학교 아라캠퍼스)

코스 길이 제주대학교 벚꽃길 1.8km 포함 약 9.3km(탐방 시간 3시간, 탐방로 상태 상, 인기도 상, 난이도 하, 접근성 상)

편의시설 갓길 주차 라인, 제주대학교 내 주차장 및 화장실

여행 포인트 벚꽃 그늘 아래에서 캠퍼스 낭만 즐기기, 제주대에서 정실마을까지 이어지는 벚꽃 터널 걷기

상세경로

| | 0.5km | | 0.4km | | 0.9km | | 1km | |
| 제주대학교 정문 | | 제주대학교 본관 앞 | | 해양대학, 자연과학대학 | | 제주대학교 정문 | | 제주대사거리 |

| | 0.4km | | 0.4km | | 3.6km | |
| KCTV 제주방송국 입구 | | 아연, 오남 교차로 제주교도소 입구 사거리 | | 온난화대응 농업연구소 입구 | | |

화양연화, 왕벚꽃 터널 산책

제주대학교는 손꼽히는 벚꽃 명소이다. 1983년 개교 30주년 기념으로 제주 고유종인 왕벚나무를 심어 아름다운 산책로와 교정을 만들었다. 해발 400m에 있어 제주의 다른 벚꽃 명소보다 조금 늦게 꽃망울을 터뜨린다. 벚꽃길 산책은 제주대학교 캠퍼스에서부터 시작한다. 새 학기가 시작된 캠퍼스는 낭만이 가득하고, 풋풋한 대학생들의 꿈이 더해져 만개한 벚꽃이 더욱 화사하고 아름답다. 벚나무 아래 잔디밭에는 만우절이 되면 고등학교 때 입던 교복을 입은 대학생들이 둘러앉아, 잠시 과거 여행을 하며 잊지 못할 봄날의 추억을 만든다. 캠퍼스뿐 아니라 제주대사거리까지 약 1km 거리에 키 높은 벚나무가 터널을 이루고 있다. 그 아래에서 사람들은 봄을 만끽하고, 푸드 트럭은 짧은 대목으로 성시를 이룬다. 여기서 끝이 아니다. 벚꽃길은 다시, 제주대사거리부터 연동 정실마을까지 아주 길게 이어진다. 정실마을의 벚꽃 터널 또한 제주대에 뒤지지 않는다. 눈 멀미가 화사한 벚꽃을 만끽해보자. 바람이라도 불면 하늘에서 살랑살랑 연분홍 꽃비가 내린다.

How to go 제주대 벚꽃길 찾아가기

자동차 내비게이션에 '제주대학교 아라캠퍼스' 찍고 출발. 제주대 주차장에 주차

버스 ❶ 제주국제공항 3번 정류장용담, 시청[북]에서 365번 승차 → 28개 정류장 이동, 50분 소요 → 제주대학교 정류장 하차 → 제주대캠퍼스 도보 1분

❷ 제주국제공항 2번 정류장에서 181번 승차 → 6개 정류장 이동, 제주대학교병원(서) 정류장 하차 → 360, 356, 345, 365, 346, 270, 345, 352, 346, 3003번 승차하여 제주대학교 정류장 하차최단시간 → 제주대캠퍼스 도보 1분

❸ 181, 122, 360, 356, 455, 447 승차하여 제주대학교 정류장 하차

Walking Tip 제주대 벚꽃길 탐방 정보

❶ 걷기 시작점 제주대학교 아라캠퍼스에서 시작한다.

❷ 트레킹 코스 제주대 입구에서 제주대학교 교정으로 진입하여 본관, 해양대학, 자연과학대학까지 벚꽃길 따라 한 바퀴 돌고, 다시 캠퍼스 밖으로 나와 제주대사거리까지 이어지는 벚꽃 터널을 걸으며 꽃길을 만끽한다.1시간 소요. 이어서, 정실마을까지 이어지는 벚꽃길을 산책한다.약 2시간 소요.

❸ 준비물 운동화, 모자, 선크림, 선글라스, 생수

❹ 유의사항 제주대학교 캠퍼스에 주차할 땐 요금이 부과된다. 제주대 입구에도 주차할 공간이 있다. 제주대-정실 벚꽃길은 차량이 많이 다닌다. 도로로 나와 사진을 찍지 말자.

❺ 기타 제주대학교는 학생들과 교직원들이 이용하는 공공시설이다. 쓰레기를 잘 정리하고 에티켓을 지키자.

Travel Tip 제주대 벚꽃길 주변의 명소·맛집·카페   📷 🍴 ☕

 HOT SPOT

제주대 은행나무 길

가을마다 걷고 싶은

제주대학교는 손꼽히는 벚꽃 명소이지만 가을이면 언제 그랬냐는 듯 전혀 다른 화장을 하고 여행자를 유혹한다. 제주대학교 사거리에서 벚꽃길을 따라 중간쯤 가면 오른쪽으로 난 은행나무 길이 보인다. 교직원 아파트로 가는 진입로이다. 10월이 되면, 정확하게는 개천절 전후로 은행잎이 노랗다 못해 노을빛을 띤다. 노랑의 향연! 너무 낭만적이어서 시 한 편 쓰고 싶어진다. 🚶 제주시 제주대학로 64-29 아라인빌 제대아파트

 RESTAURANT

한데모아 정실점

모든 음식이 대표 메뉴

호텔 총주방장 출신 셰프가 요리하는 식당이다. 한데 모은 다양한 요리를 최고의 퀄리티로 만날 수 있는 곳이다. 접짝뼈국, 수제흑돼지돈가스, 흑돼지뚝배기비빔밥, 흑돼지집된장찌개, 볶음짜장면 등 모든 음식이 대표 메뉴라고 할 만큼 하나같이 맛이 좋다. 음식 종류가 다양해 골라서 먹는 재미가 있다. 밑반찬도 셰프가 정성스레 손수 만든다. 건강하면서도 특별한 식사가 될 것이다.

🚶 KCTV 방송국 입구에서 정실마을 방면 1.8km ⊙ 제주시 아연로 182 📞 064-749-2290 🕐 09:00~21:00(라스트오더 20:30) ⓘ 가게 건너편 넓은 주차장

 CAFE

오드씽

벌써부터 핫한 신상 카페 & 펍

카페 규모에 놀라고 분위기에 놀라는 곳. 2021년에 생긴 맨도롱또똣따끈 따끈한 신상 카페이자 펍이다. 카페 이름은 바로 옆에 오드싱오름에서 따왔다. 커피, 베이커리, 식사 그리고 술 종류까지 다양하다. 내부 인테리어가 마치 유럽의 대성당처럼 웅장하다. 야외에는 넓은 잔디밭과 풀장이 있으며, 여름에는 수영장도 이용할 수 있다. 야외에서는 종종 플리마켓이 열린다. 저녁이 되면 음악 공연이 열리기도 한다. 오드씽은 더 설명이 필요 없는 곳이다. 먹고 마시고 즐기는 곳이다. 🚶 제주대학교에서 자동차로 약 7분 ⊙ 제주시 고다시길 25 📞 070-7872-1074 🕐 10:00~00:00 ⓘ 주차 가능

CAFE

카페유지웍스

독특한 건축미로 핫플이 된 카페

새로 생긴 신상 카페로, 생기자마자 큰 인기를 끌기 시작했다. 1,000평 규모의 부지에 피라미드 모양의 카페 건물과 조경이 멋지게 조화를 이루고 있다. 이성범 건축가가 최대한 자연을 살리면서 지었다고 한다. 카페는 전정, 중정, 후정으로 나누어져 있다. 오랜 세월을 지켜온 거대한 나무들이 웅장한 분위기를 느끼게 해 준다. 직접 로스팅한 다양한 커피를 즐길 수 있다. 베이커리 메뉴도 다채롭다. 기념품도 판매한다. 🚶 오남로, 아연로 교차로에서 북쪽(제주아트센터)으로 도보 4분(300m) ⊙ 제주시 오남로 297 📞 064-901-3999 🕐 11:00~22:00(라스트오더 21:00, 노 키즈·노 펫 존) ⓘ 주차 가능

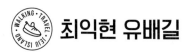

최익현 유배길

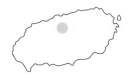

시작점 제주시 연사길 142(연미마을회관)

코스 길이 약 5.5km(탐방 시간 2시간 30분~3시간, 탐방로 상태 상, 인기도 하, 난이도 하, 접근성 상)

편의시설 주차장, 화장실(민오름, 방선문), 산책로, 전망대, 운동기구

여행 포인트 면암 최익현의 스토리 알아보기, 연미마을 4.3 방화사건의 진실 알아보기, 조설대에서 유림들의 항일 정신 기리기, 민오름 정상 전망 즐기기, 정실마을 벚꽃길 만끽하기

상세경로

연미마을 회관 —130m— 문연사, 조설대 —1.0km— 민오름 —1.2km— 정실마을 —2.2km— 오라골프장 입구 —800m— 방선문 계곡

최익현의 강직한 기개와 충심을 기리다

제주는 예로부터 척박하고 육지에서 멀리 떨어져 있어 유배지로 많이 활용되었다. 이익, 송시열, 광해군, 김정희, 최익현 등이 제주도로 유배를 왔고, 아직도 곳곳에 그들의 자취가 남아 있다. 최익현 유배길은 조선의 마지막 자존심을 지킨 선비 의병장 최익현의 강직한 기개와 충심을 기리는 길이다. 이 길은 연미마을회관_{오라동}에서 시작하는데, 이곳은 최익현이 유배 생활을 했던 아전의 집이 있던 곳이다. 최익현_{1833~1906}은 1873년 대원군의 실정에 대한 상소를 올렸다가 문제가 되어 제주 오라동 아전의 집에 위리안치되었다. 그의 유배 기간 3년 동안 많은 유림이 이곳을 방문하였다. 연미마을회관에서 조금 걸어가면 조설대가 나오는데, 이곳은 최익현의 영향으로 제주 유림이 모여 일본에 거세게 저항했던 곳이다. 이어 제주시민의 휴식처인 민오름_{순수 오름 높이 117m, 해발 높이 251.7m} 지나, 봄이면 벚꽃이 아름다운 정실마을과 오라동골프장 길을 걸어가면, 방선문 계곡에 다다른다. 최익현은 유배를 마치고 집으로 돌아가기 전 방선문 계곡을 지나 한라산과 천불암에 올랐다.

최익현은 누구인가?

조선 말 나라를 지키기 위해 대원군, 명성황후, 고종과의 갈등도 개의치 않았던 진정한 선비이다. 일본의 침략이 본격화되자 일본의 차관을 금지하고 친일매국노들의 처단을 요구하다 향리로 압송당하였다. 1905년 을사늑약이 체결되자 74세의 백발노인 최익현은 항일의병운동을 전개하였다. 이후 대마도에 유배되어 단식을 거듭하다 병을 얻어 숨졌다.

How to go 최익현 유배길 찾아가기

자동차 내비게이션에 '연미마을회관' 입력 후 출발
버스 ❶ 제주국제공항 6번 정류장노형, 연동에서 365번 탑승 → 5개 정류장 이동, 10분 소요 → 도호동(북) 정류장 하차 → 도보 3분, 227m → 도호동(남) 정류장에서 437번으로 환승 → 2개 정류장 이동, 4분 소요 → 연미마을회관(서) 정류장 하차 → 도보 1분 → 연미마을회관
❷ 그밖에 434, 435번 탑승하여 연미마을회관 정류장 하차

Walking Tip 면암 유배길 트래킹 정보

❶ 걷기 시작점 제주시 오라이동의 연미마을회관에서 시작한다. 종점은 방선문 계곡이다.
❷ 트래킹 코스 연미마을회관에서 출발하여 문연사, 조설대, 민오름 지나, 정실마을과 오라CC 입구를 걷다 보면 종점인 방선문 계곡에 다다른다. 봄이라면 정실마을에서 제주대학교까지 이어지는 벚꽃길, 또는 오라골프장 겹벚꽃 길에서 봄의 정취를 만끽하자. 시간 여유가 있다면 종점인 방선문 계곡에서 열안지오름까지 연장하여 걸어보자. 열안지오름은 편백 숲이 우거져 있으며, 야생화가 많고 가을이면 억새가 절경을 이룬다.
❸ 준비물 운동화, 모자, 선크림, 선글라스, 생수
❹ 유의사항 코스 중간의 정실마을과 방선문 계곡으로 향하는 연북로 등은 차가 많이 다니니 주의해야 한다.
❺ 기타 민오름은 제주시민들이 즐겨 찾는 곳으로, 정상까지 왕복 1시간 정도 걸린다. 둘레길 산책로도 잘 정비되어 있다. 정상에서

는 사방의 시야가 트여 있어, 북쪽으로는 바다를 남쪽으로는 한라산을 한눈에 담기 좋다. 정실마을은 3월 중순~4월 초순에 가면 벚꽃길로 유명하다. 수십 년 된 큰 벚나무들이 제주대학교까지 길게 이어져 있어 산책이나 드라이브 즐기기 좋다. 방선문 계곡에 다다르기 전 거치는 오라골프장 길은 벚꽃이 진 4월 초~4월 말 겹벚꽃이 피어나 볼거리를 선사한다.

HOT SPOT

방선문 계곡

신선이 찾아 들어오는 문

한천계곡 한가운데의 대문 모양 큰 바위를 방선문이라 부르고, 그 주변을 방선문 계곡이라 한다. 방선문은 신선 세계로 통하는 문이라는 뜻으로, 영주12경 중 하나인 '영구춘화'이다. 신선 세계와 인간 세계 경계의 절경을 보여준다. 예로부터 문인들이 이곳의 깎아지른 절벽과 계곡에서 풍류를 즐기며 바위 곳곳에 글을 남겼고, 현재 50여 개의 마애명이 남아 있다. ⓐ 제주시 오라이동 3819-11 ⓘ 주차 가능

RESTAURANT

정실곤드레집

마음까지 건강해지는 상차림

오라이동 정실마을에 있다. 신선한 식재료로 만든 건강한 밥상을 내어주는 곳이다. 자극적인 입맛에 길들은 현대인에게 가끔은 이런 식사도 필요하지 않을까 하는 생각이 든다. 대표 메뉴는 곤드레밥과 불고기곤드레밥이다. 돌솥에 바로 지어 내준다. 밑반찬은 주인이 직접 재배하거나 지인의 밭에서 수확한 재료로 만든다. 밥은 찰지고 반찬은 남기기에는 너무 아까울 정도이다. 🚶 민오름 남쪽 정실마을에 위치 ⓐ 제주시 아연로 176 📞 064-726-2226 ⓒ 11:00~20:00(브레이크타임 14:30~17:00, 라스트오더 19:20, 일요일 휴무) ⓘ 주차 가능

CAFE

제주 콜로세움

민오름 중턱의 산속 카페

도심에 있지만, 산속에 있는 카페이다. 규모가 매우 큰 편이며, 매일 아침 빵을 구워 고소한 향이 주변에 가득 퍼진다. 그날 구운 빵은 당일 판매를 원칙으로 하니, 빵의 신선도는 보장한다. 빵마다 굽는 시간이 조금씩 다르니 시간을 확인하고 방문하면 더 좋다. 카페 테이블이 널찍널찍 떨어져 있어 여유롭게 즐기기 좋다.
🚶 민오름 입구에서 도보 1분 ⓐ 제주시 오라이동 3236-1
📞 064-744-8889 ⓒ 09:00~21:00 라스트오더 20:00 ⓘ 주차 가능

절물자연휴양림

시작점 제주시 명림로 584 전화 064-728-1510

코스 길이 **산책 탐방 코스** 약 2km(탐방 시간 1시간, 인기도 상, 탐방로 상태 상, 난이도 중, 접근성 상)

산책+오름 탐방 코스 약 3.6km(탐방 시간 2시간, 인기도 상, 탐방로 상태 중, 난이도 중~상, 접근성 상, 인기도 상)

운영시간 **하절기**(3월~10월) 07:00~18:00 **동절기**(11월~2월) 07:00~17:00 입장료 300원~1,000원

편의시설 통나무집, 세미나실, 레포츠시설, 약수터, 주차장, 화장실, 산책로, 전망대, 놀이터, 평상

여행 포인트 삼나무 숲에서 힐링하기, 소나무 숲 만끽하기, 절물오름 정상에 올라 제주 시내와 한라산 풍경 감상하기

상세경로

산책 탐방 코스

	10m	657m	900m	285m	245m	
매표소 옆 분수대	삼울길 시작	절물오름 입구· 오름길 시작	방문자 센터· 만남의길 시작	물이흐르는건강 산책로 시작	분수대

산책+오름 탐방 코스

	10m	657m	800m	150m	150m
매표소 옆 분수대	삼울길 시작	절물오름 입구· 오름길 시작	분화구 도착	제1전망대	제2전망대

245m	285m	900m	970m	300m
분수대	물이흐르는건강 산책로 시작	방문자 센터· 만남의길 시작	절물오름 입구· 생이소리길 시작	장생이숲길 연결 지점

삼나무 숲에서의 완벽한 힐링

제주시 봉개동 절물오름 아래에 있는 자연휴양림이다. 1995년에 개장하였다. 휴양림 안으로 들어서면 30~40년이 넘은 삼나무 숲이 피톤치드를 뿜려주며 당신을 반긴다. 애초 제주도의 삼나무는 일제가 전쟁물자로 활용하기 위해 심었다. 이후 농민들이 감귤나무 보호를 위해 방풍림으로 심기 시작했다. 절물휴양림의 삼나무 숲은 산바람과 해풍을 불러들여 한여름에도 시원하게 해준다. 그늘 밑에는 나무 평상과 의자가 많아 삼림욕을 즐기며 힐링하기 좋다. 매표소 옆 분수대에서 삼울길로 접어들면 힐링이 시작된다. 삼울길은 '삼나무가 울창한 숲길'이라는 뜻이다. 목재데크길 무장애길 따라 유모차나 휠체어 진입도 가능하다. 절물오름 입구 지나 생이소리길로 접어들어 조금 걸어가면 신경통과 위장병에 특효약이라고 전해지는 약수터가 나온다. 이후 만남의 길과 물 이흐르는건강산책로를 지나면 다시 분수대에 도착한다. 경사가 완만하여 편안히 걸을 수 있다. 휴양림 중앙부에 절물오름 순수오름높이 147m이 있다. 추천한 산책 탐방로를 걷다가 오름 입구에서 안내 표지를 따라 오르면 된다. 25분 남짓이면 정상에 오를 수 있다.

절물자연휴양림 숲 해설 안내
월요일 10:00, 11:00, 14:00(2팀) **화~금요일** 10:00, 14:00 **토·일요일** 10:00, 11:00, 14:00, 15:00

How to go　절물자연휴양림 찾아가기

자동차 내비게이션에 '절물오름' 입력 후 출발. 매표소에서 입장권 구매 후 걷기 시작.

버스 ❶ 제주국제공항 1번 정류장표선, 성산, 남원에서 111번 탑승 → 4개 정류장 이동, 27분 소요 → 봉개동(서) 정류장 하차하여 344번으로 환승 → 14개 정류장 이동, 12분 소요 → 제주절물자연휴양림 정류장 하차 → 도보 3분, 155m → 절물자연휴양림 ❷ 봉개동(서) 정류장에서 343번 승차하여 제주절물자연휴양림 정류장 하차

콜택시 제주개인브랜드콜 064-727-1111, 제주사랑호출택시 064-726-1000

Walking Tip　절물자연휴양림 탐방 정보

❶ **걷기 시작점** 매표소 부근 분수대에서 시작한다. 분수대 주변에 세 갈래 길이 있는데, 맨 오른쪽 길이 힐링 숲이 시작되는 삼울길이다.

❷ **트레킹 코스** 산책탐방코스는 매표소 부근 세 갈래 길에서 삼울길로 접어들어 생이소리길, 만남의길, 물이흐르는건강산책로 지나 다시 분수대 쪽으로 나오는 코스이다. 산책+오름 탐방 코스는 삼울길 지나 절물오름 입구에 도착 후 생이소리길로 진행하지 않고, 오름길 따라 절물오름 분화구로 향하면 된다. 분화구 순환로를 시계 반대 방향으로 돌아 나온다. 분화구 순환로에는 전망대가 2개 있으며, 날이 좋으면 동쪽으로는 성산일출봉, 서쪽으로는 무수천, 남서쪽으로는 한라산, 북쪽으로는 제주 시내를 한눈에 담을 수 있다. 절물오름 탐방에만 1시간 정도(1.6km) 걸린다. 오름에서 내려와 다시 생이소리길로 접어들어 만남의길, 물이흐르는건강산책로 지나 분수대 쪽으로 나오면 된다.

❸ **준비물** 등산화 또는 트레킹화, 모자, 선크림, 선글라스, 생수, 간식

❹ **유의사항** 여러 코스가 연결되어 있으므로, 휴양림에서 지도를 챙기자. 특히 장생의숲길과 숫모르편백숲길은 코스가 기므로 사전 준비를 더 해야 한다. 숫모르편백숲길 종착지인 한라생태숲에 도착하면 버스를 이용할 수 있다. 종종 뱀이 나타나므로 조심하자.

❺ **기타** 산책로는 대체로 경사가 완만하여 느긋하게 걷기 좋다. 6~7월이면 산책로에 산수국이 아름답게 피어난다. 비가 오거나 안개가 낀 날에는 숲의 향기와 운치가 한층 더 깊어진다.

더 걷고 싶다면 장생의숲길, 숫모르편백숲길, 너나들이길로!

추천 코스보다 확장하여 걷고 싶으면 장생의숲길, 숫모르편백숲길, 너나들이길도 있다. 분수대 지나 삼울길을 약 300m 정도 걸어가면 장생의숲길 입구가 나온다. 장생의숲길은 부드러운 흙길로 거리는 11.1km3시간 30분 소요이다. 절물오름 북쪽을 휘감아 돌아오는 길이다. 오후 2시 이후에는 출입이 금지된다. 장생의숲길이 시작되는 곳부터 일부 구간은 숫모르편백숲길과 겹친다. 숫모르편백길은 노루생태관찰원, 절물오름, 한라산생태숲을 연결하는 8km의 길로 2시간 30분 이상 소요된다. 한라산 둘레길 8구간으로 길이 평탄하고 숲이 울창하여 인기가 많은 편이다. 너나들이길은 절물오름 남쪽을 반원형 모양으로 걷는 길이다. 삼울길, 장생의숲길 입구, 실내산림욕체험관 지나

면 장생의숲길 출구가 나오고, 거기서 조금 더 가면 절물오름 입구 못미처 너나들이길 진입로가 나온다. 3km 거리이며 데크 길이고 계단이 없어 걷기 좋다. 1시간 30분 정도 걸린다. 너나들이길을 걸어 나오면 왕복 1.4km 의 생이소리길과 연결된다. 절물휴양림 동쪽에 낸 데크 길이다.

Travel Tip 절물자연휴양림 주변의 명소와 맛집

📷 HOT SPOT
노루생태관찰원

노루도 만나고 오름 트레킹도 즐기고

노루는 사슴과에 속하는 작고 귀여운 동물이다. 제주의 숲에서 종종 마주칠 수 있는데, 겁이 많아 금세 도망간다. 절물휴양림 에서 가까운 노루생태관찰원에 가면 노루를 가까이서 만날 수 있다. 시간에 맞추어 가면 먹이 주기 체험도 할 수 있다. 노루생 태관찰원은 거친오름 동쪽 기슭에 있다. 시간이 된다면 오름 여 행을 해도 좋을 것이다. 이름처럼 산세가 험하지만, 코스를 잘 정비해 놓아 비교적 쉽게 다녀올 수 있다.

🚶 절물자연휴양림에서 자동차로 2분, 도보 10분
📍 제주시 명림로 520 📞 064-728-3611
🕐 3월~10월 07:00~18:00, 11월~2월 07:00~17:00
ⓘ 주차 단독 주차장, 노루 먹이 주는 시간 오전 8시 30분, 오후 4시

🍴 RESTAURANT
봉개족탕순대 본점

성시경이 극찬한 맛집

척박한 제주에서는 돼지의 발목 아랫부분 발을 보양식으로 만 들어 먹었는데, 이를 아강발탕이라 했다. 이는 가난했던 제주 사 람들의 삶의 애환이 담긴 음식이다. 하지만 콜라겐이 가득한 돼 지 족발에 메밀가루를 풀어 걸쭉하게 끓여 깔끔하고 구수하다. 부추와 새우젓으로 간을 하면 감칠맛이 난다. 서비스로 돼지 허 파와 간도 조금 나온다. 순대국밥도 맛있다.

🚶 절물자연휴양림에서 자동차로 10분(약 7km)
📍 제주시 삼봉로 329 📞 064-721-082
🕐 매일 08:30~21:00(금요일 휴무)
ⓘ 주차 자체 주차장

서우봉 둘레길

시작점 제주시 조천읍 함덕리 250-2

코스 길이 1.3km(탐방 시간 40분, 인기도 상, 탐방로 상태 상, 난이도 하, 접근성 중)

편의시설 주차장, 화장실, 산책로

여행 포인트 함덕해수욕장에서 바다 즐기기, 유채꽃과 해안 절경 감상하기

상세경로

```
        300m              740m              300m
  ●───────────○─────────────────────●───────────●
서우봉 주차장    갈림길            서우봉 둘레길   서우봉 주차장
```

에메랄드빛 바다를 눈에 넣으며

서우봉순수 높이 106m은 함덕해수욕장 동쪽에 있는 오름이다. 물소가 막 바다에서 기어 올라온 형체라 서우봉이라 부른다. 입구에서 천천히 300m 정도 오르면 서우봉 둘레길과 산책로로 나뉘는 갈림길에 도착한다. 둘레길은 정비가 잘돼 노약자나 어린아이들도 걷기 좋다. 걷다 보면 눈앞엔 푸른 바다가, 뒤로는 한라산과 중산간의 오름 풍경이 펼쳐진다. 바다를 끼고 걷는 둘레길 주변에는 계절마다 다양한 꽃들이 피어난다. 유채꽃과 메밀꽃, 청보리, 코스모스 등이 만개할 때면 함덕 바다를 배경 삼아 사진 찍으려는 인파로 더욱 붐빈다. 둘레길을 걷다 보면 '졸바로 갑서게 푸더지민 하영아파'똑바로 보고 가십시오. 넘어지면 많이 아픕니다 같은 센스 넘치는 제주어를 새긴 이정표를 만나게 된다. 정독하며 걸으면 둘레길 산책이 더 행복해진다. 서우봉 둘레길은 올레 19코스의 해안길과도 연결되며, 아름다운 낙조로도 유명하다. 서우봉 산책로는 정상부로 올라가 서모봉남쪽 봉우리과 망오름 주변까지 한 바퀴 돌 수 있는 코스이다. 약 2.5km 정도인데, 대략 한 시간쯤 소요된다.

How to go 서우봉 찾아가기

자동차 내비게이션에 '제주시 조천읍 함덕리 250-2'를 입력 후 출발

버스 ❶ 제주국제공항 3번 정류장용담, 시청에서 344번 탑승 → 10분 소요 → 제주버스터미널 정류장종점 방면 하차 → 도보 1분 → 제주버스터미널 정류장에서 201번으로 환승 → 42분 소요 → 함덕리 정류장 하차 → 713m → 서우봉 ❷ 그밖에 101, 201, 300, 311, 312, 325, 326, 341, 342, 348, 349, 380, 701-2, 702-2, 703-2, 704-1, 704-2, 703-3, 704-4번 승차하여 함덕환승정류장함덕해수욕장 하차. 서우봉 둘레길 입구까지 도보 12분

콜택시 조천읍 교래번영로콜택시064-727-0082, 조천만세콜택시 064-784-7477, 조천/함덕콜택시 064-784-8288

Walking Tip 서우봉 둘레길 탐방 정보

❶ 걷기 시작점 함덕해수욕장 옆 서우봉 입구 주차장에서 시작한다.

❷ 트레킹 코스 서우봉 주차장에서 출발하여 서우봉 둘레길을 돌아 다시 서우봉 주차장으로 나오는 둘레길 코스를 추천한다. 시간 여유가 있다면 서우봉 산책길 약 2.5km를 따라 트레킹 해도 좋다. 사라봉 산책길 트레킹까지 포함하여 2시간 정도 소요된다.

❸ 준비물 운동화, 모자, 선크림, 선글라스, 생수

❹ 유의사항 이정표에 출입 금지나 주의할 내용을 안내해 놓았는데, 되도록 따르는 것이 좋다. 주차공간이 여유가 없어 도로변에 주차하는 경우가 많은데 차량 운행에 피해가 되지 않도록 주차하는 센스가 필요하다. 주차공간이 없다면 가까운 함덕해수욕장 공용주차장을 이용해도 좋다.

❺ 기타 탐방길 중간에는 화장실이 없다. 주차장에 마련된 화장실을 이용하자.

Travel Tip 서우봉 둘레길 주변의 명소·맛집·카페   📷 🍽 ☕

📷 HOT SPOT

함덕해수욕장

제주의 몰디브

함덕해수욕장 일대는 원래 바다였다. 아주 먼 옛날 수면이 낮아지더니 은빛 모래가 반짝이는 해변이 요술처럼 나타났다. 해수욕장 중간엔 바닷가로 돌출한 암석 올린여가 있다. 이 현무암 위에 구름다리를 놓았는데, 다리를 오가며 바다 위를 걷는 기분을 느낄 수 있다. 조개껍질이 잘게 부서져 만들어진 모래는 더없이 곱고 눈부시다. 🚶 서우봉에서 도보 6분 📍 조천읍 조함해안로 525

제주항일기념관

제주 항일독립운동의 역사를 담다

제주 항일독립운동에 관한 역사적 자료를 모아놓은 기념관이다. 전시실과 영상관 자료실 등이 있다. 항일 관련 문서들과 독립운동가 사진, 영상필름, 기증자료 등이 빼곡히 전시되어 있다. 제주에서 첫 만세운동이 벌어졌던 기념관 앞 미밋만세동산에는 기념탑이 세워져 있다. 광장엔 항일지사 묘역도 조성되어 있다.

🚶 서우봉에서 자동차로 6분
📍 제주시 조천읍 신북로 303 📞 064-783-2008
🕐 09:00~17:00(1월 1일, 설날 연휴, 추석 연휴 휴관) ⓘ 주차 가능

🍽 RESTAURANT
대성아귀찜

아귀찜의 레전드

함덕해수욕장에서 가까운 아귀찜 전문점이다. 말린 통아귀를 사용하여 살이 튼실하고 양념과 콩나물의 조화가 좋다. 양이 넉넉한 편이어서 가족 단위로 식사하기 좋다. 제주의 아귀찜 전문점들은 육지와 다르게 밑반찬이 화려하거나 마지막에 볶음밥을 해주지 않으니 당황하지 않길. 현지인 맛집이어서 재료가 떨어지면 문을 닫는다.

🚶 서우봉에서 자동차로 4분
📍 제주시 조천읍 함덕3길 4 📞 064-784-0975
🕐 10:30~20:30(일요일 휴무) ⓘ 주차 가능

☕ BAKERY
오드랑베이커리

함덕의 '빵지 순례' 명소

제주 빵집 투어에서 빠지지 않는 곳이다. 시그니처 메뉴 '마농바게트'로 유명하다. 흔히 마늘빵이라 불리는데, 겉은 바삭하고 속은 촉촉하여 한번 맛보면 반드시 또 방문하게 된다. 마늘 향이 강하지만 아주 맛있다. 크림치즈가 듬뿍 들어간 어니언 베이글도 일품이다. 함덕해수욕장 뒤편 대명리조트 후문 앞에 있고, 아침 7시부터 영업을 시작한다.

🚶 서우봉에서 도보 9분, 자동차로 1분
📍 제주시 조천읍 조함해안로 552-3 📞 064-784-5404
🕐 07:00~22:00 ⓘ 주차 가능

북촌마을 4·3길

시작점 제주시 조천읍 북촌3길 3(너분숭이기념관)

코스 길이 7km(탐방 시간 2시간, 인기도 중, 탐방로 상태 상, 난이도 중, 접근성 중)

편의시설 주차장, 화장실, 산책로, 기념관

여행 포인트 너분숭이기념관 관람하기, 제주 4.3 탐방길 걷기, 제주 역사 탐방 하기

상세경로

	1.2km		880m		250m		250m	
너분숭이 4·3기념관 애기무덤		서우봉 일제진지동굴		북촌환해장성		가릿당		북촌포구

1.8km

	1.2km		50m		500m		600m		600m	
너분숭이 4·3기념관		당팟 정지풍낭 기념비		마당궤		포제단		찡동산		낸시빌레

〈순이 삼촌〉의 아픔이 서린 길

북촌마을은 현기영의 소설 〈순이 삼촌〉에서 등장하는 순이 삼촌의 고향이다. 제주시 동쪽 바닷가 마을로, 여행객들의 발길이 끊이지 않는 함덕과 월정리 사이에 있으며, 조용하고 한적하다. 북촌마을은 정겨운 이면에 역사의 깊은 슬픔과 아픔을 안고 있다. 북촌마을 4·3길은 그 아픈 역사를 되짚어보는 탐방길이다. 제주 4·3사건 당시 마을 사람 수백 명의 목숨이 희생된 넓은 돌밭 너븐숭이, 아기 무덤 10기가 있는 애기무덤, 순이 삼촌 기념비, 낸시빌레와 당팟 등을 돌아보며 아픈 역사를 되새길 수 있다. 북촌마을 4·3길 트레킹은 슬프고 아픈 상처를 딛고 진실과 화해, 평화와 상생의 새역사로 나아가기 위한 걷기 여행이다. 탐방길 초입의 애기무덤에는 오늘도 탐방객들이 놓고 간 과자와 사탕 그리고 장난감이 아이들의 넋을 위로해 준다. 4.3길 안내 리본은 희생의 상징 동백꽃 색과 순결을 의미하는 흰색이다. 제주에는 이곳 말고 한림의 금악마을, 표선의 가시마을, 제주시 오라동, 안덕면의 동광마을, 남원읍의 의귀마을에 4·3길이 조성되어 있다.

자동차 내비게이션에 '너븐숭이 4·3기념관' 입력 후 출발

버스 ❶ 제주국제공항 2번 정류장일주동로, 516도로에서 101번 탑승 → 삼양초등학교 정류장에 하차하여 201번 승차 → 20개 정류장 이동, 20분 소요 → 북촌리해동 정류장 하차 → 도보 7분, 419m → 너븐숭이 4·3기념관 ❷ 그밖에 704-4번 승차하여 북촌리해동 정류장 하차

콜택시 조천함덕호출택시 064-783-8288, 조천만세호출택시 064-784-7477

Walking Tip 북촌마을 4·3길 탐방 정보

❶ 걷기 시작점 너븐숭이4·3기념관에서 출발해 북촌마을 4·3 길을 한 바퀴 돌면 다시 제자리로 돌아온다.

❷ 트레킹 코스 너븐숭이기념관 일대를 돌아본 후 서우봉의 일 제진지동굴, 북촌포구, 꿩동산, 마당궤, 당팟의 정지풍낭기념비 등을 지나 다시 너븐숭이4·3기념관으로 돌아오는 코스이다. 걷 는 데만 약 2시간 정도 소요된다. 너븐숭이기념관에서 4·3길 안 내도를 챙겨 탐방하면 편하다. 제주올레 19코스와 연결되므로 확장하여 걸어도 좋다.

❸ 준비물 운동화, 모자, 선크림, 선글라스, 생수

❹ 유의사항 마을 길을 걸을 때는 최대한 조용히 걷는 게 좋다. 바람이 불 때는 정말 강하게 불고, 파도가 칠 때 는 방파제 넘어 바닷물이 밀려오기도 하니, 주의가 필요하다.

❺ 기타 너븐숭이4·3기념관에 화장실과 주차장이 있다. 문화해설사가 동행하는 프로그램은 4·3 탐방길에 얽 힌 역사와 문화 그리고 자연에 대해 정확히 알 수 있어서 좋다. 제주특별자치도 4·3지원과에 문의하면 된다. (064-710-8454)

Travel Tip 북촌마을 4·3길 주변의 명소·맛집·카페 📷 🍽 ☕

📷 HOT SPOT

김녕해수욕장

물빛이 아름다운 바다

에메랄드빛이 아름다운 바다이다. 풍력발전 단지가 있어 더 이국적 이다. 용암이 식어 만들어진 지형을 따라 지질트레일이 조성돼 있어 도보로 산책하기 좋다. 썰물이 되면 물이 빠져나간 모래사장 가운데 에 얕은 물이 넓게 고여 천연 수영장을 만들어 준다. 햇볕에 적당히 따스해진 물이 얕고 넓게 퍼져 있어 물놀이하기 좋다.

🚶 너븐숭이4·3기념관에서 자동차로 14분

📍 제주시 구좌읍 해맞이해안로 7-6

📷 HOT SPOT

돌고래 요트 투어

남방 돌고래가 재롱을 떤다

돌고래 요트 투어는 김녕항에서 출발한다. 설레는 가슴을 안고 요트에 오르면 와인과 싱싱한 회가 나온다. 바다에서 바라보는 김녕해수욕장 백사장과 해안 풍경이 아름답다. 넓은 바다로 나오면 선상 낚시도 즐길 수 있다. 게다가 김녕 바다는 생태계 최상위 포식자인 남방 돌고래가 무리를 지어 뛰노는 곳이다. 고래가 요트 주변에서 뛰놀며 사람들을 반긴다. 🚶 너븐숭이4·3기념관에서 김녕항까지 자동차로 10분 ⊙ 제주시 구좌읍 구좌해안로 229-16 📞 064-782-5271 🕐 09:00~18:00(기상 상황에 따라 변동이 있을 수 있다) ① 요금 성인 6만원, 청소년 4만원(일반 상품 기준)

🍴 RESTAURANT

곰막식당

고등어회와 성게국수 먹고 가세요

현지인 맛집이었으나 티브이 예능 프로그램에 나온 뒤 여행자 맛집이 되었다. 대표 메뉴는 성게국수와 고등어회이다. 성게국수는 성게가 푸짐한 데다 맛까지 훌륭하다. 고등어회는 지하 해수로 관리하는 덕에 늘 싱싱하게 먹을 수 있다. 식당이 자리한 동북리는 노을 명소이다. 저녁 무렵 찾는다면 입은 즐겁고 눈은 황홀할 것이다. 🚶 너븐숭이기념관에서 자동차로 5분 ⊙ 제주시 구좌읍 구좌해안로 64 📞 064-727-5111 🕐 09:30~21:00(둘째, 넷째 목요일 휴무) ① 주차 전용 주차장

☕ CAFE

아라파파 북촌

북촌 바다 오션뷰 베이커리 카페

제주시 연동 본점의 인기에 힘입어 북촌에 2호점을 오픈했다. 날씨가 좋은 날에는 북촌 앞바다가 한눈에 들어오는 야외 테이블에 앉아 커피를 마시면 행복에 빠질 수 있다. 음료와 빵만큼 수제 잼으로도 유명한데, 제주 딸기잼과 우도 땅콩 잼은 특별함 그 자체다. 주차장이 협소하다. 골목에 주차할 땐 통행에 불편함이 없도록 주의하자. 🚶 너븐숭이4·3기념관에서 자동차로 3분 ⊙ 제주시 조천읍 북촌15길 60 📞 064-764-8204 🕐 매일 10:00~18:00 ① 주차 가능

 **교래자연휴양림**

시작점 제주시 조천읍 남조로 2023

코스 길이 3.7km(탐방 시간 1시간 30분, 인기도 상, 탐방로 상태 상, 난이도 중, 접근성 상)

전화 064-783-7482

운영시간 하절기 07:00~16:00, 동절기 07:00~15:00 이용요금 성인 1000원, 청소년·군인 600원,
12세 이하 무료

편의시설 주차장, 화장실, 산책로, 자판기, 운동기구, 야영장

여행 포인트 곶자왈 숲 생태관찰, 피톤치드와 산림욕 즐기기, 아름다운 자연 만끽하기

상세경로

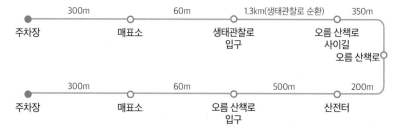

| 주차장 | 300m | 매표소 | 60m | 생태관찰로 입구 | 1.3km(생태관찰로 순환) | 오름 산책로 사이길 / 오름 산책로 | 350m |

| 주차장 | 300m | 매표소 | 60m | 오름 산책로 입구 | 500m | 산전터 | 200m |

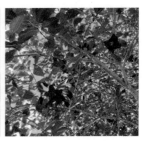

곶자왈 지대에 조성된 최초의 자연휴양림

교래자연휴양림은 휴양, 야영, 생태 체험, 삼림욕 모두를 즐길 수 있는 곳이다. 울창한 삼나무 길이 아름다운 1112번 도로를 드라이브 하다 보면 둘러볼 만한 숲길이 많이 있지만, 교래자연휴양림은 곶자왈 지대에 조성된 제주 최초의 자연휴양림으로 꼭 들러야 할 특별한 곳이다. 곶자왈은 숲을 뜻하는 '곶'과 돌과 덩굴식물이 뒤섞인 곳을 뜻하는 '자왈'을 합친 제주말로, 나무와 돌, 이끼, 수풀이 뒤섞인 제주도의 숲을 말한다. 휴양림 입구에 들어서면 탐방코스는 오름 산책로와 생태탐방로로 나뉜다. 생태탐방로만 걸어도 휴양림의 매력을 느끼는 데 충분하다. 피톤치트 가득한 휴양림 속 곶자왈 숲길을 트래킹할 때는 몸 속의 모든 긴장을 풀고 걷는 것이 좋다. 몸과 마음이 편안해지고 정신은 맑아진다. 곶자왈 숲의 아열대 식물인 처량금, 주름고사리, 개톱날고사리 등 남방계 식물은 물론 한라산 고지에서 서식하는 좀고사리도 관찰할 수 있다. 그밖에 탐방로에는 노루들의 겨울 추위 피난처인 노루골과 곶자왈에 방목된 말들을 관리하던 움막터, 숯을 굽던 가마터의 흔적도 남아있다.

How to go **교래자연휴양림 찾아가기**

자동차 내비게이션에 '교래자연휴양림' 입력 후 출발. 주차장에서 교래자연휴양림 입구까지 도보 3분

버스 ❶ 제주국제공항 3번 정류장용담, 시청[북]에서 1111번 탑승 → 2개 정류장 이동, 10분 소요 → 탐라장애인 종합복지관 정류장(남)에서 하차하여 231번으로 환승 → 30분 소요 → 교래자연휴양림 정류장 하차 → 도보 1분 → 휴양림 입구

❷ 그밖에 701-1, 701-2번 승차하여 교래자연휴양림 정류장 하차

콜택시 조천함덕호출택시 064-783-8288, 조천만세호출택시 064-784-7477

Walking Tip **교래자연휴양림 탐방 정보**

❶ 걷기 시작점 교래자연휴양림 주차장부터 시작한다. 매표소에서 입장권을 구매한다. 매표소에서 탐방로 입구까지는 도보 2분이면 충분하다.

❷ 트레킹 코스 매표소 지나 생태탐방순환로와 오름 산책로를 돌고 다시 주차장으로 돌아오는 코스이다. 총 3.7km이며 약 1시간 30분 걸린다.

❸ 준비물 운동화, 모자, 선크림, 선글라스, 생수, 모기 기피제

❹ 유의사항 곶자왈에는 독성을 가지고 있는 식물과 버섯이 곳곳에 있다. 주의가 필요하다. 일부 구간을 제외하고는 아이나 노약자가 탐방하기엔 길이 거칠다. 도민들과 관광객들이 많이 오는 곳이라 한적하고 여유 있는 탐방이 어려울 수 있다.

❺ 기타 매표소 입구에 매점이 있는데 식사 대용 메뉴도 판매하고 있다. 화장실은 탐방 전에 이용하는 게 좋다. 교래자연휴양림 길남조로 건너 바로 동쪽이 에코랜드테마파크이고 북쪽이 제주돌문화공원이다. 시간 여유 있으면 함께 둘러보기 좋다.

Travel Tip **교래자연휴양림 주변의 명소·맛집·카페**

HOT SPOT

제주돌문화공원

제주 돌 문화의 모든 것

제주 탄생신화 속 여신인 설문대할망과 그의 자식인 오백 장군을 돌로 형상화하여 전시한 공원이다. 주제가 호감도가 높은 편은 아니지만, 막상 다녀온 사람들의 만족도는 꽤 높은 편이다. 100만 평의 대지에 돌박물관, 돌문화전시관, 야외전시장, 오백장군갤러리, 용암석전시관을 갖추고 있다. 제주 사람들의 생활상이 담긴 50동 규모의 초가 마을도 눈여겨 볼만하다.

🚶 교래자연휴양림에서 자동차로 3분 📍 제주시 조천읍 남조로 2023

📞 064-710-7731 🕐 09:00~18:00(월요일 휴무)

ⓘ 입장료 3,500~5,000원 주차 가능

 HOT SPOT

에코랜드

증기 기차 타고 곶자왈 속으로

조천읍 중산간 교래곶자왈 지대에 있는 '에코'를 주제로 한 테마파크다. 테마파크 중에서 제주도에서 가장 인기가 많다. 천연 곶자왈과 숲길, 호수와 습지, 그리고 아름다운 정원을 유럽풍 증기기관차를 타고 구경할 수 있다. 좀 더 호젓한 산책을 즐기려면 화산석 '송이'가 깔린 에코로드 장거리 코스를 걸으면 된다. 수국, 메밀꽃, 억새가 계절마다 장관이다.
🚶 교래자연휴양림에서 자동차로 3분 📍 제주시 조천읍 번영로 1278-169
📞 064-802-8000 🕐 매일 08:30~18:20(입장 마감 17:00)
ⓘ 입장료 성인 10,000~14,000원

 RESTAURANT

낭뜰에쉼팡

가성비 좋은 제주식 정식

도민들과 관광객 모두에게 사랑받는 맛집이다. 낭뜰정식을 주문하면 흑돼지두루치기와 생선구이, 된장찌개에 13가지 반찬이 나온다. 제주 물가를 생각해 볼 때 13,000원에 이 정도라면 가성비가 괜찮은 편이다. 비빔밥 같은 단품 메뉴에 흑돼지제육볶음을 추가해도 된다. 점심시간에는 주차할 곳이 없을 정도니, 붐비는 시간은 피하는 것이 좋다. 🚶 교래자연휴양림에서 자동차로 9분 📍 제주시 조천읍 남조로 2343 📞 064-784-9292 🕐 09:00~20:00(수 09:~16:30, 브레이크타임 16:00~17:00, 연중무휴) ⓘ 주차 가능

 CAFE

누보

예술이 있는 갤러리 카페

제주돌문화공원 안에 있는 카페다. 제2코스의 시작을 알리는 안내판 부근 멋스러운 건물에 조용히 숨어있다. 아이스커피를 자체 제작한 캔에 담아 판매한다. 커피 맛도 훌륭하고, 자연환경도 지키니 기분도 좋아진다. 구좌당근으로 만든 주스를 비롯하여 제주산 재료로 만든 계절 주스가 인기다. 갤러리를 겸하고 있어 운이 좋으면 특별전시를 관람할 수 있다.
🚶 교래자연휴양림에서 자동차로 3분 📍 제주시 조천읍 남조로 2023
📞 0507-1375-7815 🕐 10:00~17:30(월요일 휴무) ⓘ 주차 가능

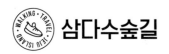 

삼다수숲길

시작점 제주시 조천읍 교래리 280(삼다수숲길 주차장에서 숲길 입구까지 도보 25분 이동)

코스 길이 7.1km(탐방 시간 3시간 30분, 인기도 중, 탐방로 상태 상, 난이도 중, 접근성 중하)

편의시설 주차장, 화장실, 산책로

여행 포인트 꽃길 걷기, 산림욕 즐기기, 테우리와 사냥군치 흔적 살펴보기

상세경로 1, 2, 3코스가 있다. 1코스약 1.2km는 산목련 자생지를 걷는 꽃길이고, 2코스약 5.2km는 테우리의 길로 삼나무군락지와 조릿대 지역으로 나뉜다. 3코스약 8.2km는 사냥꾼의 길이다. 세 코스를 다 걸으려면 체력과 시간이 많이 소모되므로, 1코스와 2코스를 연결하여 걷는 7.1km 코스를 추천한다.

| 삼다수숲길 주차장 | 1km | 숲길 입구 | 500m | 붓순나무 군락지 | 600m | 단풍나무 군락지 | 2.2km | 반환점 | 1.9km | 12번 쉼터 | 900m | 숲길 입구 |

인공림과 자연림의 조화

삼다수숲길은 제주특별자치도개발공사와 교래마을이 2010년 조성한 숲이다. 중산간을 호령하던 테우리말몰이꾼과 사농바치사냥꾼들이 오고 가던 옛 산길을 닦아 조성했다. 삼다수숲길 주차장 또는 교래리종합복지회관에 주차한 뒤 1km를 걸으면 숲길 입구가 나온다. 길을 잘못 들 수 있으니 중간중간 이정표를 잘 확인해야 한다. 숲길 입구에 다다르기 전에 포리수터가 나오는데, 실제 1970년대까지 주민들이 식수로 사용했던 샘터이다. 입구에서 꽃길 지나 들어가면 해발 400m 이상에서 서식하는 조릿대가 강인한 생명력으로 자유롭게 자라고 있다. 숲길의 뼈대가 곶자왈 숲이다 보니 숲 깊은 곳에서는 녹음이 진해진다. 1970년대 심은 삼나무 숲에서 나오는 피톤치드는 폐 깊은 곳까지 상쾌한 공기를 불어 넣어 준다. 최근 탐방객들의 편의를 위해 친환경 야자수 매트를 바닥에 깔아놓아 예전보다 탐방하기 수월해졌다. 길 곳곳에는 봄이면 복수초가, 여름엔 산수국이 자라고, 가을엔 천미천 계곡 따라 단풍이 무척 아름답게 물든다.

How to go **삼다수숲길 찾아가기**

자동차 내비게이션에 '제주시 조천읍 교래리 280'삼다수숲길 주차장 입력 후 출발. 교래리종합복지회관 입력 후 복지회관 주차장에 주차해도 된다. 다만, 삼다수숲길 주차장보다 숲길 입구까지 6분쯤 더 걸어야 한다.

버스 ❶ 제주국제공항 1번 정류장표선, 성산, 남원에서 131번 탑승 → 18분 소요 → 천수동(동) 정류장 하차하여 231번으로 환승 → 23분 소요 → 교래리 정류장 하차 → 도보 3분 → 삼다수숲길 주차장 ❷ 232번 승차하여 교래리 정류장 하차

콜택시 조천함덕호출택시 064-783-8288, 조천만세호출택시 064-784-7477

Walking Tip **삼다수숲길 탐방 정보**

❶ 걷기 시작점 삼다수숲길 주차장에서 걷기가 시작된다. 숲길 입구까지 약 1km 정도 걸어야 한다. 시간 여유가 없다면 옛날 식수원이었던 '포리수터'까지 차를 몰고 가자. 이곳에 5~6대 주차할 공간이 있다. 중간중간 이정표가 잘되어 있다.

❷ 트레킹 코스 삼다수숲길 주차장에서 1km 정도 걸으면 숲길 입구가 나온다. 숲길 입구에서 본격적인 걷기가 시작된다. 1코스의 산목련 자생지 꽃길을 걷다가 붓순나무군락지에서 2코스로 접어들어 시계 반대 방향으로 단풍나무군락지, 반환점, 12번 쉼터, 삼나무 조림지를 지나 다시 숲길 입구로 돌아오는 순환 코스를 추천한다. 시간 여유에 따라 3가지 코스 중 하나를 선택해도 좋다. 코스 안내는 숲길 입구의 안내도와 표지판에 설명되어 있다. 체력과 시간에 맞춰 코스를 선택하여 탐방하면 된다.

❸ 준비물 운동화, 모자, 선크림, 간식, 생수

❹ 유의사항 숲길 입구에는 화장실이 없다. 용변을 보려면 교래리종합복지관 화장실을 이용하자. 탐방길이 잘 되어 있지만, 내리막길 코스가 있어 습기 많은 날에는 미끄럼 주의가 필요하다.

❺ 기타 비가 오면 숲길 곳곳에 물이 고여 진흙밭이 되므로 걷기 불편하다. 우천 시에는 숲길 출입을 자제하는 게 좋다.

🍽 RESTAURANT

교래곶자왈손칼국수

토종닭 육수가 일품인 푸짐한 칼국수

여행자와 도민에게 두루 인정받는 칼국수 집이다. 삼다수숲길, 에코랜드, 산굼부리, 사려니숲길 등 유명 관광지 사이에 있어, 점심시간에 늘 붐빈다. 반찬은 김치와 장아찌로 단출하지만, 특대 그릇에 칼국수가 나오면 상이 꽉 들어찬다. 면은 뽕잎과 녹차를 섞어 반죽해 녹색이고 식감이 쫄깃하다. 손으로 찢은 닭고기가 서운하지 않을 만큼 들어가 있다.

🚶 교래리종합복지관에서 도보 10분, 자동차로 1분 📍 제주시 조천읍 비자림로 636
📞 064-782-9919 🕐 10:00~17:50(목요일 휴무) ⓘ 주차 가능

🍽 RESTAURANT

교래리 금보가든 에코랜드점

'토종닭 유통 특구'의 숨은 고수

금보가든은 교래리 토종닭 유통 특구에 있는 토종닭 전문점으로, 맛이 좋고 양도 푸짐해 도민들도 많이 찾는다. 특히 누룽지삼계탕의 인기가 많다. 깊은 국물과 푹 익어 쫀득하게 씹히는 살코기에 구수한 풍미를 더한 누룽지의 조합이 아주 좋다. 토종닭은 질기다는 편견이 있는데, 이 집의 닭고기는 식감이 좋다. 쫄깃하면서 부드럽게 씹힌다. 흑돼지두루치기도 가성비가 좋은 편이다.

🚶 삼다수숲길 주차장에서 차량으로 5분 📍 제주시 조천읍 비자림로 639
📞 064-782-7158 🕐 매일 10:30~18:00 ⓘ 전용 주차장

☕ CAFE

말로

숲속의 카페

삼다수숲길 주차장에서 숲길 입구로 가는 길에 있는 카페다. 한라산이 보이는 멋진 풍경을 배경으로 카페가 자리하고 있다. 인생 샷에 도전해볼 만하다. 달콤한 커피를 좋아하시는 분들은 말로나라테 혹은 달고나라테가 좋다. 달콤함이 상상 이상이니 참고하시길. 제주 녹차, 얼그레이 같은 티도 있다. 내외부 공간이 넓으며, '말' 관련 굿즈도 판매한다.

🚶 삼다수숲길 주차장에서 자동차로 1분, 도보 3분 📍 제주시 조천읍 남조로 1785-12
📞 0507-1317-5197 🕐 매일 11:00~18:00 ⓘ 주차 가능

 산굼부리

시작점 제주시 조천읍 비자림로 768(산굼부리분화구매표소)

코스 길이 1.3km(탐방 시간 50분, 인기도 상, 탐방로 상태 상, 난이도 하, 접근성 상)

전화 064-783-9900

운영시간 3월~10월 09:00~18:40, 11월~2월 09:00~17:40

이용요금 3,000원~6,000원

편의시설 주차장, 화장실, 산책로, 전망대, 자판기, 매점

여행 포인트 평지 분화구 감상하기, 구상나무 숲길 걷기, 억새와 석양 즐기기

상세경로

```
      200m          250m        20m              1.2km(순환 코스)                  30m
매표소 ●──────○──────────○────────●──────────────────────────○──────●
      억새밭 길       정상      구상나무                        구상나무  매표소
                    전망대     숲길 입구                       숲길 입구
```

세계 유일의 평지 분화구

산굼부리는 오름이지만 독특하게 평지에 있다. 세계 유일의 평지 분화구로, 천연기념물 제263호이다. 산굼부리는 용암의 분출 없이 폭발이 일어나 구멍만 남게 된 마르형 분화구이다. 산굼부리 전망대까지 올라가는 길은 새밭길, 돌길, 하늘 계단 길, 구상나무 숲길로 나뉜다. 모두 탐방해도 1시간이면 충분하다. 해발 438m 정상에서 만나게 되는 분화구 규모는 엄청나다. 깊이는 140m에 이르고, 둥근 분화구의 둘레는 무려 2km에 달하여, 한라산 백록담보다 더 넓고 깊다. 분화구 안에는 각종 온대, 난대성 식물과 노루와 오소리 등 야생동물이 산다. 전망대 왼쪽의 1.2km에 이르는 구상나무길에는 해발 500~2,000m에서 잘 자라는 구상나무가 가득하다. 구상나무는 크리스마스트리 나무로 더 알려져 있다. 우리나라 고유종으로 1915년 하버드대 윌슨 교수가 구상나무의 존재를 처음 알렸다. 구상나무길의 잔디광장은 손꼽히는 포토존이다. 산굼부리는 억새도 유명한데, 석양이 질 무렵인 오후 5시 정도에 억새와 함께 사진을 찍으면 멋진 사진을 남길 수 있다. 억새에 석양과 바로 앞 한라산까지 더해지면 그야말로 장관이 따로 없다.

산굼부리 찾아가기

자동차 내비게이션에 '산굼부리' 입력 후 출발. 주차장에서 매표소까지 도보 1분

버스 ❶ 제주국제공항 2번 정류장일주동로, 516도로에서 181번 탑승 → 7개 정류장 이동, 24분 소요 → 제주대학교 입구(서) 정류장 하차하여 212번성산항 방면으로 환승 → 19개 정류장 이동, 24분 소요 → 산굼부리(남) 정류장 하차 → 도보 2분 → 산굼부리분화구매표소

❷ 그밖에 222번 탑승하여 산굼부리(남) 정류장 하차

콜택시 조천함덕호출택시 064-783-8288, 조천만세호출택시 064-784-7477

산굼부리 탐방 정보

❶ 걷기 시작점 입구 매표소부터 바로 탐방길이 시작된다. 정상까지 거리는 500m 정도여서 아이나 노약자도 걷기 쉽다.

❷ 트레킹 코스 전망대까지는 빠른 걸음으로 10분이면 충분하다. 매 표소에서 억새밭길로 정상 전망대에 올랐다가 구상나무 숲길 순환 코스를 돌고 다시 매표소로 돌아오는 코스를 추천한다. 구석구석 천 천히 살펴봐도 1시간이면 충분하다.

❸ 준비물 운동화, 모자, 선크림, 선글라스, 생수

❹ 유의사항 억새 촬영에 심취하여 억새밭 깊숙이 들어가서는 안 된다.

❺ 기타 전망대에서 진행되는 해설은 꼭 들어볼 필요가 있다. 하루에 5번09:30, 10:30, 14:00, 15:00, 16:00 진행된다. 해설 시간에 맞춰 도착했는데 해설사가 없다면 안내소에 요청하면 된다.

 HOT SPOT

보롬왓

아름다움 가득한 제주의 꽃밭

보롬왓은 제주 방언으로 바람을 뜻하는 '보롬'과 밭을 의미하는 '왓'이
합쳐진 이름이다. 보롬왓 안에 있는 카페는 메밀꽃과 라벤더 꽃밭과 함
께 아름다운 경치를 바라보며 차를 마실 수 있는 곳으로, 제주를 대표하
는 사진 명소가 되었다. 직접 재배한 메밀로 만든 보롬라떼를 비롯한 다
양한 음료가 있다. 방문객이 많아져 카페만 이용해도 입장료를 받는다.

🚶 산굼부리에서 자동차로 13분 📍 서귀포시 표선면 번영로 2350-104
📞 010-7362-2345 🕐 09:00~18:00 ⓘ 입장료 4,000원~6,000원 주차 가능

🍴 RESTAURANT

성미가든

백종원의 3대천왕에 나온 닭백숙

제주는 조류인플루엔자 청정 지역이다. 중산간 마을 교래리의 성미가든
은 백종원의 3대천왕에 나왔을 만큼 알아주는 토종닭 전문점이다. 메뉴
는 샤부샤부와 닭볶음탕 두 가지이다. 샤부샤부는 세 코스로 즐길 수 있
다. 먼저 닭가슴살을 육수에 익힌 채소와 같이 소스에 찍어 먹는다. 그다
음엔 메인 음식 닭백숙이 나오고, 마지막엔 걸쭉한 녹두 닭죽이 나온다.

🚶 산굼부리에서 자동차로 2분 📍 제주시 조천읍 교래1길 2 📞 064-783-7092
🕐 11:00~20:00(둘째, 넷째 목요일 휴무) ⓘ 예산 7만원~8만원, 주차 가능

☕ CAFE

카페다락

테이크아웃 하기 좋은 카페

아메리카노가 3,500원이다. 제주 관광지에서 볼 수 없는 가격인데 맛은
최고다. 전문 바리스타가 직접 검수하고 로스팅한 커피로, 진한 풍미가 취
향을 저격한다. 아담한 카페지만 2층에 이름처럼 다락방이 있다. 산굼부
리와 교래리의 숲길 탐방을 위해 비자림로를 지나다 따뜻한 아메리카노
한잔 테이크아웃 하기 좋다. 한국인이 좋아하는 구수한 스타일의 커피다.

🚶 산굼부리에서 자동차로 2분 📍 제주시 조천읍 교래3길 1
📞 0507-1427-0097 🕐 10:00~19:00 ⓘ 주차 가능

렛츠런팜제주 목장 올레길

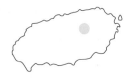

시작점 제주시 조천읍 남조로 1660(교래리 산 25-2)

코스 길이 2.9km(탐방 시간 60분, 인기도 중, 탐방로 상태 상, 난이도 하, 접근성 중)

전화 064-780-0131

운영시간 3월~11월 09:30~17:30, 12월~2월 10:00~17:00, 매주 월·화, 공휴일, 설날·추석 휴무

편의시설 주차장, 화장실, 산책로, 자전거, 자판기, 현금인출기

여행 포인트 트레킹 즐기기, 말 체험, 트랙터 마차 투어 즐기기, 목장 올레길 걷기, 꽃밭 포토존에서 인생 사진 남기기, 자전거 타고 렛츠런팜 즐기기

상세경로

| 본관 | 400m | 직원 숙소 | 700m | 씨수말
방목지 | 700m | 한라산
전망대 | 300m | 육성마
방목지 | 400m | 연못 | 400m | 본관 |

경주마도 만나고, 트랙터 마차 투어도 하고

1995년 한국마사회가 설립한 경주마 목장이다. 제주의 말(馬) 문화를 체험할 수 있으며, 목장을 한 바퀴 도는 2.9km의 목장 올레길 걷기도 좋다. 올레길 따라 제주의 자연과 목초지에 방목된 씨수말과 육성마들이 한가롭게 풀을 뜯는 풍경을 만끽하기 좋다. 성인 걸음으로 천천히 걸어도 한 시간이면 충분하다. 걷는 것이 부담된다면 무료로 대여해 주는 자전거를 이용한 탐방도 가능하다. 한라산과 목장 전경이 한눈에 내려다보이는 전망대에서 사진 찍기는 필수다. 트랙터 마차 투어와 제주 씨수말 교배 관람, 미니 호스 말 체험 등 다양한 프로그램이 준비되어 있다. 인기 좋은 트랙터 마차 투어는 탑승권 구매 후 이용할 수 있다. 목장의 다양한 시설을 탐방하고, 전문해설가와 함께 씨수말이 생활하고 있는 마방과 어린 경주마 훈련장 등을 돌아볼 수 있다. 또 4월부터 유채꽃, 5~6월에는 양귀비꽃, 7~8월에는 해바라기, 9월에는 코스모스 꽃밭이 만발한다. 씨수말이 교배하는 3월에서 6월 사이에는 짝짓기 과정을 성인에게만 공개한다.

How to go 렛츠런팜제주 찾아가기

자동차 내비게이션에 '렛츠런팜 제주' 입력 후 출발. 주차장에서 렛츠런팜제주 입구까지 도보 2분

버스 ❶ 제주국제공항 3번 정류장용담, 시청[북]에서 1111번 승차 → 10분 소요 → 탐라장애인종합복지관(남) 정류장에 하차하여 231번으로 환승 → 32분 소요 → 제주목장 정류장 하차 → 도보 8분 → 렛츠런팜제주

❷ 그밖에 232번 승차하여 제주목장 정류장 하차

콜택시 조천함덕호출택시 064-783-8288, 조천만세호출택시 064-784-7477

Walking Tip 렛츠런팜제주 탐방 정보

❶ 걷기 시작점 주차 후 본관 입구부터 바로 탐방이 시작된다. 시설 안내는 곳곳에 잘 되어 있어 탐방하는 데 어려움이 없다.

❷ 트레킹 코스 약 2.9km의 목장 올레길이 잘 조성되어 있다. 본관에서 출발하여 씨수말 방목지, 한라산 전망대, 육성마 방목지, 연못을 거쳐 본관으로 돌아오는 코스로 되어 있다. 맑은 날 한라산 전망대에서는 주변의 물찻오름·물장오리오름·절물오름·넙거리오름 등 15개 오름의 아름다운 풍경을 눈에 담을 수 있다. 걷는 게 부담된다면 무료로 대여되는 자전거를 이용해도 좋다. 어린아이와 노약자가 있다면 트랙터 마차 투어를 추천한다. 마차 투어 13세 이상 3,000원, 13세 미만 2,000원.

❸ 준비물 운동화, 모자, 선크림, 선글라스, 간식, 생수

❹ 유의사항 말에게 먹이를 주거나 소리를 지르면 안 된다. 말은 언제든지 물 수 있다. 마차 투어와 체험 프로그램은 운영 날짜와 시간이 유동적이므로 반드시 사전문의가 필요하다.

❺ 기타 본관에 현금인출기와 음료자판기 같은 편의시설이 있고, 화장실도 깨끗하다.

©제주관광공사

⊙ HOT SPOT

제주마방목지

말이 풀을 뜯고 뛰어노는 평화로운 풍경

마방목지에서 뛰노는 말들은 순수한 제주 혈통 조랑말로 1986년 천연기념물 347호로 지정, 보호되고 있다. 봄이 되어 풀이 자라고 아지랑이가 피어오르면 조랑말이 방목된다. 말들이 넓고 푸른 들판에서 생각에 잠긴 듯 조용히 풀을 뜯거나 자유롭게 뛰어논다. 마방목지를 보는 순간, 제주 여행의 특별함을 느끼게 될 것이다.

🚶 렛츠런팜제주에서 자동차로 13분, 516도로 옆 ◎ 제주시 용강동 산 14-34 ① 주차 가능

⊙ RESTAURANT

교래흑돼지 본점

제주 흑돼지의 모든 것

제주 흑돼지를 오겹살, 목살, 모둠으로 다양하게 맛볼 수 있는 곳이다. 깻잎, 장아찌 등 기본 반찬이 풍성하다. 고기는 직원들이 직접 구워준다. 맛있게 익은 고기를 파채를 곁들여 먹으면 육즙이 팡팡 터지며 풍미가 올라간다. 고기를 다 먹고 나서 흑돼지김치찌개, 해물된장뚝배기, 제주보리냉면 등을 후식처럼 즐기는 것도 잊지 말자.

🚶 렛츠런팜제주에서 자동차로 3분 ◎ 제주시 조천읍 교래4길 73
📞 064-784-6338 🕐 11:00~21:00(수요일 휴무) ① 주차 가능

거문오름

시작점 제주시 조천읍 선흘리 478(제주세계자연유산센터)

코스 길이 5.5km(탐방 시간 2시간 30분~3시간, 인기도 상, 탐방로 상태 상, 난이도 중, 접근성 중)

운영시간 09:00~13:00(하루 450명만 탐방 가능. 30분 간격 출발. 화요일 휴무)

예약 전화 064-710-8980~1 인터넷 http://www.jeju.go.kr/wnhcenter/index.htm(탐방 희망 전달 1일 오전 9시부터 17시까지 선착순 예약. 당일 예약 불가) 이용요금 1,000원~2,000원

편의시설 세계자연유산센터, 탐방안내소, 주차장, 화장실, 산책로, 자판기

여행 포인트 백록담보다 큰 분화구 구경하기, 분화구 안 곶자왈 체험하기, 일본군 갱도 진지 탐방

상세경로

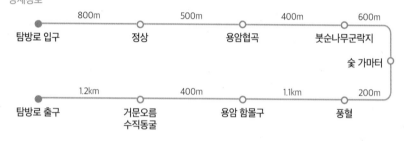

©제주도청

세계유산 트리플 크라운

유네스코가 인정한 신비로운 숲이다. 숲이 우거져 검게 보인다고 하여 '검은오름'으로 불리다가 '거문오름'이라는 이름을 얻었다. 거문오름해발 456m, 순수 높이 112m은 제주의 360여 개 오름 중에서 유일하게 세계문화유산에 등재되었다. 또 유네스코 생물권보호구역과 세계지질공원 인증까지 받으면서 우리나라에서 유일하게 세계유산 트리플 크라운을 달성했다. 자연, 생물, 지질적으로 그만큼 절대적인 위치를 차지하는 까닭이다. 거문오름은 10~30만 년 전 여러 차례 화산이 폭발하면서 생겼다. 이때 백록담보다 세 배나 큰 거대한 분화구가 생겼다. 용암이 경사를 따라 북동쪽 해안인 김녕, 월정리까지 흘러가면서 지질학적 가치가 높은 화산 지형과 용암 동굴을 만들었다. 벵디굴, 만장굴, 김녕굴, 용천동굴, 당처물동굴은 모두 거문오름의 자식들이다. '거문오름'의 또 다른 특별함은 분화구다. 분화구 안은 곶자왈 생태계를 형성하고 있다. 분화구 한가운데에는 또 다른 오름 '알오름'이 자리하고 있다. 거문오름은 제주 사람의 삶과 아픈 역사도 품고 있다. 일제는 정상과 분화구에 10개의 진지를 뚫고 도로와 석축을 세워 군사기지로 활용했다. 숯 가마터는 옛 제주 사람들의 애환을 보여주는 척박한 삶의 흔적이다.

How to go 거문오름 찾아가기

자동차 내비게이션에 '제주세계자연유산센터' 입력 후 출발.

버스 ❶ 제주국제공항 1번 정류장표선, 성산, 남원에서 111번 승차 → 2개 정류장 이동, 14분 소요 → 동광양(남) 정류장 하차하여 221번으로 환승 → 24개 정류장 이동, 30분 소요 →거문오름입구(서) 정류장 하차 → 도보 15분 → 제주세계자연유산센터 ❷ 그밖에 810-1, 810-2번 승차하여 '제주세계자연유산센터 거문오름' 정류장 하차. 제주세계자연유산센터'까지 도보 10분

콜택시 조천함덕호출택시 064-783-8288, 조천만세호출택시 064-784-7477

Walking Tip 거문오름 탐방 정보

❶ 걷기 시작점 제주세계자연유산센터에서 출발

❷ 트레킹 코스 정상 지나 용암협곡, 숯 가마터, 용암 함몰구, 수직동굴을 거쳐 다시 탐방로 출구로 돌아오는 분화구 코스2시간 30분를 추천한다. 시간 여유가 없다면 정상 코스1.8km, 1시간 소요를, 여유가 좀 있다면 전체 코스10km, 3시간 30분도 트레킹 하기 좋다.

❸ 준비물 운동화, 모자, 선크림, 선글라스, 생수

❹ 유의사항 예약 시간 10분 전까지는 도착해야 한다. 양산이나 우산은 사용할 수 없고, 비 오는 날은 우의를 준비하자. 스틱과 아이젠은 눈 오는 날만 사용할 수 있다. 그밖에 앞트임 샌들등산용 포함은 착용할 수 없고, 음식물을 반입할 수 없다.

❺ 기타 인터넷 예약과 전화 예약을 해야 탐방할 수 있다. 1일 450명평일, 휴일 구분 없음. 단, 화요일은 휴무으로 탐방 인원이 제한되어 있다. 당일 예약은 불가능하다. 방문일 전달 1일부터 전화와 인터넷으로 선착순 예약된다.

Travel Tip 거문오름 주변의 명소·맛집·카페 　　📷 🍴 ☕

📷 HOT SPOT

솔트리

푸른 소나무 숲 걷기

한겨울에도 푸른 소나무 숲속을 걸으며 감상하기 좋은 곳으로 농약을 치지 않는 유기농 수목원이다. 1만 그루가 넘는 소나무와 향기 정원, 잔디광장, 야생 초지원, 올레길 초화원, 기존 수림대, 아고산 수림대 등 다양하게 구성돼 있다. 동화 속에 들어온 듯한 착각을 불러일으키는 '후박나무 정령의 숲'과 '향나무 전시원'은 그중에서도 단연 압권이다. 🚶 제주세계자연유산센터에서 자동차로 8분, 거문오름입구(서) 정류장에서 211번 버스 승차하여 1개 정류장 이동(대천환승정류장 하차) 📍 제주시 구좌읍 번영로 2063 📞 064-784-0989 🕐 10:00~18:00(동절기 09:30~17:30, 월요일 휴무) ⓘ 주차 가능

선흘방주할머니식당

아들은 농사짓고, 어머니는 음식을 만들고

아들이 직접 농사지은 재료로 어머니가 정갈한 맛을 내는 곳이다. 직접 농사지은 콩으로 만
든 두부, 흑돼지가 듬뿍 들어간 두부전골 그리고 단호박면을 넣은 검정콩국수가 일품이다. 두부는
공장 두부와는 맛이 비교가 안 된다. 검정콩국수는 면발은 쫄깃하고 국물은 고소하면서도 적당히 걸쭉하다. 천
연 조미료를 사용해 만든 삼채곰취만두와 고사리비빔밥의 맛도 훌륭하다. 한번 맛보면 또 오고 싶어질 것이다.
🚶 거문오름에서 차량으로 5분 📍 제주시 조천읍 선교로 212
📞 064-783-1253 🕐 10:00~18:00(브레이크타임 14:30~15:00, 일요일 휴무) ⓘ 전용 주차장

헛간 더반스위트

나만 알고 싶은 앤틱 감성 카페

편안하고 여유로운 앤틱 감성 카페다. 터줏대감인 두 마리의 고양이가 손님들을 반겨준다. 큰 창을 통해 따뜻한
햇볕이 들어와 카페 분위기는 따뜻하다. 산장 같은 카페라 고된 산행을 마치고 찾아와 쉬기 좋다. 비나 눈이 오
는 날엔 더욱 운치 있다. 추운 날에는 진한 '아메리카노'와 '에스프레소'를, 여름엔 '풋귤에이드'를 추천한다. 독채
민박도 운영 중이다.
🚶 제주자연유산센터에서 자동차로 11분 📍 제주시 구좌읍 덕평로 9-8
📞 010-3373-5074 🕐 09:00~22:00(목 휴무) ⓘ 주차 가능

동백동산 선흘곶자왈

시작점 제주시 조천읍 동백로 77(동백동산습지센터)

코스 길이 5km(탐방 시간 2시간, 인기도 중, 탐방로 상태 중하, 난이도 중, 접근성 중)

전화 064-784-9446

운영시간 11월~3월 09:00~16:30, 4월~10월 09:00~17:00

홈페이지 http://ramsar.co.kr

편의시설 주차장, 화장실, 산책로, 탐방센터, 전기차충전소, 자판기

여행 포인트 소중한 곶자왈 생태계 탐방하기, 람사르습지·세계지질공원·유네스코세계자연유산의 의미 되새기기, 4.3 유적지 돌아보기

상세경로

50m	700m	1.9km	1km	1.5km
동백동산 습지센터 주차장	선흘곶자왈 입구	도틀굴	먼물깍	서쪽 입구	선흘곶자왈 입구

생명이 시작되는 신비의 산림 습지

조천읍의 중산간 선흘1리는 동백동산과 곶자왈을 품고 있는 마을이다. 선흘곶자왈은 완만한 용암지대에 형성된 독특한 숲으로, 습지가 있어 생태학적으로 희귀하고 그 가치가 남다르다. 1월부터 6월까지는 동백이 가득 피어나 동백동산이라고도 불린다. 2007년에 유네스코로부터 세계자연유산마을로 지정되었고, 또 환경부로부터 환경친화생태마을로 지정되어 보호받고 있다. 2011년엔 람사르습지로 지정되기도 했다. 람사르습지는 제주에 5곳물영아리오름, 물장오리오름, 1100습지, 동백동산, 숨은물뱅듸이 등록되어 있다. 선흘곶자왈 탐방은 동백동산습지센터와 서쪽 입구에서 가능하다. 어느 곳에서 출발하든 5.1km약 2시간의 탐방로를 한 바퀴 돌게 된다. 종가시나무, 참가시나무 등 상록활엽수가 가득해 사계절 모두 푸른 숲을 볼 수 있다. 비가 많이 오면 숲 곳곳에 크고 작은 습지가 생기고, 가물어도 마르지 않는 먼물깍이 있어 언제 가더라도 습지를 볼 수 있다. 도틀굴을 비롯한 마을 곳곳에 4.3 유적지도 있다. 함께 둘러보면 제주의 아픔도 헤아릴 수 있다.

How to go 선흘곶자왈 찾아가기

자동차 내비게이션에 '동백동산습지센터' 입력 후 출발. 센터 주차장에서 선흘곶자왈 입구까지는 도보 2분
버스 ❶ 제주국제공항 2번 정류장일주도로, 516도로에서 101번 승차 → 43분 소요 → 힘덕환승정류장함덕해수욕장에
서 하차하여 704-4번으로 환승 → 21분 소요 → 동백동산습지센터 정류장 하차 → 도보 1분 → 동백동산습지센
터 ❷ 그밖에 810-2번 승차하여 동백동산습지센터 정류장 하차
콜택시 조천함덕호출택시 064-783-8288, 조천만세호출택시 064-784-7477

Walking Tip 선흘곶자왈 탐방 정보

❶ 걷기 시작점 곶자왈 입구는 두 곳이다. 동백동산습지센터와 서쪽 입구에서 탐방을 시작할 수 있다. 다만 서
쪽 입구의 빈터는 사유지이므로 주차할 수 없다. 어느 곳에서 출발하든 전체 탐방로를 한 바퀴 둘러볼 수 있다.
❷ 트레킹 코스 동백동산습지센터 주차장에서 선흘곶자왈 입구로 가서 도틀굴, 먼물깍, 서쪽입구 지나 다시 선
흘곶자왈 입구로 돌아오는 코스를 추천한다. 트레킹 시간은 곶자왈 숲 특성상 빨리 걷기 어려우므로 2시간 정
도는 잡아야 한다.
❸ 준비물 운동화, 모자, 선크림, 선글라스, 생수, 간식, 모기 기피제
❹ 유의사항 곶자왈 숲 탐방로는 특성상 울퉁불퉁하여 걷기 불편하다. 아이나 노약자와 함께 탐방해야 한다면
상대적으로 평탄한 서쪽 입구에서 출발하여 먼물깍까지만 탐방하는 것이 좋다. 습기가 많으므로 미끄럼에 주
의하자. 겨울에도 모기가 있고, 뱀이 서식하기에 좋은 환경이니 조심하자. 곶자왈은 일찍 어두워져 오후 2시에
도 시간을 가늠할 수 없다. 너무 늦은 시간엔 탐방하지 않는 게 좋다.
❺ 기타 길을 잃을 수 있으므로 탐방로를 벗어나지 않도록 한다. 선흘리 '낙선동4.3성'이 포함된 선흘둘레길까
지 확장하여 걸어도 좋다. 마을에서 운영하는 다양한 생태·체험·환경 프로그램064-784-9446도 참여해볼 만하다.

Travel Tip 선흘곶자왈 주변의 명소·맛집·카페 📷 🍴 ☕

📷 HOT SPOT
만장굴

화산이 만든 용암동굴

약 10~30만 년 전, 만장굴 서북쪽에서 큰 화산이 폭발했다. 이때
백록담보다 세 배나 큰 분화구가 생겼다. 거문오름 분화구이다. 분
화구에서 넘친 용암이 지대가 낮은 남동쪽으로 빠져나가며 아주
긴 동굴을 만들었다. 만장굴이다. 길이는 무려 7.4km이다. 굴 안
엔 용암종유, 용암석주, 용암선반 등이 있다. 특히 약 7.6m의 용암
석주는 세계에서 가장 규모가 크다.
🚶 동백동산습지센터에서 자동차로 11분
📍 제주시 구좌읍 만장굴길 182(월정리 산41-5)
📞 064-710-7903 🕐 09:00~18:00
ⓘ 예산 2,000원~4,000원 주차 전용 주차장

🍴 RESTAURANT
선흘곶

산골 마을의 건강 밥상

직접 재배한 쌈용 채소로 차린 건강 밥상을 맛볼 수 있는 곳이다. 돔베고기와 고등어구이가 기본으로 나온다. 동백동산 근처 산골 마을에 있지만, 기다려야 맛볼 수 있는 맛집으로 유명하다. 마당에 정자와 벤치가 있고 계절마다 바뀌는 꽃나무까지 어우러져 아름답다. 식당 주변은 나무로 둘러싸여 있어 쉬어가기도 좋다. 몸도 마음도 푸근해지는 식당이다.

🚶 동백동산습지센터에서 도보 5분, 자동차로 1분 ⑨ 제주시 조천읍 선흘서2길 22 📞 064-783-5753 🕐 10:00~18:00(화요일 휴무) ⓘ 주차 가능

☕ CAFE
카페세바

조용한 분위기 속 힐링 타임

제주 감성 카페의 선두주자이다. 선흘리 마을 속에 조용히 자리 잡아 묵직한 존재감을 보여준다. 마을 입구에서 카페로 가는 시골길이 무척이나 정겹다. 새로 지은 건물에 빈티지함을 가득 입혀 꾸몄다. 진한 시나몬 향과 부드러운 커피가 조화로운 카푸치노와 시나몬꿀아이스티, 청귤에이드, 오븐에 구워주는 제주보리빵 등을 즐기기 좋다. 🚶 동백동산습지센터에서 자동차로 3분 ⑨ 제주시 조천읍 선흘동2길 20-7 📞 0507-1346-1235 🕐 11:00~18:00(화~목 휴무) ⓘ 주차 마을 입구에 주차한 뒤 도보 이동

☕ CAFE
자드부팡

프로방스를 닮은 숲속 카페

자드부팡은 프로방스 감성이 짙게 풍기는 디저트 카페다. 동백동산 숲길을 탐방하다 만나게 되는데, 이국적인 외관이 동화 속 요정의 집과 닮았다. 카페 이름은 인상주의 화가 '폴 세잔'이 그림을 그리며 지냈던 엑상프로방스 별장의 이름에서 따왔다. 우아하고 고풍스러운 정원과 실내 장식만큼 커피와 디저트도 훌륭하다. 커피, 음료들, 예쁘고 달콤한 디저트까지 무엇 하나 부족한 게 없다.

🚶 동백동산에서 도보로 10분 ⑨ 제주시 조천읍 북흘로 385-216
📞 0507-1321-7634 🕐 10:30~17:00(목요일 휴무) ⓘ 전용 주차장

안돌오름과 비밀의 숲

시작점 제주시 구좌읍 송당리 2173(비밀의 숲)

코스 길이 3.2km(탐방 시간 1시간 30분, 인기도 상, 탐방로 상태 상, 난이도 하, 접근성 중)

비밀의 숲 운영시간 09:00~18:30 **이용요금** 1,000원~2,000원(3세 이하, 70세 이상 무료)

편의시설 간이 화장실, 산책로

여행 포인트 아름다운 비밀의 숲 풍경 즐기며 사진 찍기, 안돌오름 정상에서 전망 즐기기

상세경로

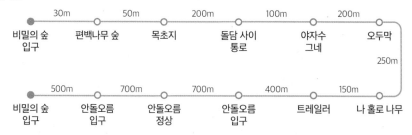

	30m		50m		200m		100m		200m	
비밀의 숲 입구	→	편백나무 숲	→	목초지	→	돌담 사이 통로	→	야자수 그네	→	오두막

250m

	500m		700m		700m		400m		150m	
비밀의 숲 입구	←	안돌오름 입구	←	안돌오름 정상	←	안돌오름 입구	←	트레일러	←	나 홀로 나무

인스타 핫플, 인생 사진 성지

안돌오름과 비밀의 숲은 인스타 핫플로 인기가 높다. 여행객들이 비밀의 숲 입구의 울창한 편백나무 숲을 배경으로 사진을 찍기 시작하면서 인생 사진 성지가 되었다. 반드시 찍어야 할 포토존은 붉은 흙길 옆 독특한 편백나무 숲길, 삼나무로 둘러싸인 들판의 유채꽃, 메밀꽃과 백일홍 꽃밭 등이다. 신부의 아름다움을 빛내주기에 웨딩 촬영 행렬도 끊이지 않는다. 안타깝게도 사람들이 몰리기 시작하면서 입장료를 받고 있다. 자연 그대로의 모습이 예뻤던 비밀의 숲은 관리가 시작되면서 조금 부자연스러워졌다. 그래도 아직 신비스러운 아름다움이 남아 있다. 비밀의 숲에서 나와 송당 방면으로 3분 정도 걸어가면 안돌오름해발 높이 368m, 순수 오름 높이 93m 입구가 나온다. 안돌오름 북동쪽에는 밧돌오름이 있는데, 두 오름을 아울러 '돌오름'이라 부른다. 두 오름 사이에 목장용 잣담이 있어 안쪽을 '안돌오름' 바깥쪽을 '밧돌오름'이라 부른다. 안돌오름은 정상까지 20분이면 충분하다. 정상에 오르면 건너편 밧돌오름을 비롯하여 송당리의 오름들이 그림처럼 눈앞에 넘실댄다.

How to go 안돌오름과 비밀의 숲 찾아가기

자동차 내비게이션에 비밀의 숲 주소 '제주시 구좌읍 송당리 2173' 입력 후 출발. 안돌오름은 도착점에서 도보 3분. 비밀의 숲 입구 갓길에 주차 가능

버스 제주국제공항 1번 정류장표선, 성산, 남원에서 111번성산항 방면 탑승 → 44분 소요 → 대천환승정류장세화 방향 [남] 하차하여 211, 212, 711-1, 721-2, 810-1번으로 환승 → 3분 소요 → 거슨새미오름, 안돌오름 정류장 하차 → 도보 25분 → 비밀의 숲 입구

콜택시 만장콜택시064-784-5500, 김녕콜택시 064-784-9910, 구좌콜개인택시 064-783-4994

Walking Tip 안돌오름과 비밀의 숲 탐방 정보

❶ 걷기 시작점 비밀의 숲 입구에서 시작한다. '제주시 구좌읍 송당리 2173' 주변 갓길에 주차한 뒤 비밀의 숲 입구로 향하면 된다. 안돌오름 입구는 비밀의 숲 입구에서 송당 방면으로 3분 거리이다. 안돌오름 입구 건너편에도 주차할만한 공간이 있지만, 바퀴가 고랑에 깊이 빠지는 경우가 있어 이용하지 않는 편이 좋다.

❷ 트레킹 코스 비밀의 숲 입구에서 출발. 편백나무 숲을 포함하여 민트색 트레일러까지 7가지 코스를 돌고 안돌오름 정상에 올랐다 내려와 다시 비밀의 숲 입구로 돌아오는 코스이다.

❸ 준비물 운동화, 모자, 선크림, 선글라스, 생수

❹ 유의사항 비자림로에서 안돌오름으로 진입하는 비포장도로의 상태가 매우 좋지 않다. 송당에서 진입하는 도로를 추천한다. 주변에 사유지가 많으니 공개된 곳 외에는 출입을 삼가야 한다.

❺ 기타 비밀의 숲은 사람들이 몰리는 시간에 가면 사진 한 장 편하게 찍을 수 없다. 이른 아침에 방문할 것을 추천한다.

HOT SPOT

거슨세미오름

비자나무, 삼나무, 편백나무 숲

안돌오름과 비밀의 숲 바로 옆 거슨세미오름에도 멋진 숲길이 있다는 사실을 아는 사람은 드물다. 거슨세미오름은 정상 등정보다 둘레길을 걷는 게 좋다. 어린아이와 노약자도 걸을 수 있는 평탄한 길이다. 삼나무 숲이 울창하게 자란 약 1km 숲길을 고즈넉이 즐길 수 있다. 오름 입구에서 왼쪽이 정상으로 가는 길이고, 오른쪽이 편백 숲길이 이어지는 둘레길이다. 🚶 '거슨세미오름, 안돌오름 정류장' 바로 길 건너 ◎ 제주시 구좌읍 송당리 산 145

ⓘ 해발 높이 380m 순수 오름 높이 125m 편의시설 화장실, 주차장

 RESTAURANT

한울타리한우

저렴하고 품질 좋은 한우 숯불구이

흑돼지의 고장 제주에서 보기 드문 한우 전문점이다. 송당리 외진 곳에 있는데, 어떻게 알고 오는지 항상 사람이 많다. 주말이나 저녁 시간이라면 예약하는 게 좋다. 정육 코너에서 원하는 고기를 구매해 상차림 비를 내고 먹으면 된다. 고기는 확실히 저렴하고 품질도 좋다. 불고기, 육회, 비빔밥 등 식사 메뉴도 충분하다. 상차림 비 1인당 12,000원. 🚶 안돌오름과 비밀의 숲에서 자동차로 7분 ◎ 제주시 구좌읍 송당서길 5 📞 010-4454-4671

🕐 11:30~21:00(월~목 휴무) ⓘ 주차 가능

 아부오름

시작점 제주시 구좌읍 송당리 산 175-2(아부오름 주차장)

코스 길이 2.2km(탐방 시간 50분, 인기도 상, 탐방로 상태 중, 난이도 하, 접근성 중)

편의시설 주차장, 화장실, 산책로

여행 포인트 가벼운 오름 등반, 탁 트인 시야로 주변 경치 감상, 분화구 둘레길 걷기

상세경로

```
         350m                      1.5km                        350m, 5분 소요
   ●───────────○──────────────────────────────────────────○───────────●
 탐방로 입구    분화구 능선                                  분화구 둘레길    탐방로 입구
              시작점                                        순환 코스
```

쉽고 편하게 오를 수 있는 오름

360여 개의 제주 오름 가운데 가장 쉽게 오를 수 있는 오름 중 하나이다. 일찍부터 '압오름'으로 불렸고, 송당마을 앞 남쪽에 있어서 '앞오름'이라고도 했다. 하지만 지금은 오름 모양이 어른이 듬직하게 앉아있는 모습과 같다 하여 아부오름岳父岳이라 불리고 있다. 아부는 제주 방언으로 아버지처럼 존경하는 사람을 뜻한다. 해발높이는 301m이지만, 순수 오름 높이 51m에 지나지 않아 10분이면 힘들이지 않고 분화구까지 올라갈 수 있다. 분화구 둘레길을 걷고 있으면 분화구 속에 인공으로 심은 삼나무와 상수리나무, 보리수나무 숲이 아름답게 눈에 들어온다. 숲 주변 풀밭에는 솜양지꽃, 주름잎, 떡쑥, 점나도나물, 고사리, 찔레 등이 자생한다. 분화구가 꽤 넓다. 깊이가 78m, 둘레가 1.5km에 이른다. 천천히 분화구 둘레길을 걸으면 30분 정도 걸린다. 오름 정상에 서면 서쪽으로 한라산이, 동쪽으로는 성산일출봉이 한눈에 들어온다. 분화구 아래로 내려갈 수 있지만, 분화구 능선 따라 천천히 걸으며 여유롭게 주변 풍경을 만끽하는 걸 더 추천한다.

©제주도청

How to go · 아부오름 찾아가기

자동차 내비게이션에 '아부오름' 혹은 '제주시 구좌읍 송당리 산 175-2' 입력 후 출발

버스 ❶ 제주국제공항입구(동) 정류장에서 202번 승차 → 13분 소요 → 중앙마을 정류장 하차 → 도보 5분, 361m → 남서광마을입구 정류장에서 211번성산항 방향으로 환승 → 44분 소요 → 아부오름 정류장 하차 → 도보 8분, 519m → 아부오름 입구

❷ 그밖에 212, 721-2, 810-1, 810-2번 승차하여 아부오름 정류장 하차

콜택시 구좌만장콜택시 064-784-5500, 구좌세화호출택시 064-784-8200

Walking Tip · 아부오름 탐방 정보

❶ **걷기 시작점** 주차장과 화장실 뒤편에 있는 탐방로 입구에서 출발한다. 입구에 철조망이 보인다면 오름 표지석 뒤편으로 돌아 올라가면 된다.

❷ **트레킹 코스** 탐방로 입구에서 분화구로 올라가 분화구 둘레길을 한 바퀴 돌아 다시 탐방로 입구로 내려오는 코스를 추천한다. 정상까지는 10분이면 충분하며, 분화구 둘레는 1.5km 정도인데 30~40분이면 충분히 둘러볼 수 있다.

❸ **준비물** 운동화, 모자, 선크림, 선글라스, 생수

❹ **유의사항** 분화구 내부로 내려가는 길이 있지만, 쉽지 않다. 꼭 가보길 원한다면 긴바지와 목이 긴 양말 등을 준비하자. 그러나 해가 지기 시작하고 있다면 시도하지 않는 편이 좋다. 건영목장이 있어 소 떼를 만날 수 있는데 소똥이 많으므로 바닥을 잘 살피며 걸어가자.

❺ **기타** 웨딩사진을 찍는 예비부부들에게 인기가 많은 곳이다. 웨딩드레스와 턱시도를 입은 신랑 신부를 종종 볼 수 있다.

©제주도청

📷 HOT SPOT
스누피가든

편안하고 휴식 취하기 좋은 테마파크

'스누피'를 테마로 한 자연 체험 테마가든이다. 미국 만화가 '찰스 먼로 슐츠'의 만화 '피너츠'Peanuts를 공간에 구현했다. 2만5천 평 넓은 야외에 조성된 11개의 에피소드 정원에는 '피너츠 사색 들판', '찰리 브라운의 야구 잔디 광장', '비글 스카우트 캠핑장', '호박대왕의 호박밭' 등의 이름이 붙어 있다. 송당의 아름다운 자연을 느끼며 편안히 휴식 취하기 좋다.
🚶 아부오름에서 도보 10분 ◉ 제주시 구좌읍 금백조로 930 📞 064-805-1118
🕘 09:00~18:00 ⓘ 주차 가능

🍽 RESTAURANT
치저스

제주에서 만나는 정통 이탈리아 요리

오직 네이버 예약으로만 식사할 수 있다. 시그니처 메뉴인 소고기미트볼, 라클렛스테이크치즈폭포, 한치리조또 아란치니와 한라봉에이드, 와인에이드무알콜도 가능의 조합이 좋다. 치즈가 듬뿍 들어간 스테이크는 조금 짤 수 있는데, 부담된다면 치즈 없는 '부채살 스테이크'를 추천한다. 성인 기준 1인 1메뉴 필수. 소고기미트볼은 일찍 소진되므로 예약하는 게 좋다.
🚶 아부오름에서 자동차로 6분 ◉ 제주시 구좌읍 비자림로 1785
📞 070-7798-1447 🕘 11:00~16:00(화·수·목 휴무) ⓘ 주차 가능

☕ CAFE
송당나무

넓은 마당이 있는 가드닝 카페

예쁜 온실 정원에 식물을 키우며 카페를 운영한다. 유럽의 숲속 정원 같은 곳이다. 넓은 정원과 대형 유리온실에는 갖가지 꽃과 식물들이 가득하다. 흘러나오는 오페라와 아리아 음악은 가드닝 카페의 품격을 더욱 높여준다. 가드닝의 수준만큼 음료의 맛도 훌륭하다. 따뜻한 실내에 어울리는 '한라봉 에이드'와 '아이스 아메리카노'를 추천한다.
🚶 아부오름에서 자동차로 9분 ◉ 제주시 구좌읍 송당5길 68-140
📞 010-9364-2819 🕘 10:00~18:00 ⓘ 주차 가능

 비자림

시작점 제주시 구좌읍 비자숲길 55

코스 길이 3km(탐방 시간 1시간 30분, 인기도 상, 탐방로 상태 상, 난이도 하, 접근성 중)

운영시간 09:00~18:00

연락처 064-710-7911

이용요금 1,500원~3,000원

편의시설 주차장, 화장실, 산책로, 매점, 식당

여행 포인트 비자림 숲에서 산림욕하기, 화산송이길 맨발로 걷기

상세경로

```
●────400m────○────600m────○────100m────○────300m────○────700m────○────500m────○────400m────●
매표소      숲 입구      갈림길    새천년     돌멩이길     갈림길     출입구     매표소
                                  비자나무      입구
```

천년의 비자나무 숲 여행

비자림은 제주도는 물론 우리나라와 세계에서도 손꼽히는 희귀 숲이다. 천연기념물 제374호로 언택트 시대 여행객들이 가장 많이 찾는 명소가 되었다. 500~800년 된 비자나무 2,900여 그루가 자생하고 있으며, 대부분 세계적으로도 보기 드문 높이 7m 이상 되는 비자나무이다. 높이는 보통 7~14m, 직경은 50~110cm 그리고 수관 폭은 10~15m에 이르는 거목이다. 본격적으로 산책로를 따라 걸어 들어가면, 탐방로 대부분은 화산송이 Scoria가 깔린 평지이다. 땅에 습기가 없는 날이면 맨발로 걸어도 좋다. 잘 정돈된 숲길을 걷다 보면 정원을 걷는 느낌이 든다. 숲길 안쪽에는 새천년비자나무와 연리목이 청정한 산소 구역을 만들고 있다. 천년의 세월이 녹아든 비자림 숲이 내뿜는 피톤치드의 상쾌함은 세상의 모든 짐을 내려놓게 만든다. 특히 비 오는 날 비자림 숲을 산책하면 숲의 향기가 더욱 진해지고 사람도 적어 한적하게 걷기 좋다. 천천히 산책해도 1시간 30분이면 충분하며, 어린아이들도 쉽게 걸을 수 있다.

How to go · 비자림 찾아가기

자동차 내비게이션에 '비자림' 입력 후 출발

버스 ❶ 제주국제공항 1번 정류장표선, 성산, 남원에서 111번성산항 승차 → 44분 소요 → 대천환승정류장세화 방향(남)에서 하차하여 711-1번해녀박물관 방면으로 환승 → 17분 소요 → 비자림(남) 정류장 하차 → 도보 5분, 245m → 비자림 ❷ 그밖에 260, 810-2번 승차하여 비자림(남) 정류장 하차. 비자림 입구까지 도보 5분

콜택시 구좌만장콜택시 064-784-5500, 구좌세화호출택시 064-784-8200

Walking Tip · 비자림 탐방 정보

❶ 걷기 시작점 매표소 앞에서 출발한다.

❷ 트레킹 코스 숲 입구로 걸어 들어가 새천년비자나무와 화산송이길 지나 다시 숲 입구로 나오는 코스를 추천한다. 길은 평탄한 편이어서 노약자나 어린이도 무리 없이 탐방하기 좋다.

❸ 준비물 운동화, 모자, 선크림, 선글라스, 간식, 생수

❹ 유의사항 비자림에 있는 돌, 나뭇가지 등 무엇하나 외부로 가져갈 수 없다. '천남성'이라는 식물은 독성이 많으니 어린아이들이 만지지 않도록 유의해야 한다.

❺ 기타 전문 해설사와 동행하는 시간에 맞추면 비자림에 대한 구체적인 지식을 얻을 수 있다. 비자림 숲 안에는 화장실이 없다. 매표소와 주차장 부근에 화장실이 있으니 미리 대비하자. 주차장은 매표소 부근 비자림 입구에 잘 조성되어 있다. 연휴나 주말에는 주차장이 붐빈다. 오전 일찍 혹은 늦은 오후쯤 방문하는 것도 괜찮다.

Travel Tip · 비자림 주변의 명소·맛집·카페

⊙ HOT SPOT
다랑쉬오름

제주 오름의 여왕

구좌읍 일대의 오름 군락 가운데 단연 여왕으로 꼽히는 오름이다. 오름 입구에 서면 정상으로 올라가는 계단이 총총히 놓여 있다. 오름 꼭대기에 도착하면 장엄하고 아름다운 분화구가 여행자를 맞이한다. 분화구의 정상에서는 아끈다랑쉬, 용눈이, 손지오름, 백약이오름 그리고 저 멀리 성산일출봉과 한라산까지 제주 동부 풍경이 시야를 가득 채우며 밀려든다.

🚶 비자림에서 자동차로 6분 ◉ 제주시 구좌읍 세화리 산 6
ⓘ 등반 시간 정상 편도 20분 분화구 둘레길(1.5km) 30분 다랑쉬오름 둘레길(3.4km) 1시간 높이 순수오름높이 227m, 해발높이 382.4m

RESTAURANT

명진전복

해변의 전복 맛집

구좌읍 평대리 해맞이해안로에 있다. 오래된 전복 맛집으로 전복죽, 전복돌솥밥, 전복구이, 전복회 등을 즐길 수 있다. 인기가 많은 메뉴는 전복돌솥밥과 전복구이이다. 전복돌솥밥은 전복내장을 갈아 넣어 맛이 진하고 고소하다. 쫄깃한 전복도 맛이 일품이다. 돌판에 구운 전복구이도 전복돌솥밥 못지않게 많이 찾는다. 버터 향이 그윽하고, 맛이 고소하고 찰지다.

🚶 비자림에서 자동차로 11분 📍 제주시 구좌읍 해맞이해안로 1282 📞 064-782-9944
🕐 09:30~20:30(주문 시간 08:30~20:00, 화요일 휴무) ⓘ 주차 전용 주차장

 CAFE

당근과 깻잎

농부들이 만든 유기농 당근 주스

카페이자 여행객의 거점 공간이다. 구좌 당근을 알리기 위해 설립한 '동뜨락협동조합'의 평대리 농부들이 운영한다. 직접 로스팅한 커피뿐 아니라 시그니처 메뉴인 '평대 플레이트'도 인기가 좋다. 평대 플레이트는 조합원이 밭과 온실에서 직접 기른 유기농 당근과 농작물로 만든 세트 메뉴. 유기농 당근 주스, 친환경 샐러드, 깻잎 카레로 구성되어 있다.

🚶 비자림에서 자동차로 11분 📍 제주시 구좌읍 평대7길 24-3 📞 064-782-0085 🕐 10:00~18:00 ⓘ 주차 가능

다랑쉬오름 월랑봉

시작점 제주시 구좌읍 세화리 산 6

순수 오름 높이 227m

해발높이 382.4m

코스 길이 분화구 둘레길(1.5km)과 오름 둘레길(3.4km) 포함 약 7km(등반 시간 약 2시간, 탐방로 상태 상, 인기도 중, 난이도 중, 접근성 상)

편의시설 주차장, 화장실, 자판기, 정상으로 가는 계단

여행 포인트 삼나무숲, 능선 뷰, 정상 뷰, 장엄한 분화구

상세경로

```
        1km          1.5km          1km          3.4km
   ●──────────○──────────○──────────○──────────●
주차장 옆     분화구    분화구 둘레길   다랑쉬오름   다랑쉬오름
다랑쉬오름              걷기          입구        둘레길 걷기
입구
```

장엄한 분화구, 오름의 여왕

제주 동부 지역에서 비고가 가장 높은 오름이다. 여성스러운 곡선과 아름다운 전망으로 오름의 여왕이라는 별칭도 얻었다. 정상의 분화구가 마치 달처럼 보인다 하여 다랑쉬오름이라 불리며, 한자로는 월랑봉月朗峰이다. 모양새가 인공적으로 만든 원추형 삼각뿔 같다. 어디서나 보이는 우뚝 솟은 봉우리와 전체적인 균형미는 오름의 여왕다운 품격을 보여준다. 정상까지는 지그재그로 난 계단을 타고 오르면 된다. 오르는 내내 계단 양옆으로 삼나무들이 근위병처럼 줄을 맞춰 서서 여행자를 맞이한다. 20분 정도 오르면 분화구에 다다르고, 그 지점에서 시계 반대 방향으로 10분 정도 진행하면 정상에 다다른다. 분화구는 백록담보다 크며 둘레는 1.5km에 달한다. 특히 분화구 정상에서 바라보는 경치가 아름답다. 아꾼다랑쉬, 용눈이, 손지오름, 백약이오름 그리고 저 멀리 성산일출봉과 한라산까지 제주 동부 풍경이 한눈에 들어온다. 부근에 다랑쉬 마을이 있다. 이제는 사라진 다랑쉬 마을은 4·3사건 학살의 슬픔이 남아 있는, 역사를 품고 있는 마을이다.

How to go 다랑쉬오름 찾아가기

자동차 내비게이션에 '다랑쉬오름 주차장' 찍고 출발. 제주공항에서 1시간, 중문에서 1시간 20분, 서귀포에서 1시간 15분 소요.

버스 제주국제공항 1번 정류장표선, 성산, 남원에서 112번 탑승 → 11개 정류장 이동, 50분 소요 → 대천환승정류장 세화 방향[남] 하차하여 810-1번으로 환승 → 다랑쉬오름입구(북) 정류장 하차 → 도보 23분, 1.4km → 다랑쉬오름

콜택시 김녕콜택시 064-784-9910, 구좌콜개인택시 064-783-4994, 제주사랑호출택시 064-726-1000, VIP콜택시 064-711-6666

Walking Tip 다랑쉬오름 탐방 정보

❶ 걷기 시작점 주차장 옆 오름 입구에서 시작한다. 버스로 도착한 경우엔 다랑쉬오름입구(북) 정류장부터 걷기 시작한다.

❷ 트레킹 코스 오름 입구에서 나무 계단을 타고 올라 분화구 둘레길을 한 바퀴 돌고 내려와 다시 오름 둘레길을 걷는 코스이다. 오름 입구에서 정상까지는 20분 정도 걸리고, 분화구 둘레길은 30분(1.5km) 정도 걸린다. 오름 둘레길은 1시간 (3.4km) 정도 소요된다.

❸ 준비물 운동화, 모자, 선크림, 선글라스, 생수

❹ 유의사항 오름 둘레길과 버스정류장에서 걸어오는 길이 한적한 편이다. 여럿이 함께 여행하기를 추천한다.

Travel Tip 다랑쉬오름 주변 명소·맛집·카페

 HOT SPOT

아끈다랑쉬오름

도넛처럼 생긴 오름

다랑쉬오름 동쪽에 있는 아담한 오름이다. '아끈'은 제주 말로 '작다'는 뜻이다. 커다란 도넛 모양을 하고 있으며, 둘레 600m의 분화구가 있다. 가을엔 분화구 안의 억새가 장관을 이룬다. 다랑쉬오름에서 아끈다랑쉬오름을 내려다보면, 풀로 덮여 있는 모습이 이름처럼 귀엽다. 등반로가 거친 편이니 운동화를 꼭 착용하자.

🚶 다랑쉬오름에서 도보 5분

📍 제주시 구좌읍 세화리 2593-1

ⓘ 순수 오름 높이 58m

편의시설 다랑쉬오름의 주차장, 화장실, 탐방안내소 이용

트레킹 코스 입구 출발+정상+분화구 둘레길+입구로 하산=40~50분 소요

 RESTAURANT

놀놀

놀이터 혹은 쉼터

비자림 북쪽에 있는 푸드코트이자 카페이다. 한식, 양식, 중식 등을 맛볼 수 있으며, 카페에서는 편히 쉬어 가기 좋다. 비자림 북쪽에 있어 주변의 푸른 숲과 맑은 공기를 마음껏 즐길 수 있다. 그네와 모래놀이장이 있는, 나무를 이어 만든 자연 놀이터와 클라이밍, 미니풀장도 있어 아이들이 좋아한다. 아이들이 신나게 놀이터에서 노는 모습을 보며 쉬기 좋다.

🚶 다랑쉬오름에서 자동차로 6분 📍 제주시 구좌읍 비자림로 2228
📞 070-7755-2228 🕐 10:00~19:00(넷째 화요일 휴무)

☕ CAFE

비자블라썸

비자림의 브런치 카페

비자림 부근 아름다운 풍경으로 둘러싸인 브런치 카페이다. 주차공간이 넓고 전기차 충전기도 있다. 정원이 넓은 데다 너무 아름다워, 통창이 있는 카페 안에서든 야외 테이블에서든, 근사한 풍경을 즐기기 좋다. 커피와 음료 외에 샌드위치, 당근 케이크, 감자튀김, 감자 수프 등의 메뉴가 있어, 여유롭게 쉬며 간단히 식사할 수도 있다.

🚶 다랑쉬오름에서 자동차로 7분 📍 제주시 구좌읍 비자림로 2244
📞 0507-1341-3885 🕐 매일 10:00~18:00(일요일 휴무)

☕ CAFE

풍림다방 송담점

동부 중산간에서 만난 레트로 카페

TV 프로그램 <수요미식회>에 나오면서 유명해졌다. 구옥을 리모델링하여 레트로 감성이 진하게 느껴진다. 구좌읍 송당리에서 가장 유명한 카페로, 동부 오름과 중산간 여행자들이 많이 찾는다. 더치커피가 인기 메뉴다. 그중에서도 더치라테를 찾는 손님이 많다. 비엔나커피도 인기 메뉴 가운데 하나이다. 노키즈 존으로 열 살 이상만 실내 입장할 수 있다.

🚶 다랑쉬오름에서 자동차로 9분 📍 구좌읍 중산간동로 2267-4 📞 1811-5775
🕐 매일 11:00~18:30 ⓘ 예산 6천원~9천원, 주차 전용 주차장

진빌레밭담길 제주밭담테마공원

시작점 제주시 구좌읍 월정리 1400-14

코스 길이 2.5km(탐방 시간 50분, 인기도 중, 탐방로 상태 상, 난이도 하, 접근성 중)

편의시설 주차장, 화장실, 산책로

여행 포인트 제주밭담공원 돌아보기, 돌담·바다·풍력발전기가 어우러진 이국적인 풍경 즐기기

상세경로

```
              190m                    530m
제주밭담테마공원      경유1 지점              경유2 지점
                                    진빌레 전망대, 반환점

              950m                    880m
제주밭담테마공원          경유3 지점
```

다 같이 돌자 제주 밭담길

제주시 구좌읍 일대는 제주 밭담의 밀집도가 높고 그 특성을 잘 보여주는 핵심 지역이다. 제주밭담테마공원을 중심으로 밭담길을 한 바퀴 돌아오는 진빌레밭담길이 조성돼 있다. 진빌레의 '진'은 '길다'는 뜻이고, '빌레'는 '넓고 평평하고 거대한 바위로 이뤄진 땅'을 말하는 제주 방언이다. 탐방길은 '머들이'라 불리는 캐릭터만 따라가면 된다. 반환점인 진빌레 전망대는 밭과 밭담, 풍력발전기들이 바다와 어우러진 멋진 풍광을 선사한다. 밭담길에는 모진 바람을 꿋꿋이 견디며 원형을 잘 간직한 다양한 돌담이 있다. 밭담길 코스의 시작이자 종착점인 제주밭담테마공원에서는 제주의 돌담이 한 종류가 아니었다는 사실에 놀라게 된다. 한 줄로 차곡차곡 쌓은 '외담', 굵은 돌담을 두 줄로 쌓은 뒤 그사이에 잡석을 채우는 '접담', 맹지를 드나드는 길 역할을 하는 '잣백담', 하단은 작은 돌 상부는 큰 돌로 쌓는 '잡굽담' 등이 있다. 그 밖에 왜구의 침입을 막기 위해 쌓은 '환해장성', 고기잡이를 위해 바다에 쌓은 '원담', 산소 둘레에 쌓은 '산담', 해녀들의 공간 '불턱'도 확인할 수 있다.

How to go 진빌레밭담길 찾아가기

자동차 내비게이션에 '제주밭담테마공원' 입력 후 출발.

콜택시 만장콜택시064-784-5500, 김녕콜택시 064-784-9910, 구좌콜개인택시 064-783-4994

Walking Tip 진빌레밭담길 탐방 정보

❶ 걷기 시작점 제주밭담테마공원에서 출발한다. 테마공원에 조성된 제주 밭담의 유래에 대해 미리 공부하고 탐방을 시작하면 더욱 유익하다.

❷ 트레킹 코스 제주밭담테마공원에서 시계 반대 방향으로 걸어 반환점인 진빌레 전망대에서 다시 제주밭담테마공원으로 돌아오는 코스이다. 올레 20코스와 연결하여 걸어도 좋다. 제주의 밭담길은 이곳 진빌레 외에 애월읍 수산리 '물메'3.3km, 성산읍 신풍리 '어멍아방'3.2km과 난산리 '난미'2.8km 등이 있다.

❸ 준비물 운동화, 모자, 선크림, 선글라스, 생수, 간식

❹ 유의사항 탐방길 중간에는 화장실이 없다. 테마공원에 마련된 화장실을 이용하자. 밭담길 사이 밭에는 지금도 농사를 짓고 있으므로 탐방 시 유의해야 하며, 돌담에 기대거나 훼손해서는 안 된다.

❺ 기타 관리가 안 돼 개인소유 밭담이 무너져있거나, 훼손된 곳이 있다. 보기 흉하다고 손대서는 안 된다.

Travel Tip 진빌레밭담길 주변의 명소·맛집·카페 📷 🍴 ☕

 HOT SPOT

월정리해수욕장

오래 머물고 싶은 바다

올레 20코스가 지나는 월정리는 소담스럽게 펼쳐진 해변과 쪽빛 바다, 드라이브하기 딱 좋은 해안도로, 그리고 풍력발전기가 돌아가는 이국적인 풍경까지 품고 있다. 바닷가에는 통유리를 단 카페가 늘어서 있다. 해변 포토존엔 사시사철 젊고 싱그러운 웃음이 가득하다. 바다는 투명한 에메랄드빛이다. 자동차로 5분 거리에 물빛이 아름다운 김녕해수욕장도 있다.

🏃 제주밭담테마공원에서 자동차로 3분 📍 제주시 구좌읍 월정리 33-3

🍽 RESTAURANT
월정리갈비밥

흑돼지 갈비밥 원조집

시시각각 상권이 변하는 월정리에서 오랫동안 한자리를 지키고 있으면서 분점까지 냈다. 맛과 양은 기본, 인테리어와 비주얼까지 만점이라 혼밥러와 커플은 물론 아이를 동반한 가족까지 다양한 손님이 찾는다. 매장이 넓은 편은 아니라 식사 시간대를 피하면 기다리지 않고 먹을 수 있다. 단짠의 진수인 흑돼지 갈비밥엔 미니 냉면이 함께 나온다. 포장 가능. 🚶 제주밭담테마공원에서 자동차로 4분, 월정리해수욕장 카페 거리에서 도보 2분 📍 제주시 구좌읍 월정7길 46 📞 0507-1406-0430 ⏰ 11:00~19:30(브레이크타임 14:30~17:00) ⓘ 주차 가능

☕ CAFE
김녕에사는김영훈

내공 있는 핸드드립커피

김녕은 관광객이 많이 찾는 곳이지만, 함덕이나 월정리처럼 주변에서 괜찮은 식당이나 카페를 찾기는 어렵다. 그러나 고수들은 어디에나 있다. 김녕에사는김영훈은 커피와 디저트 모두 수준급인 카페이다. 모든 커피는 공력 깊은 바리스타 사장님이 핸드드립으로 내리고, 원두 역시 직접 로스팅한다. 당근케이크나 말차케이크 같은 디저트는 제주산 재료로 만든다. 🚶 제주밭담테마공원에서 자동차로 5분 📍 제주시 구좌읍 김녕로6길 2 📞 0507-1323-1938 ⏰ 09:30~18:00(수·목 휴무) ⓘ 주차 주변 갓길 주차

☕ CAFE
카멜커피 제주

줄 서서 마시는 커피 맛집

카멜커피의 제주점이다. 카멜의 세련된 감성과 깊은 커피 맛을 그대로 담아내 커피 애호가들과 감성적인 카페를 찾는 여행객들에게 필수 코스로 자리 잡았다. 카멜 커피는 기다림에 값하는 것으로 유명한 곳이니 인내심을 가져보자. 카페 바로 옆에는 카멜커피의 베이커리 브랜드 '브로디 그로서리'가 있다. 프리챌, 앙버터, 베이글 등 커피와 함께 즐기기 좋은 빵이 가득하다. 평일에도 이용객이 많아 웨이팅 할 때가 많다. 🚶 진빌레밭담길에서 차량으로 5분 📍 제주 제주시 구좌읍 해맞이해안로 617-3 C동 📞 0507-1315-4302 ⏰ 10:00~18:00(라스트오더 17:30) ⓘ 전용 주차장

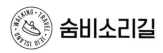 숨비소리길

시작점 제주시 구좌읍 해녀박물관길 26(제주해녀박물관)

코스 길이 5.3km(탐방 시간 3시간, 인기도 중, 탐방로 상태 중, 난이도 중, 접근성 중)

편의시설 주차장, 화장실, 산책로

여행 포인트 제주 해녀들의 삶 이해하기, 해녀박물관 관람, 제주 밭담 만나기, 제주 바람 느끼기

상세경로

해녀박물관	700m	팽나무쉼터	550m	낮물밭길	1,400m	별방진	500m	서문동원담	400m	보시코지불턱

250m

해녀박물관	300m	도구리통	90m	갯것이할망당	580m	해녀탈의장	500m	환해장성	90m	모진다리불턱

제주 해녀의 삶이 녹아있는 길

숨비소리는 해녀들이 물질을 하며 내는 숨소리이다. 숨비소리길은 하도리 바다를 끼고 어지는 약 5.3km의 탐방로로, 제주 해녀들의 삶과 숨소리가 고스란히 녹아있는 길이다. 해녀들이 물질과 밭일을 같이 하기 위해 부지런히 누볐던 옛 시골길 곳곳을 탐방할 수 있다. 제주 사람들의 지혜가 담긴 밭담길 사이에는 모진 물질을 끝내고 난 뒤에도 거친 땅에 농사를 지었던 강인한 해녀들의 터전이 고스란히 남아있다. 또한, 해녀들이 물질을 위해 옷을 갈아입던 '해녀탈의장'과 차가운 바다에서 나와 불을 피워 몸을 녹이던 '불턱' 흔적도 찾아볼 수 있다. 돌담 '무두망개'도 있는데, 밀물에 들어왔던 물고기들이 썰물이 되면 이 돌담 안에 갇혀 손쉽게 잡을 수 있었다. 그 밖에 해녀들의 안전과 풍요를 기원하던 '갯것이할망당', 빗물이 땅속으로 스며들었다가 바닷가에서 솟아나는 용천수를 가둬놓은 '도구리통'도 숨비소리길에서만 만날 수 있는 독특한 공간이다. 숨비소리길은 충분한 여유를 가지고 천천히 걷는 게 좋다. 마음을 힐링하며 혼자 걷기 참 좋은 길이기 때문이다.

How to go 숨비소리길 찾아가기

자동차 내비게이션에 '제주해녀박물관' 입력 후 출발

버스 ❶ 제주국제공항 3번 정류장_{용담, 시청[북]}에서 331번 탑승 → 13분 소요 → 한국병원(남) 정류장에 하차하여 260번으로 환승 → 1시간 15분 소요 → 해녀박물관 정류장 하차 → 도보 3분 → 제주해녀박물관 **❷** 그밖에 711-1, 711-2번 승차하여 해녀박물관 정류장 하차하거나, 201, 711-2번 승차하여 해녀박물관입구(남) 정류장에서 하차. 해녀박물관까지 도보 3분

콜택시 구좌만장콜택시 064-784-5500, 구좌세화호출택시 064-784-8200

Walking Tip 숨비소리길 탐방 정보

❶ 걷기 시작점 제주해녀박물관에 주차 후 박물관 광장에 있는 해녀 동상 뒤편에서 출발한다. 탐방길을 한 바퀴 돌면 다시 제주해녀박물관에 도착한다.

❷ 트레킹 코스 해녀박물관에서 출발하여 낮물밭길, 별방진, 서문동원담, 보시코지불턱, 모진다리불턱, 환해장성, 해녀탈의장, 갯것이할망당, 도구리통을 시계 반대 방향으로 걸어 다시 해녀박물관에 도착하는 코스이다. 코스에는 하도리 밭담길과 바닷길이 포함되어 있는데 각각 다른 매력을 갖고 있다. 천천히 걸으면 3시간 정도 걸린다. 제주해녀박물관은 올레 20코스의 종착점이자 올레 21코스의 시작점이라 시간 여유가 있다면 숨비소리길과 연결하여 걸어도 좋다. 박물관 입구 건너편에 제주올레 여행자센터가 있다.

❸ 준비물 운동화, 모자, 선크림, 선글라스, 생수, 간식

❹ 유의사항 지금도 해녀들이 오고 가는 길이다. 여전히 해녀들이 물질하고 있다. 방해가 안 되게 하자.

❺ 기타 탐방로에는 화장실이 없다. 제주해녀박물관 마련된 화장실을 이용하자.

Travel Tip 숨비소리길 주변의 명소·맛집·카페 📷 🍽 ☕

📷 HOT SPOT

해녀박물관

제주 해녀 그리고 세화 바다

전시실에서는 제주 해녀의 삶과 애환을 한눈에 살펴볼 수 있고, 3층 전망대에서는 세화 바다가 한눈에 들어온다. 제주 해녀들이 제주어로 들려주는 기록 영상물에는 표준어 자막이 들어가 이해를 높여준다. 야외광장에는 일제강점기 때 항거한 해녀들의 항일운동을 기리는 제주해녀항일기념탑이 우뚝 서 있다. 박물관 일대는 해녀들의 항일운동 집결지였다.

📍 제주시 구좌읍 해녀박물관길 26 📞 064-782-9898
🕐 09:00~18:00(월요일, 1월 1일, 설날 및 추석 당일 휴무)
ⓘ 일반 1,100원, 청소년·군인 500원, 12세 이하 무료 주차 가능

 HOT SPOT

세화해수욕장

바닷가 최고의 인생 사진

몇 년 전까지만 해도 세화해수욕장은 그다지 알려지지 않은, 아름답고 조용한 해변이었다. 올레 21코스가 연결되고, 하나둘 카페가 들어서더니, 이제는 제주에서 손꼽는 명소가 되었다. 세화해수욕장의 시그니처 풍경은 바닷가 방파제 위의 예쁜 화분과 나무 의자이다. 세화 바다의 대표 카페 카페공작소에서 내놓은 것으로 인스타 인생 사진으로 많이 올라온다. ⊙ 제주시 구좌읍 해녀박물관길 27

(((🍴))) RESTAURANT

평대성게국수

제주 해녀들이 직접 만든 국수

평대해수욕장 바로 앞에 있는 제주를 대표하는 성게 국수 맛집이다. 중면을 사용하며, 성게알이 고명으로 듬뿍 올려져 있다. 육수 맛은 기존 국수에서 맛볼 수 없는 묵직함과 시원함을 가지고 있다. 소라비빔국수, 돌문어부침개, 군소볶음도 맛있다. 주인장인 엄마와 딸은 모두 해녀인데 제주 특유의 무뚝뚝함이 느껴지지만, 자주 가면 속 깊은 정을 느끼게 된다.

🚶 제주해녀박물관에서 자동차로 6분 ⊙ 제주시 구좌읍 해맞이해안로 1172
📞 0507-1404-2466 🕐 10:00~18:00(월요일 휴무) ⓘ 주차 가능

(☕) CAFE

달책빵

책과 빵을 함께 파는 베이커리 카페

구좌읍 평대리의 해맞이해안로 옆에 있다. 제주의 옛 돌집을 개조한 베이커리 카페로, 책과 빵을 같이 판다. 구좌 당근을 이용해 만든 디저트를 먹으며, 책이 주는 여유까지 더불어 즐길 수 있는 특별한 공간이다. 건물이 두 채인데, 안거리는 카페이고 책방은 밖거리에 있다. 두 공간을 구경하는 재미가 있다. 책방엔 서점지기가 큐레이션 한 책들이 당신의 손길을 기다리고 있다. 오래 머물며 책을 읽고 싶어진다.

🚶 해녀박물관에서 차량으로 5분 ⊙ 제주시 대수길 10-12
📞 0507-1405-4847 🕐 10:30~17:00(일요일 휴무) ⓘ 평대리 해변 앞 공터

 **종달리마을길**

시작점 제주시 구좌읍 종달동길 3(종달리사무소)

코스 길이 1.2km(탐방 시간 1시간, 인기도 중, 탐방로 상태 상, 난이도 하, 접근성 중)

편의시설 주차장

여행 포인트 감성 깊은 마을 길 걷기, 북카페에서 여유 즐기기, 공방 구경하기

상세경로

	100m		100m		300m		300m	
종달리사무소		도예시선 창고		중동마을복지회관			동중동복지회관	

	400m		300m		210m	
종달리사무소		플레이스엉물카페		서동정미소		종달리민회관

제주도 동쪽 마을 걷기

구좌읍의 예쁜 마을 종달리는 반농 반어촌이다. 아름다운 해안도로와 지미봉, 그리고 평온한 마을 풍광이 매력적이다. 올레 1코스와 21코스가 마을을 지나는데, 올레 여행객 사이에서 숨은 명소로 알려지기 시작했다. 종달리마을길은 평탄해서 걷기 편하다. 마을 앞 해안가에서는 우도와 성산일출봉의 아름다운 모습을 한눈에 담을수 있다. 물이 빠지면 우도까지 걸어갈 수 있을 것 같은 착각이 든다. 마을 입구에 다다르면 팽나무 한 그루가 쉼터를 내주며 여행자를 반긴다. 옛날 종달리는 제주에서 최초로 염전이 만들어진 곳으로, 손꼽히는 소금 생산지였다. 그래서 종달리 사람들을 '소금바치'라고 불렀다. 지금은 마을회관 앞 소금밭 전시관이 그 흔적을 대신하고있다. 마을 안길엔 옛집을 개조한 북카페나 게스트하우스, 그리고 작은 상점들이 곳곳에 숨어 있다. 하나같이 소박하고 수수하여 잘 눈에 띄지 않지만, 그래서 오히려 마을과 잘 어울린다. 이렁이렁 쌓아 올린 돌담도 인상적이다. 돌담 사이 꼬불꼬불한 밭에서는 억척스럽게 살았을 제주 사람들의 삶이 느껴진다.

How to go 　**종달리마을길 찾아가기**

자동차 내비게이션에 '제주시 구좌읍 종달동길 3' 혹은 '종달리사무소' 입력 후 출발. 근처 갓길에 주차
버스 제주국제공항 2번 정류장일주동로, 516도로에서 101번 승차 → 1시간 17분 소요 → 세화환승정류장에 하차하여
201번으로 환승 → 11분 소요 → 종달초등학교 정류장 하차 → 도보 8분, 531m → 종달리사무소
콜택시 만장콜택시064-784-5500, 김녕콜택시 064-784-9910, 구좌콜개인택시 064-783-4994

Walking Tip 　**종달리마을길 탐방 정보**

❶ 걷기 시작점 종달리사무소에서 시작한다. 종달리사무소와 마을
입구 팽나무 주변에 주차할 수 있다.
❷ 트레킹 코스 종달리사무소에서 마을 안쪽으로 들어가 도자기
소품 숍인 도예 시선 창고, 중동마을복지회관, 동중동복지회관, 종
달리민회관, 서동정미소 지나 카페 플레이스엉물에서 다시 종달
리사무소로 돌아오는 코스를 추천한다. 천천히 한 바퀴 도는데 한
시간이면 충분하다.
❸ 준비물 운동화, 모자, 선크림, 선글라스, 생수
❹ 유의사항 민가가 많으므로 공중도덕을 지키며 걷자. 담장 너머를 기웃거리거나, 빈집에 들어가서는 안 된다.

Travel Tip **종달리마을길 주변의 명소·맛집·카페**　　　　　📷 🍴 ☕

📷 HOT SPOT
지미봉

우도와 성산일출봉을 한눈에
올레 21코스에 포함된 오름으로 마을 북동쪽에 있다. 오름 입구가 세 개인데, 주차장 쪽 입구로 많이 오른다. 정
상까지 1시간, 오름 둘레길만 1시간 정도 잡으면 된다. 적당히 숨찰 정도로 땀을 흘리며 올라가야 하는 난도지
만, 정상 전망대에 서면 우도와 성산일출봉의 절경을 한눈에 담을 수 있다.

🚶 종달리사무소에서 도보 15분 📍 제주시 구좌읍 종달리 산 3-1 ⓘ 편의시설 주차장, 화장실

 RESTAURANT

구좌지앵

지미봉 아래 파스타 집

종달리해안도로 근처 지미봉 아래에 있다. 옛집을 개조하여 자갈이
깔린 마당과 꽃나무가 아늑한 분위기를 만든다. 대표 메뉴는 네덜란
드산 고급 휠 치즈를 듬뿍 넣은 크림 파스타이다. 재료 본연의 맛을
살리고 소스가 강하지 않아 좋다. 글라스 와인과 드립커피를 곁들이
며 천천히 식사를 즐길 수 있어서 좋다.

🚶 종달리사무소에서 도보 12분 ⓞ 제주시 구좌읍 해맞이해안로 1588-42
📞 010-9101-7245 🕐 11:30~15:00(금 휴무, 저녁 예약 가능)

📷 **CAFE**

플레이스 엉물

온전한 제주를 느낄 수 있는 곳

제주어 '엉물'은 물이 나오는 바위를 뜻한다. 카페 자리가 '엉물' 앞이
라 이름을 '플레이스 엉물'이라 지었다. 카페에서 사용하는 모든 재
료는 제주산이며, 제주 뿔소라 샐러드와 바게트 샌드위치 등 브런치
메뉴의 인기가 좋다. 커피를 비롯한 음료와 디저트에서도 제주 토박
이 주인장의 내공이 느껴진다. 건물 외관부터 메뉴 하나하나에 제주
도 사랑이 담겨 있다.

🚶 종달리사무소에서 도보 8분 ⓞ 제주시 구좌읍 종달논길 92
📞 0507-1413-1515 🕐 09:00~16:00(목요일 휴무) ⓘ 주차 가능

📷 **CAFE**

모뉴에트

클래식 음악 들으며 라떼 한잔

종달리 유채꽃밭 옆의 작은 디저트 카페다. 맛있는 카눌레를 매일 굽
는다. 주인은 평범한 일상도 음악과 함께이길 바라며 카페에 늘 클래
식 음악을 틀어놓는다. 음악을 더 기품있게 만드는 음향기기들의 위
용은 또 다른 재미다. 음악 선곡 역시 흠잡을 데가 없다. 시그니처 메
뉴인 모뉴에트 라테와 클래식 음악 그리고 종달리 한적한 풍경의 조
화가 아름답다.

🚶 종달리사무소에서 도보 3분 ⓞ 제주시 구좌읍 종달동길 23 📞 010-5746-
5316 🕐 11:00~19:00(캐치테이블 예약제, 수 휴무) ⓘ 주차 가능

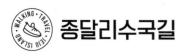 # 종달리수국길

시작점 제주시 구좌읍 해맞이해안로 2196(종달리전망대)

코스 길이 2km(탐방 시간 1시간, 인기도 중, 탐방로 상태 중, 난이도 하, 접근성 중하)

편의시설 주차장, 산책로

여행 포인트 수국 길 걷기, 해안 산책로 즐기기, 종달리 마을 탐방, 해안 절경 감상, 해안도로 드라이브

상세경로

```
종달리전망대 ──600m── 고망난볼턱 ──400m── 종달고망난돌쉼터 ──400m── 고망난볼턱 ──600m── 종달리전망대
```

해안 따라 펼쳐지는 수국의 향연

종달리해안도로 제주 동쪽 바닷가에 있다. 여름이 시작되는 6월 중순부터 매혹적인 수국이 앞다투어 피어난다. 푸른 바다를 배경으로 핀 수국은 아름다움을 넘어 몽환적이기까지 하다. 여행객들은 환한 미소를 지으며 사진 찍기에 여념이 없다. 보통 수국은 하얀색 꽃을 피우기 시작해 파란색을 거쳐 보라색으로 변한다. 땅이 산성이면 파란색, 알칼리성일 경우 빨간색에 가까워지므로 토양 첨가제를 이용해 색을 바꾸기도 한다. 수국의 이런 특성 때문에 제주 사람들은 수국을 '도체비 고장'도깨비 꽃이라 불렀다. 종달리수국길에서는 입장료 없이 해안 길 따라 펼쳐진 수국을 마음껏 감상할 수 있다. 바다 건너 우도와 성산일출봉을 눈에 넣으며 걸을 수도 있어 더욱 좋다. 수국길 탐방로는 걸어도 좋고, 자전거를 타거나 차를 타고 드라이브하기에도 제격이다. 연보라, 파스텔, 빨강…… 해안도로 따라 피어있는 수국은 푸른 제주 바다와 아주 잘 어울린다. 시간 여유가 있다면, 종달리마을 길 입구 양쪽에 자리 잡은 수국길도 걸어보자.

How to go 종달리수국길 찾아가기

자동차 내비게이션에 '제주시 구좌읍 해맞이해안로 2196' 혹은 '종달리전망대' 입력 후 출발
버스 제주국제공항 2번 정류장일주동로, 516도로에서 101번 승차 → 1시간 17분 소요 → 세화환승정류장 하차하여
711-2로 환승 → 24분 소요 → 종달항 정류장 하차 → 도보 10분 → 종달리전망대
콜택시 구좌콜택시 064-782-2106, 구좌콜개인택시 064-783-4994, 성산호출개인택시 064-784-3030, 성
산콜택시 064-784-8585

Walking Tip 종달리수국길 탐방 정보

❶ 걷기 시작점 종달리전망대가 시작점이며, 주차장도 있다. 갓길 주차는 위험하며 불법이다.
❷ 트레킹 코스 종달리전망대에서 종달고망난돌쉼터까지 갔다가 되돌아오는 코스를 추천한다. 탐방은 60분이
면 충분하다. 시간 여유가 있다면 종달리 마을길 입구의 수국길도 걸어보고, 내친김에 종달리 마을길도 탐방하
자. 종달리전망대에서 종달고망난돌쉼터 지나 북쪽 하도리 방면으로 연장하여 탐방할 수도 있다.
❸ 준비물 운동화, 모자, 선크림, 선글라스, 생수, 간식
❹ 유의사항 안전을 위해 주차는 반드시 종달리전망대 주차장에 하자. 도로변에 가득 핀 수국 사이로 차량이 들
고날 때가 많다. 교통사고에 유의해야 한다.
❺ 기타 도로 한쪽으로 자전거도로 겸 인도가 마련되어있어 수국을 감상할 수 있으나, 그래도 도로변이니 안
전에 유의해야 한다.

📷 HOT SPOT

하도해수욕장

푸르고 투명한 물빛

하도해수욕장은 모래사장도 넓은 편이고 수심도 얕아 가족 여행객이 많이 찾는다. 바다 건너로는 우도가 보인다. 주차장과 화장실, 샤워실성수기에만 운영도 갖추고 있어 한적하게 바다 놀이를 즐기기 좋다. 하도리의 어촌계에서 운영하는 하도어촌체험마을에서 스노클링, 물질, 낚시 등 다양한 체험 프로그램에 참여할 수 있다. 해수욕장에서 차로 3분 거리에 있다.

🚶 종달리전망대에서 자동차로 3분 ⊙ 제주시 구좌읍 하도리 53-2 ⓘ 편의시설 주차장 하도어촌체험마을 064-783-1996, www.하도어촌체험마을.kr

🍽 RESTAURANT

소라횟집

생우럭 한 마리가 통째로

점심시간이면 자리 잡기 힘든 횟집이다. 세화 해변 바로 앞이고, 세화 오일장도 바로 옆에 선다. 인기 메뉴는 우럭매운탕이다. 매운탕을 1인분씩 주문할 수 있는데, 생우럭 한 마리가 통째로 들어가 있다. 양념을 맵지 않고 강하지 않게 하여 재료의 맛을 잘 살렸다. 생선구이, 제철 회, 회덮밥도 있다. 좌식테이블과 방도 있다. 🚶 종달리전망대에서 자동차로 15분 ⊙ 제주시 구좌읍 해맞이해안로 1240-3 📞 064-784-3545 🕐 09:00~21:00(일 휴무) ⓘ 편의시설 주차장

☕ CAFE

카페책자국

느긋하게 쉬어가기 좋은 북카페

담벼락마다 그려진 벽화는 종달리에 사랑스러움을 더한다. 책자국은 길을 걷다가 들러 느긋하게 쉬어가기 좋은 조용한 북카페이다. 주인이 선별한 특별한 책과 제주 감성이 듬뿍 담긴 소품으로 여행객의 눈을 사로잡는다. 지미봉이 한눈에 들어오는 자리에서 제주의 상큼함을 머금은 청귤차나 청귤카푸치노와 함께 특별한 책들을 만나보자.

🚶 종달리전망대에서 자동차로 1분, 도보 13분 ⊙ 제주시 구좌읍 종달로1길 117 📞 010-3701-1989 🕐 10:30~18:00(화요일 휴무) ⓘ 주차 주변 마을 주차

성산일출봉

시작점 서귀포시 성산읍 일출로 284-6

코스 길이 1.2km(탐방 시간 50분, 인기도 상, 탐방로 상태 상, 난이도 상, 접근성 중)

운영시간 3월~9월 07:00~20:00, 10월~2월 07:30~19:00(매월 첫째 월요일 휴무)

연락처 064-783-7482

이용요금 2,500원~성인 5,000원

편의시설 주차장, 화장실, 산책로, 안내센터

여행 포인트 정상에서 제주 동부의 오름 전망 즐기기, 영주십이경인 해돋이 풍경과 아늑하고 장엄한 분화구 감상, 올레 1코스와 연결해서 걷기

상세경로

	600m		600m	
입구		정상		입구

©제주도청

제주 여행 1번지 '성산일출봉'

성산일출봉해발 높이 179m, 순수 높이 174m은 유네스코에 등재된 세계자연유산이자 세계지질공원이다. 화산 활동으로 형성된 오름이며, 동시에 바닷속에서 폭발한 수성 화산체이다. 바다 위로 우뚝 솟은 웅장한 성곽 같은 모습이 아름다워 많은 여행객이 찾는다. 지난 2000년 문화재청은 일출봉을 중심으로 한 성산포 해안 일대의 아름다운 자연을 천연기념물 420호로 지정했다. 성산일출봉 정상까지는 가파른 계단으로 되어 있으며, 천천히 가면 25분 정도 소요된다. 생각보다 가파른 편이라 운동량이 많으므로 물을 꼭 준비해야 한다. 현무암 디딤돌이 끝나는 지점부터는 중간에 평지가 없고 올라갈수록 가파른 계단뿐이다. 가파르지만 탐방로 정비는 잘되어 있다. 정상에는 커다란 사발 모양의 8만 평에 이르는 분화구가 장엄하게 자리하고 있다. 성산일출봉의 해돋이는 예로부터 제주의 가장 아름다운 풍광을 일컫는 '영주십이경瀛州十二景' 중 첫 번째로 꼽혔다. 일출로 유명한 곳이지만, 하산하면서 바라보는 낙조도 장관이다. 시간만 맞는다면 제주 바다를 붉게 물들이는 노을도 잊지 말고 챙겨보자.

자동차 내비게이션에 '성산일출해양도립공원' 입력 후 출발

버스 ❶ 제주국제공항 1번 정류장표선, 성산, 남원에서 111번성산항 승차 → 11개 정류장 이동, 1시간 35분 소요 → 성산일출봉입구(동) 정류장 하차 → 도보 6분 → 성산일출봉 ❷ 그밖에 112, 201, 211, 212, 295, 721-2, 721-3번 승차하여 성산일출봉입구(동) 정류장 하차. 입구까지 도보 6분

콜택시 성산 호출개인택시 064-784-3030, 성산콜택시 064-784-8585

Walking Tip 성산일출봉 탐방 정보

❶ 걷기 시작점 주차장과 매표소 부근에서 출발한다.

❷ 트레킹 코스 입구에서 정상까지 탐방로 계단을 따라가면 된다. 왕복 1.2km 정도로 50분이면 충분하다. 탐방로 대부분이 계단이고 급경사 구간도 있어 천천히 걷는 것을 추천한다. 올레 1코스와 연결해서 걸을 수도 있다.

❸ 준비물 운동화, 모자, 선크림, 선글라스, 생수, 간식

❹ 유의사항 어린아이들이 탐방하기에 무리일 수 있다. 입구에서 보면 탐방하는 사람이 적게 보이나 막상 올라가다 보면 사람이 많다는 것을 느끼게 된다. 속도감 있게 탐방하기 어려울 수 있으니 시간은 넉넉하게 잡는 게 좋다.

❺ 기타 천천히 올라가도 성인 기준 왕복 1시간이면 충분하지만, 고소공포증이 있는 사람들은 피하는 게 좋다. 또 중간에 급경사 구간이 있어 노약자는 혼자 오르면 위험하다. 가파른 오르막 탐방로유료가 부담스럽다면, 성산일출봉 입구 왼쪽에 있는 무료 탐방코스를 둘러보는 것도 좋다.

 HOT SPOT

광치기해변

용암이 만들어 낸 해안 절경

섭지코지에서 성산일출봉으로 가는 길목에 있다. 광치기해변은 성산 일출봉이 탄생할 때 용암이 식으며 만들어 낸 독특한 화산 지질이다. 썰물 때 속살이 그대로 드러나므로 성산일출봉을 배경으로 인생 사진 을 남기기 좋다. 수면 위로 올라온 해초들의 푸르름과 바닥의 독특한 지질구조가 성산일출봉을 배경으로 환상적인 모습을 연출한다. 봄엔 유채꽃이 만발한다. 🚶 성산일출봉에서 자동차로 6분 ◎ 서귀포시 성산읍 고 성리 224-33 ⓘ 주차 가능

🍽 RESTAURANT

World Class Fish@Chips

달고기 피시앤칩스

피시앤칩스 맛집이다. 제주특산물 생선인 달고기로 한국식으로 재탄 생시켰다. 이 집 피시앤칩스는 가마솥에 양파기름으로 튀겨 비린 맛 없고 식감이 살아있다. 달고기는 대구보다 살이 촘촘하고 식감이 좋 아 영국에서는 비싼 생선으로 손꼽힌다. 시그니처 메뉴인 달고기피시 앤칩스 외에 쉬림프앤칩스, 감자튀김도 훌륭하다. 재료 소진 시 조기 마감되니 방문 전 확인 필수. 🚶 성산일출봉에서 자동차로 4분 ◎ 서귀포시 성산읍 성산중앙로 33 📞 010-6388-8343 🕐 10:00~17:00 ⓘ 주차 가능

☕ BAKERY

보롱제과

정감 가득한 레트로 동네 빵집

제주에서 보기 힘든 착한 가격과 친절한 서비스 그리고 맛까지, 삼박 자가 완벽한 레트로 빵집이다. 규모는 크지 않지만 클래식한 빵집의 모습을 간직하고 있어 정겹다. 어릴 때 맛보던 빵 맛을 그대로 간직하 고 있다. 시그니처 메뉴인 마늘바게트를 비롯해 튀김 소보로, 한라봉 파이, 단팥빵 등이 있다. 인심이 넉넉해서 더 좋다.
🚶 성산일출봉에서 자동차로 6분 ◎ 서귀포시 성산읍 오조로 48-1
📞 064-782-5472 🕐 08:00~22:00 ⓘ 주차 주변 골목 주차 가능

섭지코지

시작점 서귀포시 성산읍 고성리 62-4(휘닉스제주섭지코지 주차장2)

코스 길이 3.5km(탐방 시간 1시간 30분, 인기도 상, 탐방로 상태 상, 난이도 하, 접근성 중)

편의시설 주차장, 화장실, 산책로, 유민미술관, 카페, 식당

여행 포인트 제주의 바람 느끼기, 주변 오름과 성산일출봉 감상하기, 해안 절경 즐기기, 해안 산책로 걷기, 계절별로 피고 지는 유채, 수국 감상하기, 디자인 미학이 돋보이는 건축 감상하기

상세경로

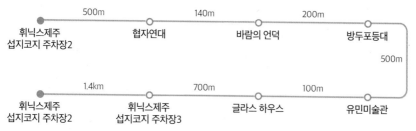

바람의 언덕 '섭지코지'

제주 동쪽 끝 성산읍 신양리의 돌출된 해안에 있다. 모든 사람에게 인기가 많은 곳으로, '섭지'는 좁은 땅, '코지'
는 바다로 돌출되어 나온 지형을 뜻하는 '곶'의 제주 방언이다. 항상 매서운 바람이 불어 '바람의 언덕'이라고 불
리며, 비바람이 거센 날 섭지코지에 가면 비옷을 입어도 온몸이 젖는다. 제주의 다른 해안과 달리 송이가벼운 돌라
는 붉은 화산재로 덮여 있으며, 화산송이 언덕 근처에는 조선 시대 봉화를 올렸던 '협자연대'가 남아 있다. 탐방
길에 만나는 '방두포등대', 안도 다다오의 건축물 글라스 하우스와 유민미술관은 바닷가 산책길, 계절마다 피어
오르는 들꽃과 어우러져 완벽한 조화를 이룬다. 특히 등대에 올라서면 해안 풍경과 출렁이는 파도 사이사이에
자리 잡은 기암괴석이 연출해주는 절경에 감탄하게 된다. 3~4월 유채꽃이 만발했을 때 섭지코지의 모습은 절정
을 이룬다. 탐방로는 산책하기에 불편함이 없으며 여유롭게 걸으면 왕복 1시간 30분이면 충분하다.

자동차 내비게이션에 '서귀포시 성산읍 고성리 62-4'휘닉스제주섭지코지 주차장2 입력 후 출발
버스 ❶ 제주국제공항 1번 정류장표선, 성산, 남원에서 111번성산항 방면 승차 → 1시간 18분 소요 → 고성환승정류장 고성리 회전 교차로(남) 하차 → 166m → 고성리 구 성산농협(서) 정류장에서 295번으로 환승 → 4분 소요 → 섭지코지 정류장 하차 → 도보 30분 → 섭지코지 **❷** 그밖에 721-2, 721-3번 승차하여 섭지코지 정류장 하차. 섭지코지까지 도보 30분.

Walking Tip 섭지코지 탐방 정보

❶ 걷기 시작점 섭지코지 입구와 주차장은 여러 곳에 분산되어 있다. 차를 갖고 갔다면 '휘닉스제주섭지코지 주차장2'에 주차한 뒤 걷기 시작한다.
❷ 트레킹 코스 협자연대, 바람의 언덕, 방두포등대, 유민미술관, 글라스하우스까지 간다. 이어 해안산책로 따라 걸어가 휘닉스제주섭지코지 주차장3에 들렀다가 다시 남쪽의 휘닉스제주섭지코지 주차장2로 돌아오는 코스 추천
❸ 준비물 운동화, 모자, 선크림, 선글라스, 생수
❹ 유의사항 바람이 정말 센 곳이다. 심할 때는 안경이 날아가기도 하고, 비바람이 동반한 날에는 속옷까지 젖는다. 섭지코지 주변 주차장에서 교통사고로 인한 인명피해가 자주 발생한다. 항상 주의해야 한다.
❺ 기타 탐방 후 섭지코지 내 시설을 이용하거나 인근 아쿠아플라넷 제주, 광치기해변, 신양해수욕장 등을 연계하여 돌아보자.

Travel Tip 섭지코지 주변의 명소·맛집·카페 📷 🍴 ☕

📷 HOT SPOT

아쿠아플라넷 제주

제주 바다를 재현하다

돌담을 닮은 초대형 아쿠아리움으로 가족여행에 반드시 들러야 할 곳이다. 제주 바다를 재현한 수조에서 망사리채취물을 담는 자루에 소라, 전복 등을 담는 제주 해녀 물질공연을 볼 수 있다. 상어, 돌고래, 가오리 등도 구경할 수 있고, 물개 체험과 돌고래 쇼도 한다. 1층 레스토랑에서는 섭지코지와 성산일출봉을 배경으로 근사한 식사를 즐길 수 있다.

🚶 휘닉스제주섭지코지 주차장3에서 서쪽으로 300m
📍 서귀포시 성산읍 섭지코지로 95 📞 1833-7001
🕐 09:30~18:00 ⓟ 주차 가능

 HOT SPOT

유민 아르누보 뮤지엄

제주의 자연이 안도 다다오를 만났을 때

휘닉스 제주의 백미는 안도 다다오 건축 미학이 담긴 유민미술관이다. 건축물이 마치 액자 같다. 그 액자엔 성산일출봉과 시리도록 파란 제주의 하늘과 섭지의 바람이 담겨 있다. 매표소에 들어서면 돌·여인·바람의 정원이 당신을 반긴다. 명상 갤러리 입구엔 현무암 벽이 직사각형 모양으로 커다랗게 뚫려 있다. 그 사이로 성산일출봉이 한 폭의 예술 작품처럼 다가온다. ⊙ 서귀포시 성산읍 섭지코지로 107 ☎ 064-731-7791 ⏱ 매일 09:00~18:00(17:00 매표 마감, 국경일·명절 연휴 정상 운영) ⓘ 입장료 어린이와 청소년 1만7천원, 성인 2만원

🍴 RESTAURANT

해왓

정갈하고 깔끔한 제주 밥상

제주의 로컬 푸드를 제대로 맛볼 수 있는 곳이다. 바다를 뜻하는 '해'와 밭을 뜻하는 '왓'이 합쳐진 식당 이름답게, 직접 재배한 채소와 제주의 재료들로 요리한다. 신선한 회부터 다양한 해산물과 갈치조림, 옥돔구이, 물회, 해물뚝배기, 성게미역국까지 무엇 하나 부족한 메뉴가 없다. 특히 고등어구이와 물회, 성게미역국의 조합이 좋다. 아이들과 식사하기 편안하다. 🚶 섭지코지에서 자동차로 4분 ⊙ 서귀포시 성산읍 신고로 30-1 ☎ 0507-1439-5690 ⏱ 09:00~21:00, 수요일 휴무 ⓘ 주차 가능

☕ BAKERY

하와이안비치카페

여기 하와이? 최고의 오션뷰

입구부터 범상치 않은 분위기를 풍긴다. 계단을 올라가면서 만나게 되는 하와이안 스타일에 자꾸만 웃음이 나오는 것도 사실이다. 그러나 2층에서 오션 뷰를 접하고 나면, 깊이 생각할 필요가 없어진다. '하와이안 햄버거'와 시원한 '청귤에이드'는 하와이 감성과 죽이 잘 맞는다. 하와이 비치와 묘하게 닮아있는 제주 성산의 바다가 더욱 이국적으로 느껴지는 곳이다. 🚶 섭지코지에서 자동차로 4분 ⊙ 서귀포시 성산읍 신양로122번길 57, 2층 ☎ 0507-1350-3349 ⏱ 10:30~18:30(첫째 수요일 휴무) ⓘ 주차 가능

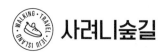

사려니숲길

시작점 **붉은오름 입구 주차장** 서귀포시 표선면 가시리 산 158-4

비자림로 입구 주차장 제주시 봉개동 산64-5

전화 064-784-4280(서귀포 산림휴양관리소)

코스 길이 약 10km(탐방 시간 3시간 30분~4시간, 인기도 상, 탐방로 상태 상, 난이도 중, 접근성 상)

편의시설 주차장, 화장실, 산책로, 전망대, 운동기구

여행 포인트 삼나무 숲길에서 힐링하기, 삼나무 숲에서 인생 사진 찍기, 산수국 길 만끽하기, 가을 단풍 즐기기

상세경로

	3.6km		1.6km		4.8km	
●		○		○		●
사려니숲길 붉은오름입구		월든삼거리		물찻오름입구		사려니숲길 비자림로 입구

제주도 최고의 환상 숲길

사려니숲길은 여행객뿐 아니라 제주도민도 가장 많이 찾는 숲길이다. 입구가 비자림로 쪽과 붉은오름 쪽 두 곳
인데, 보통 주차장이 입구 바로 옆에 있는 붉은오름 쪽 입구에서 많이 시작한다. 붉은오름 초입의 삼나무들은 길
쭉길쭉 곧게 뻗어 울창한 숲을 만들고 동화 같은 분위기를 자아낸다. 나무 데크 무장애나눔길(휠체어 가능)이 조성
되어 있어 산책하기 좋고, 중간중간 마련된 벤치에 앉아 삼림욕을 즐기기도 좋다. 사진 찍기도 좋아 야외촬영하
고 있는 신혼부부는 물론 인생 사진 찍으러 찾아온 여행객들을 쉽게 찾아볼 수 있다. 6월~7월에는 푸른 산수국
이 아름답게 숲길을 장식한 풍경을 만날 수 있다. 입구부터 약 20~30분 정도의 숲길 곳곳에서는 사람들이 북
적대지만, 그 이후부터는 조용한 숲길을 즐길 수 있다. 사려니숲길은 한라산 둘레길의 일부(6구간)이다. 둘레길 중
가장 걷기 편안하고 평평하여 천천히 걸으며 숲을 즐기기에는 더할 나위 없다. 반대편 비자림로 입구에서 출발
하면 붉은오름 입구까지 아주 약간 내리막이라 천천히 숲길을 감상하며 걷기 좋다.

How to go 사려니숲길 찾아가기

자동차 내비게이션에 '사려니숲길 붉은오름 입구' 입력하고 출발. 비자림로 쪽 입구에서 시작할 경우 주차장인 '봉개동 2750-2 혹은 봉개동 산 64-5' 입력 후 출발

버스 ❶ 제주국제공항 2번 정류장일주동로, 516도로에서 181번 승차 → 1개 정류장 이동, 8분 소요 → 제주버스터미널남 정류장 하차 → 도보 1분, 87m → 제주버스터미널가상정류소에서 231번으로 환승 → 34개 정류장 이동, 40분 소요 → 붉은오름 정류장 하차 → 도보 1분 → 사려니숲길 입구 ❷ 제주버스터미널가상정류소에서 212번 탑승하여 사려니숲길 정류장 하차비자림로 쪽 입구에서 출발할 경우

콜택시 제주시 제주사랑호출택시 064-726-1000 VIP콜택시 064-711-6666 삼화콜택시 064-756-9090

서귀포시 서귀포콜택시 064-762-0100, 서귀포인성호출택시 064-732-6199, 5.16호출택시 064-751-6516, 서귀포호출 064-762-0100, 브랜드콜 064-763-3000, 서귀포ok 064-732-0082

표선면 표선24시콜택시 064-787-3787, 표선호출개인택시 064-787-2420

Walking Tip 사려니숲길 탐방 정보

❶ 걷기 시작점 자동차로 가는 경우, 붉은오름 쪽 입구에서 걷기 시작하는 게 더 편리하다. 주차장이 입구 바로 옆에 있다. 비자림로 쪽 입구에서 시작하는 경우 주차장에서 절물조릿대길 따라 비자림로 입구까지 2.5km50분 소요 정도 걸어야 한다.

❷ 트레킹 코스 붉은오름 쪽 입구에서 출발하여 물찻오름 입구 지나 비자림로 입구까지 가는 코스이다. 비자림로 입구에 도착한 뒤 버스로 주차된 곳으로 돌아가는 방법을 추천한다. 사려니숲길 입구 정류장에서 232번을 승차하여 붉은오름 정류장에서 하차하면 된다. 11분 남짓 소요된다. 완주가 부담스러우면 물찻오름 입구까지 갔다가 되돌아오는 코스도 많이 걷는다. 비자림로 쪽 입구에서 출발하면 붉은오름 쪽 입구에서 출발한 것과 반대로 걷게 된다.

❸ 준비물 운동화, 모자, 선크림, 선글라스, 생수

❹ 유의사항 음식물 반입이나 지팡이 사용, 취사, 야영, 식물 채취는 안 된다. 기상 특보가 발효되면 입산 금지이다. 야생 동물이 출몰할 수 있으니 주의하자.

❺ 기타 물찻오름은 현재 자연휴식제를 실시 중이어서 봄철 4~5일 동안 열리는 '사려니숲길 에코 힐링 체험' 행사 기간에만 선착순 예약으로 오를 수 있다. https://www.facebook.com/saryeoni/

HOT SPOT

물찾오름

산정호수를 품었다

물찾오름은 자연휴식제를 실시 중이어서 쉬이 오를 수 없다. '사려니숲길 에코 힐링 체험' 행사가 열리는 5일 남짓 기간에만 출입할 수 있다. 보통 5월 말에 열리지만, '코로나 19' 방역 때문에 변동이 있을 수 있다. 오전 10시부터 12시 30분까지 30분 간격으로 입구 도착 선착순으로 예약받아 20명씩만 출입할 수 있다. 분화구의 산정호수가 신비롭게 아름답다.

⊙ 제주시 조천읍 교래리 산137-1 **물찾오름 입구 비자림로 입구** 제주시 봉개동 산 78-1(승용차 이용 시 사려니숲 주차장에 주차. 제주시 봉개동 산 64-1) **붉은오름 입구** 서귀포시 표선면 가시리 산 158-4 ⓘ 순수 오름 높이 167m, 해발 높이 718m, 등반 시간 1시간~1시간 30분, 페이스북 https://www.facebook.com/saryeoni

HOT SPOT

사려니숲길 무장애나눔길

휠체어도 갈 수 있는 힐링 숲

사려니숲길 붉은오름 쪽 입구에서 조금만 걸어가면 오른쪽으로 무장애나눔길 입구가 나온다. 1.3km의 데크길로 2020년 장애인, 노약자, 어린이, 임산부 등 교통 약자층을 배려하기 위해 산림청 녹색자금으로 조성하였다. 산림복지 불평등을 해소한, 누구나 행복을 누릴 수 있는 숲이다. 미로숲길 2.6km과 더불어 걷기 좋으며, 짧은 코스로 사려니를 즐기고픈 여행객이 많이 찾는다. 울창한 삼나무숲에서 기념할만한 예쁜 사진 한 장 찍는 것도 잊지 말자. 무장애나눔길은 서귀포자연휴양림, 서귀포 치유의 숲, 절물자연휴양림 등에도 조성돼 있다. ⊙ 서귀포시 표선면 가시리 산 158-4(붉은오름 입구 주차장) ⓘ 탐방 시간 1시간 안팎

붉은오름 자연휴양림

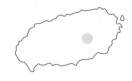

시작점 서귀포시 표선면 남조로 1487-73
전화 064-782-9171 운영시간 09:00~17:00
이용요금 일반 1,000원, 청소년·군인 600원
코스 길이 2.2km(탐방 시간 1시간, 인기도 중, 탐방로 상태 상, 난이도 하, 접근성 중)
편의시설 주차장, 화장실, 자판기, 목재문화체험장, 목재놀이터, 유아숲체험원
여행 포인트 숲길 걷기, 산림욕 즐기기
상세경로

매표소	─300m─	유아숲체험원	─400m─	목재문화체험장	─50m─	

목재놀이터

| 매표소 | ─1.1km─ | 무장애나눔숲길 | ─350m─ | 어우렁더우렁길 | ─30m─ | |

가족과 함께 하는 힐링과 치유의 여행

붉은오름 자연휴양림은 가족 여행지로 적합한 곳이다. 특히 어린 자녀들이 있는 가족에게 매력적인 여행지이다. 매표소에서 휴양림 입구로 들어서는 순간 바로 숲속으로 들어간다는 느낌을 받는다. 목재문화체험장에서는 숲이 주는 가치를 알려주는 다양한 숲 체험 프로그램을 경험할 수 있다. 편백 체험, 유아 목재 체험 등 상시 체험 프로그램과 특별한 주간에 열리는 특별체험 프로그램이 진행된다. 운이 좋으면 숲속힐링음악회 같은 특별프로그램에 참여할 수도 있다. 목재놀이터는 유아숲체험원과 마찬가지로 아이들이 좋아하는 공간이다. 충분한 체험과 놀이를 진행했다면, 어우렁더우렁길 지나 무장애나눔숲길을 탐방하면 된다. 전 구간 데크 로드로 조성되어 있어 어린이와 노약자, 임산부, 장애인 누구나 편안하게 탐방할 수 있다. 숲길을 걷다 보면 몸과 마음에 불현듯 여유가 듬뿍 생긴다. 피톤치드와 별이 쏟아지는 휴양림의 숙박시설에서 하룻밤 머물러도 좋다. 다만 치열한 예약 경쟁을 이겨내야 한다.

How to go　붉은오름 자연휴양림 찾아가기

자동차 내비게이션에 '붉은오름 자연휴양림' 입력 후 출발

버스 ❶ 제주국제공항 3번 정류장_{용담, 시청}에서 1111번_{시티투어} 탑승 → 2개 정류장 이동, 10분 소요 → 탐라장애인종합복지관(남) 정류장 하차하여 231번으로 환승 → 37분 소요 → 붉은오름 휴양림 입구 정류장 하차 → 도보 8분 → 붉은오름 자연휴양림 ❷ 그밖에 232번 승차하여 붉은오름 휴양림 입구 정류장 하차

콜택시 표선개인호출택시 064-787-5252, 표선24시콜택시 064-787-3787, 표선호출개인택시 064-787-2420

Walking Tip　붉은오름 자연휴양림 탐방 정보

❶ 걷기 시작점 붉은오름 자연휴양림 주차장과 매표소가 한곳에 있다. 매표소에서 표 구매 후 입장하면 바로 탐방이 시작된다.

❷ 트레킹 코스 매표소에서 출발하여 유아숲체험원, 목재문화체험장, 목재놀이터, 어우렁더우렁길, 무장애나눔숲길 지나 다시 매표소로 돌아오는 코스이다. 시간 여유가 있고, 노약자나 어린아이 동행이 없는 상황이라면, 붉은오름 등반로_{1.7km 약 90분 소요}, 상잣성 숲길_{2.7km, 약 60분 소요}, 해맞이 숲길_{6.7km, 약 120분 소요} 중 한 코스를 선택하여 길게 트레킹을 즐겨도 좋다.

❸ 준비물 운동화, 모자, 선크림, 선글라스, 생수, 간식, 해충기피제

❹ 유의사항 뱀이 활동하는 시기에는 탐방로에도 가끔 뱀이 나타나니 주의하자. 아이들 놀이터 부근에는 까마귀 떼가 음식물 등을 예의주시하고 있으니, 항상 주의 깊게 살펴야 한다.

❺ 기타 입구와 목공문화체험장에 화장실이 있다.

HOT SPOT

붉은오름

자연휴양림을 품었다

한라산 동쪽 중산간을 지키고 있다. 오름을 덮고 있는 돌과 흙이 붉은빛 또는 검붉은 빛을 띠어서 '붉은오름'이란 이름을 얻었다. 붉은오름 자연 휴양림에서 오름 정상까지 90분이면 다녀올 수 있다. 계단과 매트로 등 반로를 잘 만들어 놓았다. 붉은오름에서 출발하여 상잣성 숲길, 해맞이 숲길을 지나 서쪽의 말찻오름까지 이어지는 6.7km의 트레킹 코스도 있다. 붉은오름 남쪽엔 사려니숲길 입구가 있다. 🚶 붉은오름 자연휴양림이 걷기 시작점 ⊙ 서귀포시 표선면 남조로 1487-73 ① 순수 오름 높이 129m, 해발 높이 569m, 등반 시간 1시간 30분

RESTAURANT

밀림원

도민들이 사랑하는 로컬 맛집

도민들이 멀리서 찾아오는 로컬 맛집이다. 선도 좋은 흑돼지 오겹살과 목살이 인기다. 고기를 받아보는 즉시 빨리 구워 먹어야겠다는 생각이 든다. 직접 재배한 신선한 채소는 덤이다. 가마솥에 닭을 삶아 육수를 우려낸 삼계탕이 인기다. 흑돼지김치전골, 흑돼지제육쌈밥, 닭곰탕 등 단품 점심 식사 메뉴도 훌륭하다. 겨울에는 화목난로가 온기를 더한다. 🚶 붉은오름자연휴양림에서 자동차로 13분 ⊙ 제주시 조천읍 남조로 2446 📞 0507-1352-1537 ⏰ 11:00~20:00(일·월 휴무, 브레이크타임 15:00~17:00) ① 주차 가능

CAFE

5L2F

스페인의 전원 마을 같은 카페

조천읍의 와흘리 중산간 마을에 있는 멋진 카페이다. 카페 이름은 성경 속에 나오는 보리떡 5개와 물고기 2마리(5 loaves 2 fishes)의 기적인 오병이어를 뜻한다. 실내엔 빈티지 가구와 아기자기한 소품 그리고 초록 식물이 가득하다. 은은한 커피 향과 차분한 음악 그리고 푸른 식물들이 아늑한 분위기를 만들어준다. 창문으로 햇살이 가득 들어올 때면 스페인 어느 시골 오두막에 와 있는 것 같은 착각마저 든다. ⊙ 제주시 조천읍 와흘상길 30 📞 064-752-5020 ⏰ 10:00~18:00(일·월 휴무) ① 전용 주차장과 마을 입구 갓길

 **따라비오름**

시작점 서귀포시 표선면 가시리 산 63(따라비오름 주차장)

코스 길이 2.7km(탐방 시간 1시간 30분, 인기도 상, 탐방로 상태 중, 난이도 중, 접근성 중)

편의시설 주차장, 화장실, 산책로

여행 포인트 분화구 능선에 서서 물결치는 억새 풍경 즐기기, 제주의 바람 느끼기

상세경로

따라비오름   탐방로 입구   분화구   분화구   분화구   탐방로 입구   따라비오름
주차장   능선   둘레길   능선   주차장
                                     갈림길   순환 코스   갈림길

　　　500m　　　　400m　　　　900m　　　　400m　　　　500m

은빛 억새의 천국

따라비오름해발 높이 342m, 순수 높이 107m은 제주의 360여 개 오름 중에서 아름답기로 손꼽힌다. 화산 폭발 때 생긴 말굽형 굼부리분화구가 세 개다. 작은 분화구가 옹기종기 모여 있는데, 억새를 가득 품고 있다. 절경이다. '따라비'의 어원은 바로 옆의 모지오름을 지어미 혹은 며느리로 보고, 따라비오름을 가장을 뜻하는 '땅할아버지', '따애비', '따래비'로 여겨 부르다 유래한 것으로 보고 있다. 경사가 가파른 곳도 있지만, 느릿느릿 걸어도 20분이면 충분히 오를 수 있다. 오름 입구를 지나 조금 걸으면 울창한 편백나무 숲길이 나오고, 그곳을 지나면 억새가 보이기 시작한다. 정상으로 올라갈수록 억새군락은 조밀해지며 장관을 연출한다. 11월엔 억새와 일몰 그리고 풍력단지 풍차를 배경으로 사진을 찍으려는 사람들로 붐빈다. 정상에 오르면 오른쪽으로는 조선 최대 산마장이었던 '녹산장'을, 왼쪽으로는 최고 품질의 말을 길러내던 '갑마장'을 조망할 수 있다. 가을 낙조가 드리워진 저녁, 억새의 아름다운 풍광은 잊지 못할만큼 절경을 이룬다.

How to go 따라비오름 찾아가기

자동차 내비게이션에 '따라비오름 주차장' 혹은 '서귀포시 표선면 가시리 산 63' 입력 후 출발.

버스 ❶ 제주국제공항 3번 정류장용담, 시청에서 343번 승차 → 13분 소요 → 한국병원(남) 정류장에서 하차하여 222번제주민속촌 방면으로 환승 → 1시간 2분 소요 → 가시리(북) 정류장 하차 → 도보 50분혹은 택시 이용, 2.9km → 따라비오름 주차장 ❷ 그밖에 731-1, 732-2번 승차하여 가시리(북) 정류장 하차. 따라비오름 입구까지 도보 50분 혹은 택시 이용.

콜택시 표선개인호출택시 064-787-5252, 표선24시콜택시 064-787-3787 표선호출개인택시 064-787-2420

Walking Tip 따라비오름 탐방 정보

❶ **걷기 시작점** 따라비오름 주차장에서 시작

❷ **트레킹 코스** 주차장에서 탐방로 따라 분화구 능선 갈림길까지 간다. 갈림길에서 왼쪽 길로 접어들어 분화구 둘레길 순환 코스를 걸은 뒤, 탐방로 따라 다시 주차장으로 돌아오는 코스를 추천한다. 주차장에서 분화구 능선 갈림길까지는 느린 걸음으로 20~25분이면 충분하다. 탐방로 따라 데크와 계단이 잘 정비되어 있지만, 경사 구간이 있으므로 노약자나 어린아이들은 주의가 필요하다.

❸ **준비물** 운동화, 모자, 선크림, 선글라스, 생수, 간식

❹ **유의사항** 진드기, 해충 피해를 막기 위해 긴 팔 상의나 긴 하의를 입는 게 좋다. 숲이 우거진 길은 되도록 접근하지 말자. 오름 주변에 사유지가 많으니 철조망이나 문이 설치된 곳은 접근하지 않는 게 좋다. 오름 탐방로와 쫄븐갑마장길을 잘 구별해서 탐방해야 한다. 되도록 동행과 함께 탐방하길 권한다.

❺ **기타** 가을이면 생각보다 많은 사람이 억새와 사진을 찍기 위해 방문한다. 일몰 전 정상에서 찍는 억새와 어우러진 풍경 사진이 제일 아름답다.

Travel Tip 따라비오름 주변의 명소·맛집·카페

📷 **HOT SPOT**

와일드오차드

유채꽃, 메밀꽃, 코스모스, 동백

오름과 산으로 병풍처럼 둘러싸인 유기농 자연 농장으로 제주의 자연환경이 잘 보존되어 있다. 드넓은 들판에 유채꽃, 메밀꽃, 코스모스와 동백꽃 등이 계절마다 피어나 여행자를 반긴다. 특히 세 곳으로 나누어져 있는 동백나무 꽃길은 제주의 숨은 명소로 입소문이 나면서 동백 철이면 인생 사진을 남기려는 여행객들로 붐빈다. 자연 그대로의 모습이 매력적인 울창한 삼나무숲 터널도 매우 인상적이다.

🚶 따라비오름에서 자동차로 19분

📍 서귀포시 표선면 성읍이리로57번길 34

📞 064-787-7811 🕙 10:00~18:00 ⓟ 주차 가능

🍽 RESTAURANT
가시식당

몸국과 두루치기의 모든 것

제주 토속음식 몸국은 처음 먹었을 때 그 맛을 제대로 느끼기가 쉽지 않다. 표선면 가시리에 있는 가시식당은 두루치기도 유명하지만, 몸국 식당으로도 인기가 높다. 메밀가루를 넣어 걸쭉하게 끓인 육수에 모자반과 큼직하게 썬 돼지고기가 가득하다. 입안 가득 구수함이 퍼지며 쫄깃하게 씹히는 고기 맛이 일품이다. 고추를 썰어 넣은 멜젓멸치젓을 넣으면 맛이 개운해진다. 🚶 따라비오름에서 자동차로 9분 📍 서귀포시 표선면 가시로 565길 24 📞 064-787-1035 🕐 08:00~20:00(브레이크타임 15:00~17:00, 2·4주 일요일 휴무)

☕ CAFE
모드락572

매일 커피 볶는 집

중산간 마을 가시리의 핸드드립 전문 카페. 직접 커피를 로스팅하므로 커피 매니아라면 들러보기 좋다. 카페에 들어서면 고소한 방앗간 냄새가 난다. 시그니처 메뉴인 모드락 스페셜은 아주 향기롭고 깨끗한 맛이다. 원하면 주인장이 메뉴를 추천해준다. 커피가 부족하면 원하는 만큼 더 내어준다. 커피의 풍미를 느끼며 여유를 즐기기 좋다. 🚶 따라비오름에서 자동차로 10분 📍 서귀포시 표선면 가시로 572 📞 064-787-5827 🕐 10:00~22:00(화요일 휴무) ⓟ 주차 가능

☕ CAFE
초가헌

아이스 아메리카노에 달달한 기름떡

기름떡이 맛있는 예쁘고 조용한 초가집 카페. 성읍민속마을에 있어 마을 구경하다 들르기 좋다. 아이스 아메리카노에 달달한 기름떡이면 세상을 다 얻은 것 같은 기분이 든다. 기름떡은 제주에서 명절이나 특별한 날 먹는 찹쌀로 만든 달콤한 떡이다. 아메리카노와 세트로 주문하면 할인된다. 계절 음료인 감귤에이드와 청귤차, 한라봉차도 입맛을 돋운다. 🚶 따라비오름에서 자동차로 15분 📍 서귀포시 표선면 중산간동로 4628 📞 0507-1423-1707 🕐 09:30~18:00(화 휴무) ⓟ 주차 가능

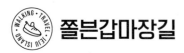

쫄븐갑마장길

시작점 서귀포시 표선면 녹산로 381-15(조랑말체험공원 주차장)

코스 길이 10.2km(탐방 시간 3시간, 인기도 하, 탐방로 상태 중, 난이도 중, 접근성 중)

편의시설 주차장, 화장실, 산책로

여행 포인트 제주의 목장 만나기, 따라비오름과 큰사슴이오름 오르기, 조랑말체험공원과 유채꽃프라자 즐기기

상세경로

	100m	300m	1.3km	1.3km	1.4km
조랑말체험공원 주차장	탐방로 입구	꽃머체	유채꽃프라자	큰사슴이오름	

국궁장

	100m	900m	1.8km	1.9km	1.1km
조랑말체험공원 주차장	탐방로 입구	가시천	따라비오름	잣성	

제주의 목가적인 풍경 즐기기

가시리와 목장길을 연결하는 트레킹 코스이다. 조선시대 최고등급의 말을 '갑마'라 불렀는데, 가시리 일대 초원에 최고등급 말을 키우기 위한 '갑마장'을 설치해 100여 년간 운영했다. 갑마장길은 유채꽃프라자, 큰사슴이오름, 따라비오름, 목장길 등 가시리 마을 길과 목축지 흔적을 따라 걷는 약 20km의 길이다. 그 중 '쫄븐갑마장길'은 갑마장길 탐방로를 반으로 줄여 구성해 놓은 것이다. 쫄븐갑마장길은 '한국에서 가장 아름다운 길 100선'에 선정된 녹산로의 조랑말체험공원 맞은편에서 시작한다. 탐방로 입구에서 조금만 가면 만나는 '가시천'을 지나면 '따라비오름'으로 가는 길과 '유채꽃프라자'를 지나 '큰사슴이오름'으로 가는 길로 갈라진다. 순환형 코스여서 어느 쪽으로 가도 다시 탐방로 입구로 돌아온다. 쫄븐갑마장길은 제주식 돌담과 곶자왈 숲길 그리고 오름을 따라 제주의 자연과 목장 문화를 살필 수 있는 편안한 탐방길이다. 4월에는 유채꽃이 피고, 7~8월 해바라기가 만개한다. 그리고 10월에는 억새가 장관을 이뤄 언제나 아름답다.

How to go 쫄븐갑마장길 찾아가기

자동차 내비게이션에 '조랑말체험공원' 입력 후 출발. 조랑말체험공원에서 쫄븐갑마장길 입구까지는 도보 2분.
버스 제주국제공항 1번 정류장표선, 성산, 남원에서 121번 탑승 → 6개 정류장 이동, 43분 소요 → 대천환승정류장표
선 방향 하차 → 도보 4분, 266m → 대천환승정류장교래 방향에서 810-1번정석항공관 방향 승차 → 1개 정류장 이동, 8
분 소요 → 정석비행장 정류장 하차 → 도보 40분혹은 택시 이용 → 조랑말체험공원
콜택시 표선개인호출택시 064-787-5252, 표선24시콜택시 064-787-3787 표선호출개인택시 064-787-2420

Walking Tip 쫄븐갑마장길 탐방 정보

❶ **걷기 시작점** 조랑말체험공원에 주차한 뒤 길 건너편 쫄븐갑마장길 입
구로 가면 된다.
❷ **트레킹 코스** 탐방로 입구에서 유채꽃프라자와 큰사슴이오름, 따라비
오름 지나 다시 조랑말체험공원 주차장으로 돌아 나오는 코스를 추천한
다. 탐방로 입구 부근 갈림길에서 왼쪽 길이 따라비오름 방면이고 오른
쪽이 큰사슴이오름 방면이다. 어느 방면으로 걷기 시작해도 탐방로 입구
로 다시 돌아온다. 약 10.2km 거리의 쫄븐갑마장길은 약 3시간 정도면 탐방이 끝난다. 시간 여유가 있다면 약
20km 구간인 갑마장길과 연계하여 걸어도 좋다.
❸ **준비물** 운동화, 모자, 선크림, 선글라스, 생수, 간식
❹ **유의사항** 탐방길 중간에 이정표가 유실되거나 눈에 띄지 않아 간혹 길을 지나치는 경우가 있으니 주의가 필
요하다. 시멘트 도로나 비포장도로를 만나도 당황하지 말고 이정표대로 걸으면 된다. 사람들이 많이 탐방하는
길이 아니므로 반드시 동행자와 함께하기를 권하며, 늦은 시간 탐방은 추천하지 않는다.
❺ **기타** 날씨가 흐리거나 안개가 자욱한 날은 피하는 것이 좋다.

Travel Tip 쫄븐갑마장길 주변의 명소·맛집·카페 📷 🍴 ☕

📷 HOT SPOT

조랑말체험공원

승마체험과 환상적인 유채꽃밭

가시리에는 약 225만 평에 이르는 공동목장이 있는데, 주민들이 이를 활
용해 '조랑말체험공원'을 만들었다. 승마체험을 즐길 수 있고, 공원 안 조
랑말박물관에서 제주 말에 관한 정보를 알아보기 좋다. 유채꽃이 필 때면
풍차를 배경으로 인생 사진을 찍으려는 사람들로 인산인해를 이룬다. 매
년 4월 조랑말체험공원을 중심으로 녹산로 일대에 유채꽃 축제가 열린
다. 📍 서귀포시 표선면 녹산로 381-17 📞 064-787-0960 🕘 09:00~18:00(11~
2월 10:00~17:00, 매주 화요일 휴무) ⓘ 이용료 조랑말박물관 무료, 승마체험
12,000~100,000원, 만들기 체험 10,000원, 먹이 주기 체험 3,000원

HOT SPOT
녹산로

유채와 벚꽃이 같이 피는 환상 풍경
서귀포시 표선면 가시리 사거리에서 제주시 조천읍 교래리 제동목장 입구 교차로에 이르는 드라이브 즐기기 좋은 도로다. 길이는 약 10km이다. 3월 말과 4월 초에 방문 1순위 여행지이다. 도로 양옆으로 유채꽃과 벚꽃이 같이 피는데 그 모습이 환상적이다. 덕분에 녹산로는 한국의 아름다운 길 100선에 선정되기도 했다.
◎ 서귀포시 표선면 녹산로 381-15

RESTAURANT
나목도식당

저렴하고 맛있는
놀라운 맛과 저렴한 가격으로 유명한 식당이다. 생갈비는 예약한 손님만 맛볼 수 있다. 생갈비가 동이 났다면 다음으로 좋아하는 부위를 생고기로 주문하자. 두루치기도 맛있다. 남은 양념에 밥을 비벼 철판볶음밥으로 먹거나 부추를 고명으로 총총 썰어 넣은 멸치국수를 후식으로 먹는 것도 별미이다. 근처에 몸국과 두루치기로 유명한 가시식당이 있다.
🚶 조랑말체험공원에서 자동차로 7분 ◎ 서귀포시 표선면 가시로 613길 60
📞 064-787-1202 ⏰ 09:00~20:00(첫째·셋째 수요일 휴무)

CAFE
유채꽃프라자 카페

풍차, 유채꽃 그리고 커피
쫄븐갑마장길 코스 중 하나인 유채꽃프라자 내에 있는 카페다. 풍차와 유채꽃을 바라보며 따뜻한 커피 한 잔과 함께 잠시 쉬어가기 좋다. 카페 바로 뒤가 큰사슴이오름 입구라 다음 코스로 이동하기도 편하다. 유채꽃프라자는 카페 외에 숙박시설과 세미나실 등도 갖추고 있다. 전망대와 포토존을 잘 꾸며 놓아 멋진 사진을 얻을 수 있다.
🚶 조랑말체험공원에서 도보 30분, 쫄븐갑마장길 탐방길의 유채꽃프라자에 있다. ◎ 서귀포시 표선면 녹산로 464-65 📞 0507-1416-1669
⏰ 10:00~17:00 ⓘ 주차 가능

물영아리오름

시작점 서귀포시 남원읍 남조로 988-3(물영아리오름 탐방안내소)

순수 오름 높이 128m 해발 높이 508m

코스 길이 정상 습지 코스 약 2km(왕복 약 1시간 10분), 습지+둘레길(물보라길1) 코스 약 3km(약 1시간 40분), 습지+둘레길(물보라길2) 코스 약 4km(약 2시간 10분) 탐방로 상태 중(인기도 상, 난이도 중, 접근성 상)

편의시설 물영아리 생태공원, 주차장, 화장실, 휴게소 여행 포인트 탐방로 입구의 초원과 삼나무 숲길 걷기, 안개 낀 습지의 신령스러운 운치 즐기기, 중잣성 생태탐방로 걷기

상세경로

정상 습지 코스

탐방안내소 ─ 탐방로 입구 ─ 남쪽 오름 입구 ─ 습지 전망대 ─ 남쪽 오름 입구 ─ 탐방안내소
계단길 시작 물보라길1 끝

습지+둘레길(물보라길1) 코스

탐방안내소 ─ 탐방로 입구 ─ 남쪽 오름 입구 ─ 습지 전망대 ─ 동쪽 오름 입구 ─ 남쪽 오름 입구 ─ 탐방안내소
계단길 시작 능선길 끝, 물보라길1 끝
물보라길1 시작

습지+둘레길(물보라길2) 코스

탐방안내소 ─ 남쪽 오름 입구 ─ 습지 전망대 ─ 동쪽 오름 입구 ─ 탐방안내소
계단길 시작 능선길 끝, 물보라길2 시작

산정 습지가 아름답고 신령스럽다

'영아리'는 '신령스러운 산'이라는 뜻이다. 앞에 '물'이 붙은 이유는 분화구에 물이 고여있는 습지를 품고 있기 때문이다. 탐방안내소 지나 탐방로에 들어서면 드넓은 초원과 삼나무숲이 펼쳐지는데, 이곳에서 영화 '늑대소년'을 촬영했다. 탐방로는 안개가 끼거나 이슬비가 내리는 날 극적인 신비로움을 담은 근사한 풍경을 선사한다. 남쪽 입구에서 정상 습지에 이르는 계단길은 경사가 꽤 가파른 편이지만, 계단으로 되어 있고 중간중간 쉼터도 있어 노약자나 초보자도 오르기 어려운 편은 아니다. 정상의 습지는 국내 최초의 습지 보호지역으로, 2006년에는 국내 5번째로 람사르 습지로 지정되었다. 분화구 습지는 맹꽁이와 물장군을 비롯하여 으름난초·백운란·팔색조·삼광조 등 멸종위기 동·식물의 보금자리로, 자연생태 연구와 보존의 가치가 높은 곳이다. 정상 습지 탐방로와 오름 둘레길을 연계하여 다양한 코스로 물영아리오름을 탐방할 수 있다. 물보라길1 동쪽 옆으로는 중잣성 생태탐방로왕복 1시간 소요가 조성되어 있다. 잣성은 조선시대 중산간 목초지에 쌓은 경계성 돌담이다.

How to go 물영아리오름 찾아가기

자동차 내비게이션에 '물영아리오름' 찍고 출발

버스 제주국제공항 3번 정류장_{용담}, 시청에서 315번 탑승 → 6개 정류장 이동, 13분 소요 → 한국병원(남) 정류장 하차하여 231번으로 환승 → 36개 정류장 이동, 40분 소요 → 남원읍 충혼묘지, 물영아리(서) 정류장 하차 → 도보 6분, 344m → 물영아리오름 입구

콜택시 남원개인24시 064-764-3535, 남원콜택시 064-764-9191, 5.16호출택시 064-751-6516, 서귀포호출 064-762-0100, 브랜드콜 064-763-3000, 서귀포ok 064-732-0082

Walking Tip 물영아리오름 탐방 정보

❶ 걷기 시작점 물영아리오름 탐방안내소에서 시작한다. 탐방안내소에서 짙푸른 초원과 삼나무 숲 사이의 탐방로0.45km를 따라 걸어 들어가면 오름 남쪽 입구가 나온다.

❷ 트레킹 코스 추천 코스는 세 개다. 정상 습지 코스는 계단길 타고 습지까지 갔다가, 왔던 길 그대로 되돌아오는 코스이다. 가파르지만, 계단이이서 걷기 편하다. 습지+둘레길물보라길1 코스는 계단길로 습지까지 갔다가 동쪽 능선길 따라 하산하여 물보라길1을 따라 돌아 나오는 코스이다. 역으로 물보라길1을 따라 동쪽 입구로 가서 능선길 따라 습지에 올랐다 계단길로 하산할 수도 있다. 습지+둘레길물보라길2 코스는 계단길로 습지에 갔다가 능선길 따라 동쪽 입구로 내려와 물보라길2를 따라 오름 둘레길을 돌아 나오는 코스이다. 약 4km 거리로 세 개의 코스 중 가장 길다.

❸ 준비물 등산화나 트레킹화, 모자, 선크림, 선글라스, 생수, 간식

❹ 유의사항 동식물을 포획, 채취해서는 안 되며, 탐방로를 벗어나지 않도록 주의한다. 일행과 함께 가기 추천한다.

❺ 기타 비 오는 날이나 안개 낀 날에 가면 신비롭고 몽환적인 습지 풍경을 즐길 수 있다. 물영아리오름 주차장 옆에 물영아리오름휴게소와 '물영아리'라는 식당이 있다. 이곳이 마땅치 않다면 붉은오름 방향 사려니숲길 입구의 푸드트럭이나 교래마을로 가는 게 가장 빠르다.

물영아리식당
주소 서귀포시 남원읍 남조로996
전화 010-4745-9148
영업시간 08:00~18:00
메뉴 갈비탕, 냉면, 수수부꾸미, 산채비빔밥, 김치찌개, 흑염소탕

물영아리오름휴게소
주소 서귀포시 남원읍 남조로 996
전화 010-9009-3551
영업시간 05:00~14:00(라스트오더 13:30, 화요일 휴무)
메뉴 커피, 김밥, 해장라면, 효소차

물영아리오름 전설
백발노인, 목동에게 산정호수를 만들어주다

물영아리오름은 '물의 수호신'이 산다는 이야기가 전해져 내려오는 곳으로, '수령산' 혹은 '수령악'이라고도 불린다. 맑은 날보다 오히려 비가 내리고 안개가 자욱한 날 그 신비로움이 더해진다. 신령스러운 산이라는 이름에 걸맞게 전해지는 전설도 있다. 한 젊은이가 들에 풀어놓고 기르던 소를 잃어버리고 헤매다가 물영아리오름의 정상까지 가게 되었는데, 목이 마르고 기진맥진하여 쓰러지고 말았다. 그때 꿈에 백발노인이 나타나 "소를 잃었다고 상심하지 말아라. 내가 그 소를 대신하여 이 산꼭대기에 큰 못을 만들어 놓을 테니, 아무리 가물어도 마르지 않을 것이다. 너는 부지런히 소를 치면 살림이 궁색하지 않을 것이다."라고 말했다. 젊은이가 꿈에서 깨어나자 갑자기 하늘이 어둑어둑해지고 폭우와 함께 천동 번개가 내리쳤다. 게다가 하늘이 두 조각으로 갈라지며 굉음이 울렸다. 젊은이는 다시 혼절하였다. 다음 날 아침 젊은이가 정신을 차렸을 때, 산꼭대기는 넓게 패여 있었고, 그 안엔 물이 가득 차 출렁거리고 있었다.

ⓒ제주도청

 **고살리숲길**

시작점 서귀포시 남원읍 하례리 산54-2(남서교 방향)

코스 길이 약 2.1km(탐방 시간 왕복 약 2시간, 인기도 하, 탐방로 상태 중, 난이도 하, 접근성 상)

여행 포인트 제주 곶자왈 만끽하기, 제주의 속살 온몸으로 느끼기, 사람 손길이 닿지 않은 원시림 만끽하기, 계곡 즐기기

상세경로

```
        450m          900m          300m          420m          510m
  ●───────────○───────────○───────────○───────────○───────────●
하례학림로 156   학림교 쪽      장냉이도        속괴         어웍도     선덕사 주변
고살리 비석 앞   숲길 입구                                            남서교
공터 주차장
```

효돈천 따라 걷는 원시림 숲길

한라산 남쪽의 첫 마을 하례2리는 2013년 환경부로부터 자연생태우수마을로 지정되었다. 이 마을의 학림교를 지나는 효돈천 따라 원시적 수림과 계곡이 잘 발달하여 있는데, 이 계곡에 고살리라 부르는 샘이 있다. 이 샘 주변을 중심으로 생태하천 옆을 지나는 자연탐방로가 조성되어 있으며, 고살리숲길이라 부른다. 아직 잘 알려지지 않은 숲길로, 얼마 전 한국관광공사가 선정한 '언택트 관광지 100선'에 뽑혔다. 고살리는 '계곡에 샘을 이룬 터와 그 주변'을 뜻하며, 1년 내내 물이 고여있다. 옛날 물이 귀한 제주에서 고살리 숲길 주변은 제주 사람들의 삶의 터전이었을 가능성이 크다. 실제로 숲길 근처에서 옛 집터를 찾아볼 수 있으며, 몇 백 년 된 산귤나무가 아직 숲을 지키고 있다. 계곡 주변은 제주 사람들에게 쉼팡쉼터의 장소이기도 했다. 고살리 숲길은 시간의 여유를 가지고 방문하여 숲길의 속괴, 장냉이도, 어웍도 등의 지점에서 계곡을 즐기며 탐방하는 게 좋다. 계곡은 평소에는 건천이지만 비가 많이 내리거나 장마철이 되면, 맑은 물이 흐르고 폭포를 이룬다.

How to go 고살리숲길 찾아가기

자동차 ❶ 내비게이션에서 선덕사 검색 후 출발. 선덕사 아래 주차장에 주차 후 한라산 방면오르막으로 약 150m 이동 후 횡단보도 이용. 이어 한라산 방면 약 50m 이동 ❷ 내비게이션에 '서귀포시 남원읍 하례학림로 156' 입력하고 출발. 고살리 비석 앞 공터에 주차 후 오르막 방면으로 450m 도보 이동. 이정표 방향으로 숲길 진입
버스 ❶ 제주국제공항 2번 정류장일주동로, 516도로에서 181번 탑승 → 11개 정류장 이동, 56분 소요 → 하례환승정류장하례리 입구, 선덕사 주차장 옆[서] 하차 → 한라산 방면 오르막 약 100m 이동 후 횡단보도 이용. 이어 한라산 방면 약 50m 이동 ❷서귀포 시청 제1청사 부근 중앙로터리(동) 정류장에서 182번 탑승하여 하례환승정류장하례리 입구 하차, 한라산 오르막 방면으로 약 50m 도보 이동
콜택시 남원콜택시 064-764-9191, 5.16호출택시 064-751-6516, 서귀포호출 064-762-0100, 브랜드콜 064-763-3000, 서귀포ok 064-732-0082

Walking Tip 고살리숲길 탐방 정보

❶ 걷기 시작점 고살리숲길은 외길로 남쪽과 북쪽에 숲길 입구가 있다. 남쪽 입구는 남원읍 하례리의 학림교 쪽에 있다. 북쪽 입구는 서귀포시 상효동의 선덕사 주변 남서교에서 출발한다. 버스를 이용한다면 남서교 쪽을 추천한다. 남서교 쪽 숲길 입구는 선덕사 아래 주차장에서 도보 약 5분 거리150m에 있다. 숲길 입구에서 보라색 리본을 따라 걸으면 된다.

❷ 트레킹 코스 학림교 쪽 숲길 입구에서 출발하여 장냉이도, 속괴, 어웍도 지나 남서교 쪽 숲길 입구로 나온다. 혹은 반대로 남서교 쪽 숲길 입구에서 출발하여 어웍도, 속괴, 장냉이도를 지나 학림교 쪽 고살리비석 계곡까지 트레킹한다.

❸ 준비물 트레킹화, 긴 바지, 긴 팔 상의, 모자, 선크림, 생수

❹ 유의사항 쓰레기는 반드시 되가져 간다. 음식물 반입, 취사, 애완동물 동반, 산악자전거 탑승 금지. 좁아지는 숲길에서 뱀, 벌레에 주의하자.

❺ 기타 원하면 자연환경해설사의 설명을 들으며 탐방할 수 있다. 월요일~일요일까지 매일 10:00와 14:00에 두 번 진행한다. 월~금요일까지는 유료이고 토·일은 무료이다. 홈페이지 http://www.ecori.kr에서 신청하면 된다. 예약 후 전화 상담 필수(063-733-8009)

📷 HOT SPOT
효명사

이끼 낀 천국의 문

남원읍 하례리에 있는 절이다. 파란 지붕을 이고 있어서 사찰이라기보다는 제주 여느 시골집 같은 분위기가 난
다. 굴뚝에서는 모락모락 연기가 피어나오고, 잔디밭 옆에는 평상이 펼쳐져 있다. 겉으로 보면 산장 같지만, 이래
보여도 효명사는 제주도에서 손꼽히는 인생 사진 명소이다. 이끼가 껴 신비로운 '천국의 문'이 이 절에 있기 때문
이다. 절 뒤에 천국의 문으로 가는 길이 있다. 돌계단을 내려가면 잔뜩 이끼 낀 돌문이 나타난다. 천국의 문이다.
신비롭기 그지없다. 바로 옆 계곡에는 작은 폭포가 흐른다.

🚶 남서교 쪽 고살리숲길 입구에서 차로 약 4분(1.1km) 📍 서귀포시 남원읍 516로 815-41

📷 HOT SPOT
서귀다원

아늑하고 평화롭다

서귀포시 상효동 해발 250m 고지에 있는 숨은 녹차 밭이다. 이곳은 오설록보다 조용해서 좋다. 게다가 한라산
기슭 숲으로 둘러싸여 있어 더없이 아늑하다. 전망대에 올라서면 한라산과 녹차밭이 한눈에 들어온다. 키가 큰
삼나무가 자라는 길을 중심으로 양쪽으로 푸른 차밭이 싱그럽게 펼쳐져 있다. 서귀다원엔 아담한 카페가 있다.
카페에 앉으면 돌담 너머로 보이는 차밭 풍경이 가득 들어온다. 카페에서 바라보는 차밭 풍경이 무척 평화롭다.
차밭과 낮은 돌담이 어우러져 제주도 특유의 이국적인 풍경을 연출한다. 카페에서 녹차도 살 수 있다.

🚶 남서교 쪽 고살리숲길 입구에서 자동차로 5분 📍 서귀포시 516로 717 📞 064-733-0632 🕘 09:00~17:00(화요일 휴무)

한남연구시험림

시작점 서귀포시 남원읍 서성로651번길 235(주차장) 전화 064-730-7272

운영시간 09:00~17:00(17시 전 하산 완료, 매주 월·화 휴무), 숲 해설 프로그램(09시, 13시)

사전예약 https://jbs.foresttrip.go.kr

코스 길이 6km(탐방 시간 2시간, 인기도 중, 탐방로 상태 상, 난이도 하, 접근성 중)

편의시설 주차장, 화장실, 산책로 여행 포인트 산림욕 즐기기, 삼나무 전시림의 이국적 풍경 감상하기

상세경로

	200m		600m		200m		1.3km		200m	
주차장		한남연구시험림 입구		산수국 갈림길		양하 갈림길		복수초 갈림길		삼나무 전시림 입구	

1km

	200m		600m		200m		1.3km		200m	
주차장		한남연구시험림 입구		산수국 갈림길		양하 갈림길		복수초 갈림길		삼나무 전시림 순환	

비경을 간직한 비밀의 숲

한남연구시험림은 한라산 동남쪽 자락의 비경을 볼 수 있는 비밀의 숲이다. 줄지어 자라는 나무들이 하늘을 가릴 만큼 웅장하게 들어서 있다. 2017년 산림청으로부터 '보전·연구형 국유림 명품 숲'으로 지정되어 국립산림과학원과 난대·아열대산림연구소에서 관리하고 있다. 입구에 들어서자마자 50~70년 된 장대한 삼나무 숲의 매력에 빠져든다. 정신없이 걷다 보면 어느새 박하사탕 수백 개를 먹은 듯한 상쾌함이 온몸을 가득 채운다. 붉가시나무, 황칠나무, 고사리를 비롯한 439종의 식물과 천연기념물인 팔색조와 원앙, 국제적 멸종 위기종인 긴꼬리딱새 등 130종의 동물이 살고 있다. 숲길 끝에는 국내 최대 규모의 삼나무 전시림7㏊이 있다. 이국적인 풍경에 감탄사가 절로 나오지만, 아쉽게도 제주 자생 삼나무가 아니다. 일제가 산림을 수탈한 이후 빨리 자라는 삼나무를 일본에서 가져와 대량으로 심었기 때문이다. 전시림에는 1933년 조림한 삼나무 1,850그루가 있는데, 나무 높이가 평균 28m, 지름이 63㎝에 이른다. 성인 3명이 손을 잡아야 연결할 수 있는 거목도 곳곳에서 볼 수 있다.

How to go 한남연구시험림 찾아가기

자동차 내비게이션에 '서귀포시 남원읍 서성로 651번길 235' 입력 후 출발
콜택시 남원개인24시 064-764-3535, 남원콜택시 064-764-9191

Walking Tip 한남연구시험림 탐방 정보

❶ 걷기 시작점 주차장에서 200m 정도 한라산 방면으로 걸어 올라
가면 한남연구시험림 입구가 나온다. 입구에서부터 탐방은 시작된다.
❷ 트레킹 코스 한남연구시험림 입구에서 산수국 갈림길, 양하 갈림길
지나 삼나무 전시림을 돌아보고 다시 입구로 돌아오는 코스를 추천한
다. 한남연구시험림의 탐방코스는 A구간, B구간, C구간이 있는데, 추천
코스는 B구간이다. A구간은 멀동남오름을 중심으로 돌아보는 코스로
1.7km 거리40분 소요이다. C구간은 사려니오름을 중심으로 용암 지질의
특성을 체험할 수 있는 코스이다. 3km 거리이며 80분 정도 소요된다.
❸ 준비물 운동화, 모자, 선크림, 선글라스, 생수, 간식, 나무막대(야생동물 퇴치)
❹ 유의사항 온라인 예약https://jbs.foresttrip.go.kr을 통해서만 탐방할 수 있다. 매년 5월부터 10월까지만 한시적
으로 개방되며, 자율탐방과 숲 해설 프로그램 참여 둘 다 가능하다. 예약은 신청일 기준 3일 이전부터 2개월 이
전까지 가능하다. 예약 후 인원 및 기타 정보는 변경할 수 있다. 한남연구시험림은 국가에서 진행하는 시험 및
연구를 위한 산림이므로 허용된 구간만 탐방해야 한다. 뱀과 같은 야생동물이 출몰하므로 주의가 필요하다. 숲

길에 사약 재료로 쓰인 천남성 같은 독초들이 많이 있으니 만져서는 안 된다. 고사리 등 산나물을 함부로 채취해서도 안 된다.

⑤ 기타 숲 해설 프로그램은 매일 2회 오전 9시, 낮 1시에 진행되며 숲 개방 시기인 5월부터 10월까지 운영된다. 참여 인원은 1회 최대 20명씩 신청 순서대로 진행한다.

Travel Tip 한남연구시험림 주변의 맛집

 RESTAURANT

랑이식당

남원읍 중산간의 밀푀유나베 맛집

랑이식당은 소고기와 배추가 주재료인 밀푀유나베 전문점이다. 밀푀유나베는 천 개의 잎사귀란 뜻을 가진 프랑스어 밀푀유와 일본식 전골인 나베를 합친 말이다. 이름처럼 여러 채소와 얇은 고기를 겹겹이 쌓아 냄비 가득 채워 끓여 먹는 요리다. 랑이식당 밀푀유는 채소에서 우려낸 담백한 국물에 부드러운 한우와 매일 직접 만드는 수제 만두의 조화가 특별하다. 식당 모든 메뉴는 혼밥족들에겐 아쉽지만 2인 이상만 주문할 수 있다. 만두는 하루 300개만 빚는다. 모두 팔리면 일찍 문을 닫는다.

🚶 한남연구시험림에서 자동차로 10분 📍 서귀포시 남원읍 중산간동로 6264
📞 0507-1330-7332 🕐 매일 10:30~20:00(브레이크타임 15:00~17:00)
ⓘ 주차 가능

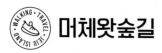 머체왓숲길

시작점 서귀포시 남원읍 서성로 755(머체왓숲길 방문객 지원센터)

운영시간 09:00~18:00(17시 입장 마감)

연락처 064-805-3113 이용요금 무료

코스 길이 6.1km(탐방 시간 2시간 30분, 인기도 상, 탐방로 상태 중, 난이도 중, 접근성 중)

편의시설 안내센터, 카페, 식당, 주차장, 화장실, 산책로

여행 포인트 원시의 숲 즐기기, 서중천 습지·전망대·숲 터널 즐기기, 편백숲에서 피톤치드 샤워하기,
중잣성 주변 원시림에서 산림욕 즐기기

상세경로

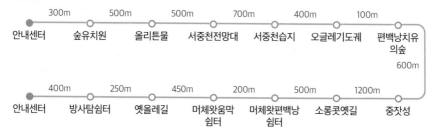

신비로운 숲, 미지의 원시림

머체왓숲길은 서귀포시 남원읍에 있는 원시 자연의 숲이다. 남원읍 한남리에서 태흥리까지 12km를 흐르는 서중천 바로 옆에 있다. 서려니숲길이나 비자림보다는 사람들의 발길이 적어 아직은 한가롭게 걸을 수 있다. '머체'는 '돌이 엉기성기 쌓이고 잡목이 우거진 곳'을 뜻하며 '왓'은 '밭'을 의미하는 제주 방언이다. 돌과 나무가 우거진 척박한 돌밭 혹은 숲길로 해석하면 된다. 머체왓숲길은 1코스 '머체왓숲길'과 2코스 '소롱콧길'로 나뉜다. 태풍으로 오랫동안 휴식년제를 시행중이던 1코스가 최근 정비를 마치고 재개장했다. 입구에서 목책을 통과하여 넓은 목초지대를 지나면 '머체왓숲길'과 '소롱콧길'로 가는 두 갈래 길이 나온다. 두 길은 서중천 전망대에서 다시 만난다. 어두컴컴한 소롱콧길 초입에 들어서면 일단은 생경한 원시림의 모습에 당황하게 되고, 그다음은 한 번도 마주한 적 없는 신비로움에 놀라게 된다. 숲길은 코스마다 다채롭고 변화무쌍하다. 목장길과 피톤치드가 풍부한 편백숲, 시원한 초원, 불규칙하게 쌓인 돌 위로 뿌리를 내려 끈질기게 살아남은 곶자왈 숲까지 다채롭고 신비로운 풍광을 만날 수 있다.

How to go　머체왓숲길 찾아가기

자동차 내비게이션에 '머체왓숲길 방문객지원센터' 입력 후 출발
콜택시 남원개인24시 064-764-3535, 남원콜택시 064-764-9191

Walking Tip　머체왓숲길 탐방 정보

❶ 걷기 시작점 머체왓숲길 방문객지원센터에서 출발한다. 만약을 위해
입구 안내판의 숲 프로그램과 안내도를 스마트폰으로 찍어 놓고 출발하
는 것이 좋다.

❷ 트레킹 코스 머체왓숲길은 머체왓숲길1코스와 소롱콧길2코스로 나뉘는
데 1코스는 6.7km 2코스는 6.1km로 탐방길이 조성되어 있다. 숲의 매력
을 다양하게 살펴볼 수 있는 2코스 탐방을 추천한다.

❸ 준비물 운동화, 모자, 선크림, 선글라스, 생수

❹ 유의사항 머체왓숲길은 이정표가 잘되어 있는 편이지만 자연의 숲이 그대로 살아있는 곳이라 자칫하면 길
을 잃거나 코스를 벗어날 수 있다. 주변 탐방객들에게 물어가며 트레킹 하는 게 좋다.

❺ 기타 비가 온 뒤에는 숲길이 미끄러울 수 있다. 탐방길 중간에는 화장실이 없다. 입구에 있는 화장실을 이용
하자. 시즌별로 머체왓숲 해설이 포함된 다양한 프로그램이 진행되고 있다. 문의는 머체왓숲길영농조합법인
064-805-3113에 하면 된다.

RESTAURANT

머체왓식당

제주 고사리가 듬뿍 들어간 비빔밥

머체왓숲길 방문객지원센터와 같은 건물에 있어 숲길 탐방 후 가기 좋다. 가까운 곳엔 갈만한 식당이 없고 오직 여기뿐이다. 그렇지만 절대 허술하지 않다. 옥돔구이, 성게미역국, 흑돼지 김치찌개 등 단품 메뉴도 많다. 숲길 탐방 후에는 텁텁한 입맛을 깔끔하게 바꿔주는 머체왓비빔밥이 좋다. 오리백숙이나 한방닭백숙은 탐방 2시간 전 예약해놓는 게 좋다. ⚡ 머체왓숲길 방문객지원센터 옆 ◎ 서귀포시 남원읍 서성로 755 ☎ 070-8680-8141 ⏱ 10:00~18:00(월 휴무) ⓘ 주차 가능

 CAFE

머체왓 족욕카페

머체왓숲을 바라보며 차 한잔

머체왓숲길 방문객지원센터 건물에 있는 카페이다. 제주에서 생산되는 건강한 재료로 만든 건강약차와 귤효소차가 하루의 고단함을 덜어 내준다. 거기에 천연족욕과 편백찜질은 쌓인 피로를 날려버리기 충분하다. 약재에 구운 달걀도 빠지면 섭섭하니 함께 먹으면 좋다. 화창한 날에는 2층 전망대에 마련된 야외테이블에 앉아 머체왓숲을 바라보며 차를 즐겨보자.

⚡ 머체왓숲길 방문객지원센터 옆 ◎ 서귀포시 남원읍 서성로 755
☎ 064-805-3114 ⏱ 하절기 09:00~18:00, 동절기 09:00~17:00 ⓘ 주차 가능

이승악벚꽃길과 삼나무숲길

시작점 서귀포시 남원읍 서성로 308(이승악탐방휴게소)

해발 높이 539m 순수 오름 높이 114m

편의시설 주차장, 화장실, 산책로

여행 포인트 목장길 따라 한라산을 배경으로 펼쳐지는 벚꽃길 걷기,

삼나무 숲길 탐방하기, 숯가마와 화산탄 관찰하기

코스 길이 약 9.5km(탐방 시간 3시간, 인기도 중, 탐방로 상태 중, 난이도 중, 접근성 중하)

상세경로

이승악 탐방휴게소	2.4km → 이승이오름 입구 주차장	한라산 둘레길 2코스 갈림길 지나 580m	450m → 갈림길 좌측 길 진입	해그문이소	왔던 길로 되돌아 나오기, 450m	갈림길 우측 길 진입

이승악 탐방휴게소	2.4km → 주차장	490m → 이승악 정상 등반로 입구B	630m → 이승악 정상	630m → 이승악 정상 등반로 입구B	약 700m → 표고 재배장 입구	이승악 정상 등반로 입구A 갈림길, 숯가마, 화산탄, 삼나무 숲 지나 1km

목장길 따라 벚꽃길 걷기

이승악은 이승이오름이라고도 불린다. '이'는 '삶'을 의미하며, 삶이 서식하던 오름이라 해서 이승이라고 이름 지었다. 정상에 서면 한라산과 남원 앞바다가 보이지만 훌륭한 뷰는 아니다. 이곳의 진짜 매력은 진입로 2.4km와 오름 둘레길순환로에 있다. 이승악탐방휴게소 앞으로 난 진입로에 들어서면 바로 넓은 초원이 나오고 초원 위엔 신례리 공동목장이 펼쳐져 있다. 봄이 되면 목장길 따라 쭉 피어나는 벚꽃이 마음을 들뜨게 한다. 목장을 지나 오름 입구까지 푹신하고 안전한 인도가 이어져 걷기 아주 좋다. 벚꽃은 3월 말에 만개해 4월 초에 진다. 해그문이소는 이승이오름 순환로에서 조금 벗어나 있지만, 첫 번째 탐방 코스이다. 아름다운 담수천인데 나무가 울창하고 절벽이 병풍처럼 둘러싸고 있다. 덕분에 밝은 대낮에도 해를 볼 수 없어 해그문이소라 불린다. 짙푸른 물빛이 융단 같다. 오름 순환로 곳곳에는 숯가마와 화산탄이 즐비하다. 화산탄 위로 힘차게 자라나는 나무들이 신비롭다. 이승이오름 순환로 북쪽 부분은 한라산 둘레길 중 가장 최근에 생긴 수악길의 일부이다. 수악길에는 키 큰 삼나무 숲 군락이 선물같이 이어져 있다.

How to go 이승악 찾아가기

자동차 내비게이션에 '이승이오름'이나 '이승악오름', 또는 '서귀포시 남원읍 신례리 산 12-19'이승악 탐방휴게소 주차장 찍고 출발. 이승악탐방휴게소 주차장에 주차하고 건너편 길로 진입. 오름 입구에도 주차장서귀포시 남원읍 신례리 산7이 있다. 하지만 목장길이 아름다우므로 이승악탐방휴게소에서 시작하길 추천한다. 제주공항에서 이승악탐방휴게소 주차장까지 55분, 서귀포 시내에서 25분 소요

버스 제주국제공항2 정류장일주동로, 516도로에서 181번 탑승 → 55분 소요 → 하례환승정류장하례리 입구 하차 → 도보 4분 → 하례2리 입구 정류장 → 623번으로 환승 → 11분 소요 → 휴애리자연생활공원 정류장 하차 → 도보 20분, 1.3km → 이승악탐방휴게소 → 건너편 오름 진입로 따라 도보 40분, 2.4km → 오름 입구

*오름 근처에 버스 정류장이 없다. 가장 가까운 버스 정류장이 휴애리자연생활공원 정류장이다. 이곳에서 오름 입구까지는 50분 이상 걸어야 한다. 진입로에 접어들면 목장길 따라 펼쳐진 환상 벚꽃길이 걷기 여행의 묘미를 더해준다.

콜택시 남원개인24시 064-764-3535, 남원콜택시 064-764-9191

Walking Tip 이승악 탐방 정보

❶ 걷기 시작점 이승악탐방휴게소 건너편의 진입로에서 시작한다. 이승이오름 입구까지 2.4km 정도 이어지는 얕은 오르막길이다. 길 양쪽으로 '신례리 공동목장'이 펼쳐져 있다. 가로수가 벚나무라 3월 말부터 진입로는 벚꽃 명소가 된다. 오름 입구에 다다르면 이승이오름 순환로가 시작된다. 오름 입구 주차장까지 자동차로 갈 수 있다. 순환로만 걷고 싶으면 오름 입구에 주차하면 된다.

❷ 트레킹 코스 진입로를 걷다가 지도 안내판, 정자, 운동기구, 주차장 등이 보이면 그곳이 오름 입구이다. 오름 주차장에서 오름 순환로로 접어들어 도보 13분580m 정도 걸으면 갈림길이 나온다. 이곳에서 왼쪽 길로 접어들어 9분 정도 걸어가 '해그문이소'를 본 뒤 갈림길을 향해 다시 돌아 나온다. 갈림길에서 이번엔 오른쪽 길로 접

어들어 5분 정도 걸어가면 오름 정상 등반로 입구A가 나온다. 하지만 멋진 숲길을 걷고 싶다면 정상 등반은 잠시 뒤로 미루고, 계속 진행 방향으로 걸으면 된다. 이 멋진 숲길은 한라산 둘레길 중 가장 최근 개장한 '수악길'의 일부이다. 숲을 만끽하며 계속 걸으면 화산탄과 숯가마 지나 또 다른 오름 정상 등반로 입구B에 다다른다. 정상에 가고 싶으면 입구B에서 정상을 향해 걸어갔다가 왔던 길로 돌아 나오면 된다. 이정표가 잘 되어 있다. 정상에 들르지 않고 둘레길순환로만 한 바퀴 돌아도 좋다. 순환로만 대략 40분~1시간 정도 소요된다.

❸ 준비물 운동화, 생수, 간식, 모자, 선크림, 쓰레기봉투(음식물 가지고 갈 경우)

❹ 유의사항 해그문이소는 비 온 다음에 가면 수량이 많고 폭포가 생겨 더욱 아름답다. 다만 비가 많이 올 때는 하천이 범람할 위험이 있으니 탐방로를 걷지 않는 게 좋다.

❺ 기타 이승악탐방휴게소에 작은 매점과 식당이 있다. 식당에선 정식, 국수, 닭백숙 등을 판매한다. 요깃거리를 준비했다면 오름 진입로 전망대에서 즐기기 좋다.

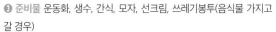

Travel Tip 이승악 주변의 명소·맛집·카페

 HOT SPOT

휴애리자연생활공원

매화, 수국, 감귤, 핑크뮬리, 동백

서귀포시 남원읍 신례리 중산간에 있는 체험 공원이다. 휴애리에선 사계절 내내 꽃과 감귤을 주제로 한 체험 축제가 열린다. 2월~3월엔 봄을 여는 매화 축제, 4월~7월엔 수국 꽃밭즐기기, 8~9월엔 어린이 청귤 따기 체험 프로그램, 9월~11월까지는 핑크뮬리 축제, 11월~12월엔 애기 동백 축제가 열린다. 휴애리는 사계절 즐거움이 넘치는 곳이다. 🚶 이승악탐방휴게소에서 남쪽으로 자동차 1~2분, 도보 16분 📍 서귀포시 남원읍 신례동로 256 📞 064-732-2114 🕘 09:00~18:00 💰 성인 1만3천원, 청소년 1만1천원, 어린이 1만원

HOT SPOT

동백포레스트

동백으로 핫한 남원읍 신례리

남원의 조용한 마을 신례리가 겨울이면 동글동글한 애기동백나무가 끝없이 늘어서서 진분홍빛 물결을 이룬다. 11월 중순부터 2월 말까지 운영하며, 동백의 만개 시점은 12월 말에서 1월 사이다. 포토존에서 사진을 찍으려면 보통 한 시간 이상 기다려야 한다. 꼭 포토존이 아니어도 화려하게 피어난 동백꽃과 돌담, 의자 등이 어우러져 있어 어디서든 사진찍기 좋다. 카페는 사계절 운영한다.

🚶 이승악탐방휴게소에서 자동차로 5분 ⊙ 서귀포시 남원읍 생기악로 53-38
📞 010-5481-2102 ⏱ 09:00~17:00(11월 중순~2월 말) ⓘ 입장료 3,000원~4,000원

 RESTAURANT

연수네가든

코스로 즐기는 제주 닭요리

제주 토종닭을 코스로 즐길 수 있다. 직접 운영하는 양계장에서 매일 신선한 닭과 달걀을 공수한다. 배추와 무가 들어간 뽀얀 육수에 얇게 포를 뜬 닭고기를 넣어 먹는다. 샤브샤브를 다 먹어갈 때쯤 닭백숙이 나오는데, 삶은 고기가 아니라 기름기 쏙 빠진 구이이다. 겉은 바삭하고 속은 촉촉하다. 방앗간에서 뽑은 쫄깃한 떡 사리를 추가하면 할머니가 해준 떡국 같다.

🚶 이승악탐방휴게소에서 자동차로 3분 ⊙ 서귀포시 남원읍 신례동로 60
📞 064-767-3989 ⏱ 11:00~21:00(브레이크타임 14:00~17:00, 일요일 휴무) ⓘ 주차 가능

도우미식당

별미를 곁들인 제주산 생고기구이

'서귀포농업기술센터 농업생태원' 바로 옆에 있다. 간판이 눈에 띄지 않아 문 닫은 것 같아도, 들어가 보면 동네 주민들과 농장에서 온 사람들이 테이블을 가득 채우고 있다. 생오겹 정식을 시키면 싱싱한 고기를 연탄불에 올려주는데, 불판에 어묵 볶음과 파무침이 같이 올라간다. 정말 맛있다. 점심시간만 짧게 영업한다. 미리 전화하거나 예약하고 가면 더 좋다.

🏃 이승악탐방휴게소에서 자동차로 7분 📍 서귀포시 남원읍 중산간동로 7361-13
📞 064-767-3010~1 🕐 11:20~14:00(일요일 휴무, 저녁은 예약만 가능) ⓘ 주차 가능

하례점빵

이곳에서만 만날 수 있는 상웨빵

제주 전통 빵을 파는 곳이다. 하례리 여성들이 지역 일자리 창출을 위해 모인 하례감귤점빵협동조합은 '상웨빵' 제삿상 위에 두는 빵이라 해서 붙인 이름을 특화해 판매한다. 상웨빵은 조용하고 따뜻한 하례리 마을에서만 만날 수 있다. 쫀득한 식감과 적당히 달콤하면서 담백한 맛이 일품이라 남녀노소 좋아한다. 만들기 체험과 택배도 가능하다. 테이블이 없어 포장해 효돈천을 따라 걸으며 먹으면 좋다.

🏃 이승악탐방휴게소에서 자동차로 9분 📍 서귀포시 남원읍 하례로 272
📞 064-767-4545 🕐 10:00~15:30(일요일 휴무) ⓘ 주차 가능

PART 4
제주 서부권
서귀포 도심·중문·애월읍·
한림읍·한경면·대정읍·안덕면

숲길, 자연휴양림, 오름, 곶자왈, 유채꽃 계곡, 추사
유배길……! 제주 서부는 다채로운 트레킹 코스를
품고 있다. 숲길에서는 자연이 주는 위로를, 오름
에서는 화산이 창조한 자연 미학을 만끽할 수 있
다. 곶자왈에서는 원시의 숲을, 중문의 엉덩물계
곡에선 매화와 유채 물결을, 추사유배길에서는 김
정희의 삶과 예술을 체험할 수 있다.

제주 서부권 여행 지도

쏘렐라 인 제주 🍴 까미노

장전리 벚꽃
36.5도여름 남쪽점 📷
너와의첫여행
초록달과자점 🍴
금산공원 ♨

애월읍

도치돌한우숯불 🍴

비양도 ♨

9.81파크 📷

한림읍

새별오름과
이달오름
🍴 📷 새별

금악정육식당 🍴

금오름 ♨
새미은총의
동산
와랑식탁 🍴
🍴 제주당
신창풍차
해안도로 📷
밀크홀
🍴
조수리
우유부단 ♨
저지리498
맛나게 드시게 🍴
이시도르 📷

클랭블루 ♨
🍴
크래커스
한경점
정물오름 📷
데미안
낙천의자공원과
잣담길 ♨
한라산아래
첫마을 📷

환상숲
곶자왈공원 ♨
묘한식당 🍴
명리동식당 🍴
오설록티뮤지엄 📷
승민이네 🍴
무로이 ☕ 고바진 🍴
신화월드

김대건길 ♨
안덕면

한경면
뱅인타코 🍴
카멜리아 📷
제주곶자왈
도립공원 ♨
봉순이네
흑돼지 🍴
풀베개 ☕
소소희 ☕
스모크하우스인 구억 🍴
무해 ☕
화순곶자왈
생태탐방숲길 ♨
제주 추사관
📷
고을식당 🍴
식과함께 🍴
더리트리브 🍴
추사 유배길 ♨

대정읍
메릭빌 🍴

알뜨르비행장과 섯알오름 📷
트로피컬하이드어웨이 ☕
요망진밥상 🍴
송악산과
송악산둘레길 ♨

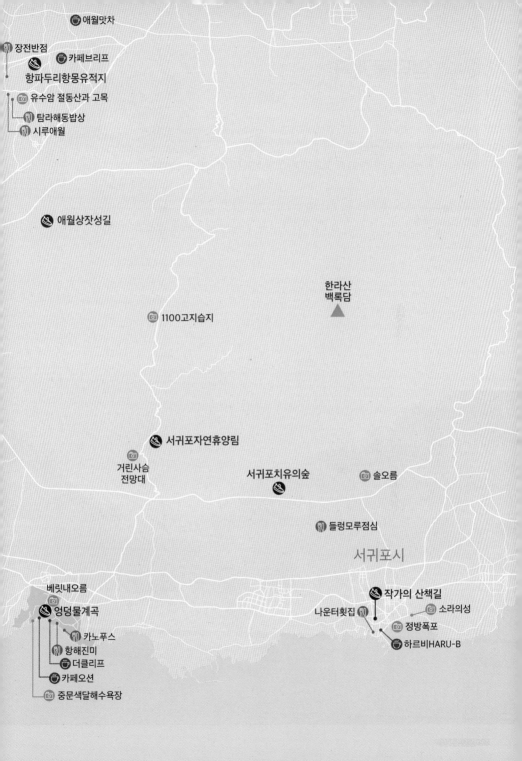

애월맛차

장전반점

카페브리프

항파두리항몽유적지

유수암 절동산과 고목

탐라해동밥상

시루애월

애월상잣성길

한라산
백록담

1100고지습지

서귀포자연휴양림

거린사슴
전망대

서귀포치유의숲

솔오름

들렁모루점심

서귀포시

베릿내오름

작가의 산책길

엉덩물계곡

나운터횟집

소라의성

카노푸스

정방폭포

항해진미

더클리프

하르비HARU-B

카페오션

중문색달해수욕장

 **엉덩물계곡**

시작점 서귀포시 색달동 2889-1

코스 길이 600m(탐방 시간 15~20분, 인기도 상, 탐방로 상태 상, 난이도 하, 접근성 상)

편의시설 주차장, 화장실, 산책로

여행 포인트 해안까지 이어지는 유채꽃 물결, 색달해변과 호텔단지로 이어지는 산책로

상세경로

```
        300m              300m
   ●─────────────────●─────────────────●
중문색달해수욕장      산책로 종점      중문관광단지
   주차장                            18주차장
색달동 2889-1,
전기차충전소 옆
```

유채꽃 물결이 출렁이는 작은 골짜기

중문색달해수욕장 뒤편에 숨겨진 작은 계곡이다. 계곡 왼쪽엔 롯데호텔과 켄싱턴리조트가, 오른쪽엔 씨사이드아덴리조트가 있다. 전기차충전소가 있는 중문색달해수욕장 북측 주차장이 출발점이다. 주차장에서 북쪽으로 조금 걸어가면 이윽고 엉덩물계곡이다. 해마다 2월에는 경사면을 따라 매화꽃이 만발하여, 그야말로 꿈에서나 봤을 법한 풍경을 선보인다. 또 2월 중순부터 3월까지 계곡 경사면을 따라 유채꽃이 만발하는데, 노란 물결의 끝이 푸른 바다로 이어져 장관을 이룬다. 산책로 끝 구름다리에서 바라본 꽃밭은 해안선과 맞닿아 있는 것 같다. 훌륭한 포토존이다. 산책로가 나무 데크라 남녀노소 걷기 편하다. 유채꽃이 피지 않을 때는 한적한 편이다. 어디선가 산새들이 노래하고, 졸졸 냇물 흐르는 소리가 키 큰 야자수들과 어우러져 마음을 평화롭게 해준다. 계곡 이름에 얽힌 이야기가 재밌다. 지금은 산책로이지만, 옛날엔 지형이 험했던 모양이다. 물 마시러 왔던 산짐승들이 계곡이 험해 들어가지 못하고 엉덩이만 들이밀고 볼일만 보고 갔다 해서 이런 이름을 얻게 되었다.

How to go **엉덩물계곡 찾아가기**

자동차 내비게이션에 '중문색달해수욕장 주차장' 또는 '엉덩물계곡' 찍고 출발. 제주공항에서 50분 소요.

버스 ❶ 제주국제공항600번 정류장에서 600번 탑승 → 11개 정류장 이동, 57분 소요 → 그랜드 조선 제주 정류장 하차 → 도보 8분 → 엉덩물 계곡

❷ 510, 520, 521, 690번 승차하여 플레이케이팝박물관 정류장 하차 → 도보 8분 → 엉덩물 계곡

Walking Tip **엉덩물계곡 탐방 정보**

❶ 걷기 시작점 중문색달해수욕장 18주차장 바로 옆 전기차충전소 앞에서 출발

❷ 트레킹 코스 나무 데크 산책로를 따라 구름다리까지 갔다가 돌아 나오면 된다. 구름다리에서 서쪽 계단으로 오르면 올레 8코스로 이어지니, 계속 연결하여 걸어도 좋다.

❸ 준비물 간편한 복장, 운동화, 선크림, 선글라스

❹ 유의사항 유채꽃은 2월 중순부터 피어나기 시작해 3월까지 이어진다.

❺ 기타 유채꽃 시즌이 아닐 때는 한적한 편이다.

HOT SPOT

중문색달해수욕장

서퍼들의 천국

해마다 100만 명이 넘는 사람들이 다양한 해양스포츠를 즐기기 위해 몰려드는 곳이다. 국내에서 가장 큰 규모의 국제 서핑대회가 이곳에서 매년 6월에 개최된다. 옛 지명은 '진모살'로, 긴 모래 해변이라는 뜻. 엉덩물계곡바로 옆이라 이어서 걷기 좋다. 기다란 모래사장을 따라 야자수와 바다가 이어지고, 절벽 위 계단을 오르면 중문관광단지 호텔 산책로로 이어진다.

🚶 엉덩물계곡에서 도보 13분 📍 서귀포시 색달동 2950-3 ⓘ 가능(여름 성수기 요금 징수)

 HOT SPOT

베릿내오름

중문을 한눈에 담기 좋은

오름 정상에 이르면 중문과 한라산, 눈부신 제주 남쪽 바다까지 눈에 담을 수 있다. 오를 때는 멋진 숲길이고, 내려올 땐 눈부신 중문 바다가 한눈에 들어온다. 오름 입구에서 올레길 리본을 따라 다리 밑으로 내려가면 중문천의 베릿내공원이 나온다. 중문천은 천제연 폭포에서 흘러나온 물이 바다로 가는 길목이다. 난대림 절벽이 웅장해 신선놀음하는 기분이 난다.

🚶 엉덩물계곡에서 도보 22분, 자동차로 7분 📍 서귀포시 중문관광로 181 ⓘ 주차 가능

RESTAURANT

항해진미

바다 전망 다이닝 펍

퍼시픽리솜 요트 항구에 있다. 삼면이 파노라마 오션 뷰를 자랑한다. 날씨가 좋은 날엔 해넘이 풍경이 그야말로 환상적이다. 항구 쪽은 이국적으로 다가온다. 다이닝 펍인 만큼 메뉴가 다양하다. 신선한 회와 스시, 볶음밥, 돈가스, 고기국수, 꼬치구이, 생선구이 등 선택의 폭이 넓다. 해산물과 잘 어울리는 와인이나 샴페인은 세트로도 즐길 수 있다. 해가 다 지면 창밖이 어두워지므로, 낮이나 노을 질 무렵 가는 게 좋다.

🚶 엉덩물계곡에서 도보 7분 📍 서귀포시 중문관광로 154-17(퍼시픽랜드 주차장 아래 요트 항구 앞) 📞 064-739-3400
🕐 11:50~21:00(브레이크타임 15:00~16:50) ⓘ 주차 퍼시픽랜드 주차장

 CAFE

카페오션

시원한 바다 뷰와 야외 테이블

다양한 베이커리와 스낵을 갖추고 있어서 든든하게 배를 채울 수 있는 오션 뷰 카페이다. 케이크 종류도 다양하다. 힙하지는 않아도 그림 같은 앞마당이 있어 그것만으로도 충분하다. 커다란 나무 한 그루가 그늘을 만들어 주는 야외 테이블과 흔들 그네가 있어 완벽한 아일랜드 피크닉을 즐길 수 있다. 실내도 널찍하고 창문이 바다 쪽으로 시원하게 나 있다. 올레길 8코스가 지나는 길목이다.

🚶 엉덩물계곡에서 도보 10분(롯데호텔과 켄싱턴리조트 사잇길 지나 간판 따라 이동) 📍 서귀포시 중문관광로72번길 29-51
📞 0507-1438-0221 🕐 09:00~19:00 ⓘ 주차 가능

CAFE

더클리프

오션 선셋 파라다이스

돌고래쇼와 요트투어 등으로 유명한 퍼시픽랜드에 있는 대형 라운지 카페다. 중문해수욕장 입구 절벽 위에 있어 오션 뷰가 끝내준다. 커피와 음료, 칵테일, 브런치, 버거, 피자 등을 판매한다. 힙한 라운지 음악이 망망대해로 울려 퍼지고, 푹신한 소파와 파라솔 베드가 여행자에게 완벽한 휴양을 선사한다. 해 질 녘 붉게 물들어가는 중문 해변 풍경은 황홀함 그 자체.

🚶 엉덩물계곡에서 도보 8분(퍼시픽랜드 옆, 중문해수욕장 입구) 📍 서귀포시 중문관광로 154-17 📞 064-738-8866
🕐 10:00~01:00(주방 오더 11:30~22:00, 금~일 02:00까지, 일몰 이후 노키즈존)
ⓘ 주차 가능(퍼시픽랜드 또는 중문해수욕장 주차장)

 CAFE

카노푸스

눈부신 바다와 초록 뜰

씨에스호텔앤리조트에 있다. 초록 우거진 나무들이 터널을 만들어 주고, 그 끝엔 볕을 잔뜩 머금고 부서지는 바다가 내려다보인다. 눈부신 바다와 잘 가꿔진 뜰을 벗 삼아 올데이 브런치나 커피를 즐길 수 있다. 메뉴 가격은 20,000원 안팎이다. 제주 전통을 살린 정원엔 드라마 〈시크릿 가든〉의 키스 신 배경이 됐던 잔디밭과 벤치가 있다.

🚶 엉덩물계곡에서 도보 18분, 자동차로 4분(부영호텔과 중문해수욕장 사이. 베릿내오름 건너편)
📍 서귀포시 중문관광로 198 📞 064-735-3036 🕐 10:00~21:00(주문 마감 19:30) ⓘ 주차 가능

서귀포자연휴양림

시작점 서귀포시 1100로 882(서귀포자연휴양림 주차장) **전화** 064-738-4544

코스 길이 숲길산책로 약 4km(1시간 30분 소요), 어울림숲길 2.2km(40분 소요), 혼디오몽 무장애나눔숲길 0.67km(20분 소요) **탐방로 상태** 상(난이도 하~중, 접근성 중, 인기도 중)

편의 시설 주차장(경차 1,500원, 중·소형차 3,000원, 대형 5,000원), 관리사무소, 펜션, 화장실, 물놀이장, 족구장, 급수대, 해충기피제분사기

여행 포인트 편백숲 산책하기, 1300고지의 용천수 맛보기, 법정악 전망대의 뷰 즐기기, 여름 피서 만끽하기

상세경로 서귀포자연휴양림에는 3개의 탐방로와 1개의 차량 순환로가 있다. 취향에 따라 숲길산책로, 어울림숲길, 혼디오몽 무장애나눔숲길을 걸을 수 있다. 차량 순환로는 가볍게 드라이브하기 좋다. 혼디오몽 무장애나눔숲길은 정문 주차장에서 출발한다.

숲길산책로+어울림숲길 코스(6.2km, 2시간 10분 소요) 주차장 — 숲길산책로 입구 — 숲길산책로 종점 — 생태관찰로 입구(혹은 건강산책로 입구) — 생태관찰로 출구(혹은 건강산책로 출구) — 주차장

어울림숲길+전망대 산책로 코스(3.4km, 1시간 10분 소요) 주차장 — 생태관찰로 입구 — 어울림숲길 동쪽 갈림길(전망대 가는 길) — 법정악 전망대 입구 — 법정악 전망대 — 법정악 전망대 입구 — 어울림숲길 동쪽 갈림길 — 건강산책로 입구 — 건강산책로 출구 — 주차장

해발 700m, 최고의 산소를 마시며

서귀포자연휴양림은 한라산 서쪽을 가로지르는 1100도로 동쪽 중턱 해발 620m~850m 지역에 있다. 산소의 질이 가장 좋다는 700m 지점에 휴양림이 있는 셈이다. 온대, 난대, 한대 수종이 다양하게 어우러져 있으며, 빽빽한 편백림에 삼림욕장도 있어 산책하기 좋다. 걷기 좋은 탐방코스 외에 펜션, 잔디광장, 족구장, 물놀이장 등 다양한 편의시설이 있어 힐링과 여유를 만끽할 수 있다. 또한, 휴양림 내 급수대 수도꼭지의 물은 모두 안심하고 마실 수 있다. 한라산 1300고지의 용천수와 760m 고지대의 천연 암반수를 끌어다 공급하는 물이다. 상세코스에 추천한 숲길산책로+어울림숲길 코스는 약 6km 거리로 2시간 정도 소요된다. 야자수 매트가 깔린 길과 흙길을 걸으며 맑은 공기를 만끽하기 좋다. 어울림숲길과 전망대 산책로 코스는 3.4km 코스로 1시간 정도 소요된다. 어울림 숲길의 생태관찰로는 편백숲에서 힐링 즐기기 좋은 길이고, 건강산책로는 '자갈 밟기 길'로 걷는 동안 발바닥에 지압이 되어 기분이 상쾌해진다. 법정악 전망대에 오르면 옹기종기 모여있는 서귀포 시내부터 저 멀리 태평양까지 탁 트인 전경을 감상할 수 있다.

©문신기

How to go 서귀포자연휴양림 찾아가기

자동차 내비게이션에 '서귀포자연휴양림' 찍고 출발.

버스 제주국제공항 6번 정류장노형, 연동에서 332번 승차 → 12개 정류장 이동, 17분 소요 → 으뜸마을서 정류장에 하차하여 240번으로 환승 → 17개 정류장 이동, 42분 소요 → 서귀포자연휴양림서 정류장 하차 → 도보 1분, 22m → 서귀포자연휴양림 입구

콜택시 서귀포콜택시 064-762-0100, 서귀포인성호출택시 064-732-6199, 5.16호출택시 064-751-6516, 서귀포호출 064-762-0100, 브랜드콜 064-763-3000, 서귀포ok 064-732-0082

Walking Tip 서귀포자연휴양림 탐방 정보

❶ **걷기 시작점** 휴양림 주차장에서 시작한다. 주차장에서 관리사무실매표소 지나 조금 걸어가면 생태 연못이 나온다. 이 연못 주변에 숲길산책로 입구와 어울림숲길의 생태관찰로 입구·건강산책로 입구가 있다.

❷ **트레킹 코스** 숲길산책로와 어울림숲길을 함께 걷는 코스, 어울림숲길과 전망대 산책로를 함께 걸어 법정악전망대까지 갔다 오는 코스를 추천한다. 상황에 따라 각각의 코스를 따로 걸어도 좋고, 더해 걸어도 좋다. 어울림숲길 북쪽 길은 생태관찰로이고 남쪽 길은 건강산책로인데, 두 길이 이어진 순환로이다. 어울림숲길 순환로 동쪽 갈림길 따라 걸어가면 법정악전망대까지 갈 수 있는 전망대 산책로0.62km와 연결된다. 주차장 서쪽에 있는 혼디오몽 무장애나눔숲길은 데크길로 노약자나 어린이 등 누구나 걷기 좋다. 30분 정도 산책하고픈 여행자에게 추천한다. 걷기보다 드라이브하며 서귀포자연휴양림을 즐기고 싶다면 3.8km에 이르는 차량 순환로를 추천한다.

❸ **준비물** 운동화, 모자, 선크림, 생수, 선글라스

❹ **유의사항** 지정된 탐방로만 이용하자. 애완동물 동반 금지

❺ **기타** 서귀포자연휴양림은 녹음이 짙은 여름에 특히 좋다. 서귀포 시내와 비교하여 약 5~10℃ 정도 기온이 낮아서 피서지로 제격이다. 또한, 계곡 물놀이장에서는 신나게 물놀이를 하며 최고의 피서를 즐길 수 있다. 숙박과 야영장은 '숲나들e'에서 검색https://www.foresttrip.go.kr. 휴양림 안에는 매점이 없다. 생수와 간식거리는 미리 준비하자. 숲길산책로, 차량 순환로에서 한라산 둘레길 4구간인 동백길무오법정사로도 이어진다.

HOT SPOT

거린사슴전망대

서귀포 바다 한눈에 담기

한라산 중턱의 거린사슴오름은 실제 사슴이 살았다고 전해지는 오름이다. 이 오름 기슭에 전망대가 있다. 전망대에서는 서귀포 앞바다에 있는 섶섬숲섬, 범섬, 문섬을 비롯하여 바다와 함께 서귀포해안선을 눈에 담을 수 있다. 서귀포로 향하기 전 잠시 유명 관광지들을 표시해 놓은 파노라마 사진을 미리 보고 가면, 전망대에서 그 모든 것이 한눈에 들어온다. 거린사슴전망대 휴게소에서 음료와 간식거리, 기념품 등을 살 수 있다.

🚶 서귀포 자연휴양림에서 서귀포방면으로 자동차로 3분 ⊙ 서귀포시 1100로 791ⓘ 주차장 있음

 HOT SPOT

1100고지 습지 1100고지 휴게소

영롱한 눈꽃이 핀 한라산의 설경

제주시와 서귀포를 잇는 1100도로는, 도로가 해발 1,100m까지 올라간다고 하여 1100도로라 불리게 되었다. 이곳에 습지가 있는데, 2009년 우리나라 습지보호지역 및 람사르 습지에 등록된 소중한 자연유산이다. 습지 안에 나무데크로 생태탐방로가 있어 가볍게 산책하기 좋다. 특히 눈 내린 날에는 영롱한 눈꽃과 한라산의 설경을 만날 수 있다. 1100고지 휴게소에서 음료와 간식거리, 기념품 등을 판매하고 있다. 버스를 이용하는 경우 대기 시간이 꽤 걸릴 수 있으니 버스 운행시간을 확인하자.

🚶 서귀포자연휴양림에서 자동차로 북쪽으로 9분 ⊙ 서귀포시 1100로 1555 📞 064-747-1105
ⓘ 소요시간 약 20분. 주차장 있음

서귀포 치유의 숲

시작점 서귀포시 산록남로 2271번지 전화 064-760-3067~8

코스 길이 14개 코스 전체 약 20km(사전 예약 후 탐방 http://healing.seogwipo.go.kr/)

(탐방 시간 코스별로 30분~1시간, 인기도 중, 탐방로 상태 중~상, 난이도 중, 접근성 중)

숲길 이름 **가멍오멍숲길** 1.9km **가베로똥치유숲길** 1.2km **벤조롱치유숲길** 0.9km **숨비소리치유숲길** 1.7km

오고생이치유숲길 0.8km **쉬멍치유숲길** 1.0km **엄부랑치유숲길** 0.7km **산도록치유숲길** 0.6km

놀멍치유숲길 2.1km **하늘보멍치유숲길** 1.1km **가멍숲길** 2km **오멍숲길** 1km

편의시설 주차장, 화장실, 야외 편백나무 침대 **여행 포인트** 산림치유프로그램과 숲길치유프로그램 참여하여 제주 숲 이해하며 힐링 즐기기, 다양한 제주어로 된 숲길 이름 바로 알고 만끽하기

숲길 이름 바로 알기

가멍오멍 오가면서	오고생이 있는 그대로
가베또롱 가뿐한	쉬멍 쉬면서
벤조롱 산뜻한	엄부랑 엄청난
숨비소리 해녀가 잠수한 뒤	산도록 상쾌한
물 밖으로 나와서 내뱉는 숨소리	놀멍 놀면서

마음을 다독여주는 치유의 숲

치유의 숲은 2017년 '아름다운 숲 전국대회' 대상을 받은 명품 숲길이다. 맑고 깨끗한 숲에서 안정을 취하면 뇌에서 발생하는 알파파가 증가하며, 심리적으로 안정감이 높아지고 긍정적인 감정이 증가한다고 한다. 실제로 우울증 환자를 대상으로 산림치유프로그램을 실행하였을 때, 우울의 정도와 스트레스 호르몬이 감소하였다. 게다가 누구나 숲에서 가벼운 운동을 하면 실내운동과 대비하여 면역력이 향상하고 항암 및 노화를 지연시키는 멜라토닌의 농도가 증가하였다. 서귀포 치유의 숲은 이 같은 연구를 기반으로 제주의 산림을 활용하여 치유 프로그램을 실행할 수 있도록 조성한 숲이다. 해발 320~760m에 위치하여, 난대림, 온대림, 한대림의 다양한 식생이 고루 분포하고 있다. 편백숲은 평균수령 60년 이상으로 마음까지도 깨끗이 씻어준다. 서귀포 치유의 숲에 입장하려면 서귀포 치유의 숲에서 진행하는 프로그램에 예약하여야 한다. 궤영숯굴보멍 코스는 산림휴양해설사가, 산림치유프로그램은 산림치유지도사가 인솔한다. 숲은 다양한 활동공간과 숲길로 구성되어 있으며, 길마다 지형과 어울리게 의미를 담아 제주어로 이름 붙였다

How to go 서귀포 치유의 숲 찾아가기

자동차 내비게이션에 '서귀포 치유의 숲' 찍고 출발

버스 제주국제공항 2번 정류장일주동로, 516도로에서 181번 승차 → 1시간 10분 소요 → 서귀포환승정류장 하차 → 도보 3분, 180m → 중앙로터리(동) 정류장에서 625번으로 환승 → 21분 소요 → 치유의 숲 정류장 하차 → 도보 7분, 306m → 서귀포 치유의 숲

콜택시 서귀포콜택시 064-762-0100, 서귀포인성호출택시 064-732-6199, 5.16호출택시 064-751-6516, 서귀포호출 064-762-0100, 브랜드콜 064-763-3000, 서귀포ok 064-732-0082

Walking Tip 서귀포 치유의 숲 탐방 정보

❶ 탐방 방법 모두 14개의 산책로가 있는데 전체 길이는 약 20km이다. 하루 600명으로 입장 제한이 있다. 개별적으로는 탐방할 수 없고, 인터넷 사전 예약 후 탐방 가능하다. 숲 해설사와 치유 지도사가 동반하여 진행하며, 기상악화 등 기타 사정 때문에 프로그램이 취소되거나 수정될 수 있다.

❷ 프로그램 정보

산림치유프로그램(성인/가족) 성인 프로그램은 2km 정도의 완만한 경사를 오른다. 치유 공간에서 오감을 활용하여 몸과 마음을 편안하게 해 주는 시간을 갖는다. 가족 프로그램은 5세 이상을 대상으로 목·금·토에 진행한다. (유선 상담 후 예약 가능 064-760-3775)

운영시간 11월~3월 09:00~12:00, 13:30~16:30,
4월~10월 09:00~12:00. 14:00~17:00

숲길힐링프로그램 (일반 탐방, 궤영숯불보멍코스)

일반 탐방 하절기 09:00~16:30, 동절기 09:00~16:00
궤영숯굴보멍코스 10:00, 14:00

차롱치유밥상 숲길 힐링과 산림치유 프로그램 참여자에게 제공하는 밥상이다. 체험일 3일 전 예약 가능하다. 차롱은 대나무 바구니를 말한다.

이용시간 12:00~13:00 가격 1개 17,000원(취소할 경우 전액 환불) 예약 호근동마을회 064-739-1939

❸ 준비물 등산화(슬리퍼, 샌들, 구두, 부츠 등 착용 금지), 모자

❹ 유의사항 프로그램 시작하는 시간에 늦지 않도록 하자. 사정이 생겨 불참하게 된 경우 미리 알려 진행에 차질이 생기지 않도록 한다. 갑자기 뱀, 멧돼지, 지네, 벌 등이 등장할 수도 있으니 주의하자. 벌 피해 예방을 위해 향수 사용이나 색이 강렬한 의상은 피하는 게 좋다. 프로그램이 진행되는 동안 다른 사람에게 피해가 되지 않도록 조용히 한다. 음주, 흡연, 취사, 음식물 반입, 플라스틱병 음료 반입 금지개인 텀블러 이용 가능. 반려동물 출입금지장애인 안내견 동반 가능, 전동킥보드·자전거·오토바이 제한

❺ 기타 치유의 숲은 한라산 둘레길 4구간인 동백길과도 연결이 된다. 놀멍치유숲길 코스는 시오름까지 연결이 되어있으며, 무오법정사 방면, 또는 돈내코탐방코스 방면으로도 트레킹을 이어갈 수 있다.

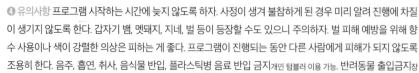

HOT SPOT

솔오름

서귀포의 특급 전망대

다음이나 네이버 지도에는 미악산566m으로 나온다. 하지만 서귀포 사람들은 솔오름이라고 부른다. 솔오름은 서귀포 시민들이 사랑하고 즐겨 찾는 오름이다. 30분이면 정상에 오를 수 있다. 숲길과 정상의 전망이 멋있다. 서귀포 앞바다를 지키는 범섬, 새섬, 문섬, 섶섬과 저 멀리 차귀도까지 조망할 수 있다. 몸을 반대로 돌리면 한라산까지 한눈에 담기 좋다. 솔오름 입구 주차장에 가면 푸드트럭이 있어서 간단히 허기진 배를 채울 수 있다.

🚶 서귀포 치유의 숲에서 자동차로 4분 📍 서귀포시 동홍동 2142-7 ⓘ 주차장 있음

RESTAURANT

들렁모루 점심

보약 같은 오리탕

서귀포 북쪽 중산간동로에서 한라산 방면으로 약 2km를 올라가면 서귀포 시내와 태평양이 훤히 내려다보이는 곳에 고요히 자리를 틀고 있다. 오리백숙과 오리전골로 유명하며, 가볍게 오리탕이나 뚝배기닭볶음탕도 많이 찾는다. 바삭한 해물파전도 별미이다. 영업시간은 짧지만, 쫄깃한 고기와 보약 같은 국물 덕에 항상 사람들로 북적인다. 들렁모루란 제주어로 고인돌처럼 머리가 들린 돌이 있는 언덕을 말한다.

🚶 치유의 숲에서 차로 약 7분 거리(3km), 자연 속으로 또는 들렁모루오리탕 간판이 있는 길로 진입 📍 서귀포시 서홍로358번길 27-18 📞 010-9220-5955 🕐 10:00~14:30(화요일 휴무) ⓘ 주차 가능

작가의 산책길

시작점 서귀포시 이중섭로 27-3(이중섭미술관)

코스 길이 4.9km (탐방 시간 2시간 30분, 인기도 상, 탐방로 상태 상, 난이도 하, 접근성 상)

편의시설 유토피아 커뮤니티센터(관광안내소, 동아리 창작 공간), 화장실, 산책로, 자판기, 운동기구

여행 포인트 아름다운 자연과 어우러진 다양한 예술 작품 감상하기, 이중섭의 예술혼 느끼기, 칠십리시공원에서 천지연폭포 바라보기, 자구리 해안의 전망 즐기기

상세경로

이중섭미술관	0.2km	유토피아 커뮤니티센터 동아리 창작 공간	1.5km	기당미술관	0.8km	칠십리시공원	1.1km

자구리해안

소암기념관	0.6km	소라의성	0.2km	정방폭포	0.6km	서복미술관	0.5km

예술가의 숨결을 느끼자

서귀포는 화가 이중섭의 흔적이 많이 남아 있는 도시다. 6·25 때 가족과 제주도로 피난 온 그는 가난했지만, 자구리해안에서 아내와 아이들과 게를 잡으며 행복한 시간을 보냈다. 작가의 산책길은 불우한 천재 이중섭을 만나는 길이자, 길 곳곳에서 아름다운 제주의 풍경과 어우러진 현대 작가 예술 작품 42점을 감상하며 걸을 수 있는 길이다. 길은 이중섭미술관에서 시작한다. 어렵지 않은 코스이지만, 길에 담긴 여러 예술가의 예술혼과 작품, 자연과 역사 이야기를 체험할 수 있다. 바람 부는 제주를 배경으로 사람, 새, 말, 초가를 그린 화가 변시지의 작품을 소장하고 있는 기당미술관, 천지연폭포를 조망할 수 있는 칠십리시공원, 섶섬·문섬·서귀포항을 조망할 수 있는 자구리해안, 수직 절벽에서 바다로 물이 바로 떨어지는 동양 유일의 폭포 정방폭포, 세상에서 가장 아름다운 북 카페 소라의 성, 서귀포를 대표하는 서예가 소암 현중화 선생의 소암기념관 등을 돌아보며 걷기 좋다.

©문신기

How to go 작가의 산책길 찾아가기

자동차 내비게이션에 '이중섭 미술관' 또는 '이중섭로 27-3' 입력 후 출발.

버스 ❶ 제주국제공항 5번 정류장평화로, 800번에서 급행 182번 탑승 → 12개 정류장 이동, 1시간 20분 소요 → 중앙로터리(동) 정류장 하차 → 도보 200m → 서귀포농협 정류장에서 612번으로 환승 → 6개 정류장 이동, 6분 소요 → 송산동주민센터(북) 정류장 하차 → 도보 3분, 187m → 이중섭미술관

❷ 서귀포시외버스터미널에서 510, 281, 282, 530-1, 201번 탑승

콜택시 서귀포콜택시 064-762-0100, 서귀포인성호출택시 064-732-6199, 5.16호출택시 064-751-6516, 서귀포호출 064-762-0100, 브랜드콜 064-763-3000, 서귀포ok 064-732-0082

Walking Tip 작가의 산책길 탐방 정보

❶ 걷기 시작점 이중섭미술관에서 시작한다. 근처에 있는 커뮤니티 센터에 들러 여러 정보를 받아 트레킹을 시작하면 좀 더 뜻깊은 여행이 될 것이다.

❷ 트레킹 코스 이중섭미술관에서 시작하여 시계 반대 방향으로 걸으며 기당미술관, 칠십리시공원, 자구리해안, 서복미술관, 정방폭포, 소라의성을 지나 소암기념관에 이르는 코스이다. 작가의 산책길은 올레 6코스의 일부이기도 하다. 확장해 걷고 싶으면 올레 6코스와 7코스의 천지연폭포, 새연교, 외돌개를 같이 둘러봐도 좋다.

❸ 준비물 운동화, 모자, 선크림, 선글라스, 생수

❹ 유의사항 여러 미술관과 기념관을 방문하는 코스이다. 조용히 둘러보자

Travel Tip 작가의 산책길 주변의 명소·맛집·카페 📷 🍽 ☕

📷 HOT SPOT

정방폭포

바다로 곧장 떨어진다

천지연, 천제연과 함께 제주도 3대 폭포이자, 영주십경 중 하나이다. 워낙 절경이라 봐도 봐도 질리지 않는다. 우리나라뿐 아니라 동양에서도 바다로 바로 떨어지는 폭포로는 유일하다. 23m 높이의 깎아지른 절벽 위에서 바다로 떨어지는 폭포의 시원한 물줄기와 그 소리가 마음을 탁 트이게 한다. 올레 6코스와 작가의 산책길의 코스이기도 하다.

📍 서귀포시 칠십리로214번길 37
📞 064-733-1530
🕐 09:00~18:00
ⓘ 입장료 1,000~2,000원(제주도민, 장애인, 경로인 무료) 주차 가능

 HOT SPOT

소라의 성

올레 6코스의 북카페

소라의 성은 곡선으로 이루어진 아름다운 건물이다. 작자 미상으로 알려졌지만, 고 김중업이 설계한 곳으로 추정된다. 1969년 12월에 소정방폭포 해안 절벽에 2층으로 만들어졌다. 예전에는 식당으로 이용이 되었지만, 현재는 서귀포시에서 무료 북카페로 운영하고 있다. 카페 안에 마련된 책을 한 권 골라, 바다를 바라보며 잠시나마 사색에 잠겨 보는 것도 좋을 것이다. 음료수 비용은 자율이고, 컵은 스스로 씻어야 한다. 🏃 정방폭포 주차장에서 소정방폭포 방면으로 도보 약 5분(350m) 📍 서귀포시 칠십리로 214번길 17-17 📞 064-732-7128 🕘 09:00~18:00(월요일 휴무)

🍴 RESTAURANT

나운터횟집

서귀포 1등 횟집

도민은 물론 관광객들도 많이 찾는 식당이다. 고급 자연산 회부터 갈치, 고등어회 등 다양한 메뉴를 가지고 있다. 특히 스페셜 모듬회 코스는 다양한 종류의 회는 물론 전복, 딱새우, 소라, 문어, 해삼 등의 해산물과 생선구이, 지리탕, 게우밥까지 한 상 가득 차려 내온다. 정말 푸짐한 식사를 즐기기 좋다. 🏃 이중섭미술관에서 천지연폭포 방면으로 도보 약 15분 📍 서귀포시 칠십리로 42 📞 064-763-2237 🕘 매일 11:00~22:30 ⓘ 길가 주차

☕ CAFE

하르비HARU-B

자구리해안의 전망 좋은 카페

이중섭은 문섬이 보이는 자구리해안에서 아내와 아이들과 게를 잡으며 인생에서 가장 행복한 시간을 보냈다고 한다. 자구리공원에서는 이중섭 가족 기념작인 <게와 아이들>이라는 작품과 다양한 게 모형의 벤치를 찾아볼 수 있다. 카페 하르비의 루프톱에 가면 해안에 전시된 여러 작품과 시원한 바다, 그리고 여행객들이 어우러진 풍경이 한눈에 들어온다. 🏃 자구리해안 바로 맞은편 📍 서귀포시 칠십리로 115 📞 064-732-0002 🕘 10:00~22:00 ⓘ 하르비 뒤 공영주차장

항파두리항몽유적지

시작점 제주시 애월읍 항파두리로 50

코스 길이 약 3km(탐방 시간 1시간, 인기도 중, 탐방로 상태 상, 난이도 하, 접근성 상)

편의시설 주차장, 화장실, 산책로, 꽃밭, 잔디밭, 매점

여행 포인트 사계절 옷을 갈아입는 꽃과 나무가 있는 무료 여행지, SNS 사진 명소이자 삼별초 항쟁의 현장

상세경로

```
        240m              477m                    700m
 ●────────────────○──────────────────●──────────────────────┐
항몽유적지   주차장 옆      순의비        나홀로나무                │
 주차장    화장실 뒤                                            │
(휴게소 앞)  꽃밭으로 이동                                주차장 건너편 ○
                                                       토성길    │
        650m              400m                    540m          │
 ●────────────────○──────────────────○──────────────────────┘
 주차장          안오름         올레길 스탬프
```

사계절 꽃이 피는 역사의 현장

항파두리는 750여 년 전 삼별초 군의 기상이 서려 있는 곳이다. 몽골의 침략에 궐기한 삼별초의 최후 항전지로, 김통정 장군이 남은 부대원을 이끌고 전남 진도에서 탐라로 들어와 쌓은 토성이 있다. 역사의 현장에 지금은 계절마다 유채, 청보리, 양귀비, 수국, 해바라기, 코스모스, 화살나무 등이 아름답게 자란다. 주차장에서 길 건너 오른쪽에 있는 토성 쪽 계단으로 내려가면 비밀의 화원이 펼쳐진다. 올레 16코스가 지나는 곳이라 표식 리본을 따라가면 된다. 꽃밭을 감싸고 있는 토성이 그리는 곡선과 그 너머의 바닷가 마을 풍경은 역사가 남긴 작품이다. 유적지 안내소 앞 잔디밭에 하귤과 벚꽃 나무가 사이좋게 어우러져 있다. 모든 시설은 무료다. 이곳의 진짜 매력은 사진을 찍으러 온 인파에서 벗어나, 사람 키를 훌쩍 넘는 토성 곁을 걸어보는 것이다. 문화관광해설사와 함께하는 탐방로 걷기 프로그램도 있다. 중산간 지대라 걸으며 주변 풍경을 조망하기 좋다. 토성의 전체 길이는 약 3.8km로, 주차장에서 올레길 16코스 표식을 따라 북쪽으로 가면 중간 스탬프를 찍는 곳이 있다. 여기서 계속 동쪽으로 돌면 자연스럽게 안오름과 광령리까지 이어진다.

How to go **항파두리항몽유적지 찾아가기**

자동차 내비게이션에 '항파두리항몽유적지' 입력. 제주공항에서 25분 소요

버스 제주국제공항4 정류장대정·화순·일주서로에서 급행 102번 탑승 → 3개 정류장 이동, 22분 소요 → 하귀하나로마트 정류장 하차 → 791번으로 환승 → 11개 정류장 이동, 13분 소요 → '항몽유적지' 정류장 하차

콜택시 애월호출택시 064-799-9007, 하귀호출택시 064-713-5003

Walking Tip 항파두리항몽유적지 탐방 정보

❶ 걷기 시작점 항몽유적지 주차장에서 길 건너 우측으로 '토성
가는 길' 표지판이 있다. 올레길 코스 표식을 따라가도 된다.

❷ 트레킹 코스 주차장에서 가까운 꽃밭과 순의비, 내성 등을 먼
저 둘러본다. 꽃밭 위치는 시즌마다 다르다. 다시 주차장 쪽으로
돌아와 길 건너 '토성 가는 길' 표지판을 따라 내려간다. 이곳에서
바다를 왼쪽에 두고 토성을 따라 걸으면 '북문'이 나온다. 여기에

서 올레 16코스를 따라가면 안오름이 나온다.

❸ 준비물 운동화, 모자, 선크림, 선글라스, 생수

❹ 유의사항 중간에 토성 보호를 위해 통제하는 구간이 있으니 유의하자. 갑자기 찻길이 나오거나 토성길이 끊
기는 경우엔 올레길을 따라 걷거나 주차장으로 되돌아올길 권장한다.

❺ 기타 무료 관광지라 사진찍기 좋은 스폿은 늘 사람이 많다. 토성 쪽은 인적이 드문 편이지만, 탁 트여 있어 위
험하진 않다. 눈비 오는 날은 미끄러지지 않게 주의!

Travel Tip 항몽유적지 주변의 명소·맛집·카페

📷 HOT SPOT

유수암 절동산과 고목

고목이 지키는 마을 길 걷기

유수암 마을은 삼별초 군의 일부가 터를 잡고 여생을 보낸 곳이다. 지방문화재로 지정된 팽나무와 무환자나
무 군락이 수백 년째 마을 곳곳을 지키고 있다. 사시사철 물이 흐르는 우물인 유수암천 위로 해발 200~250m
높이에 절동산이 있다. 108계단을 올라 절동산에 다다르면 바다까지 조망할 수 있다. 마을 안 카페도 들러보
자. 유수암천 건너편 '소소한 까페'에는 팽나무 고목과 잔디밭이 있고, 절동산 정상의 브런치 카페 애월더힐은
뷰가 으뜸이다.

🚶 항몽유적지에서 자동차로 6분 📍 제주시 애월읍 유수암리 1941 🅿 주차 가능

 RESTAURANT

탐라해동밥상

푸짐한 로컬 밥상

생선구이, 갈비찜, 간장게장 등을 밑반찬과 함께 푸짐하게 즐길 수 있는 깔끔한 식당이다. 손 빠른 주방장이 언제나 정성 가득한 밥상을 차려준다. 반찬이 어찌나 많은지 든든하게 식사하기에 이만한 곳이 없다.

🚶 항몽유적지에서 차로 8분, 버스로 10분
📍 제주시 애월읍 유수암평화5길 24-7 📞 064-799-6144
🕐 08:00~20:00(일요일 휴무) ⓘ 주차 가능

☕ CAFE

카페브리프

사진 기계가 있는 감성 카페

경험과 취향을 판매하고 분위기를 제공하는 감성 넘치는 카페다. 인스타그래머들 사이에선 사진 맛집, 감성 맛집으로도 불린다. 사진 기계와 잔디 마당이 있고, 대표 메뉴는 직접 빵을 구워서 만들 수 있는 앙버터 키트와 디저트 박스다. 제주 관련 독립출판물과 잡화도 판매한다. 벚꽃 흐드러지게 핀 길가에 있어 봄에는 더 낭만적이다.

🚶 항몽유적지에서 차로 2분, 도보 10분
📍 제주시 애월읍 광성로 76 📞 064-711-5507
🕐 11:30~19:30(매주 화·수 휴무) ⓘ 주차 가능

 CAFE

애월맛차

녹차밭 앞에서 즐기는 유기농 디저트

유기농 녹차밭 동다원이 펼쳐진 곳에 있는 한옥 카페다. 아담하지만 신발을 벗고 들어가 앉아 정답다. 재료가 좋으니 맛도 좋다. 제주산 말차, 한라봉, 팥 등이 듬뿍 들어간 말차빙수가 대표 메뉴이다. 2명이 먹을 수 있는 양인데 17,000원이다. 야외에 앉으면 진한 녹차 향이 바람 타고 들어와 싱그럽다.

🚶 항몽유적지에서 자동차로 6분
📍 제주시 애월읍 하광로 183 📞 010-5281-2737
🕐 11:00~18:00(화요일 휴무) ⓘ 주차 가능

장전리 벚꽃길

시작점 제주시 애월읍 장전리 1167-9

코스 길이 700m(탐방 시간 30분, 인기도 상, 탐방로 상태 상, 난이도 하, 접근성 상)

편의시설 산책로(축제 기간 차량 통제), 주차장

여행 포인트 환상적인 왕벚꽃 터널, 제주 서쪽의 작은 마을 즐기기

상세경로

```
        200m              120m              370m
●━━━━━━━━━━○━━━━━━━━━━○━━━━━━━━━━●
장전알동네        반대편          중산간서로 쪽과      흥국사 입구
버스 정류장      축제길 입출구     연결된 횡단보도    (흥국사 버스정류장 부근)
(축제길 입출구)
```

황홀경에 빠져드는 꽃 터널

왕벚꽃 축제가 시작되면 오래된 벚나무 가로수길을 즐기기 위해 사람들이 장전리로 모여든다. 장전리는 인구가 천 명이 채 안 되는 작은 마을이다. 평소엔 무척 조용하고 한적하다. 삼별초의 대몽항쟁 당시에 규모가 큰 훈련소가 마을 일대에 있었다고 전해진다. 현재는 감귤 농사가 주 수입원이다. 왕벚꽃 축제는 장전리사무소 앞부터 장전로 일대 약 200m 거리에서 열린다. 짧은 거리지만 오래 머물고 싶은 길이다. 하늘까지 뒤덮는 꽃 무리가 황홀경을 자아낸다. 꽃이 만개하는 3월 말~4월 초가 축제 기간이며, 이때는 2차선 도로를 통제해 산책로를 조성하고, 밤에도 불을 밝힌다. 시골 마을에서 즐기는 꽃놀이 정취는 무척 특별하다. 축제길 지나 흥국사제주시 애월읍 용흥3길 142 입구까지 꼭 가 보자. 중산간서로큰길 쪽과 연결된 횡단보도 하나만 지나면 된다. 구부러진 언덕을 따라 늘어선 키 큰 벚나무들이 바람길을 터준다. 마을 동쪽은 고성리, 서쪽은 상가리, 북쪽은 수산리, 남쪽은 유수암리와 소길리다. 광령 1리에서 시작해 고성 1리를 지나는 2차선 '광성로' 또한 벚꽃이 흐드러지는 드라이브 명소다. 장전리에서 고성리까지 자동차로 5분, 도보 40분 거리이다.

How to go **장전리 찾아가기**

자동차 내비게이션에 '장전리 벚꽃 축제' 또는 '장전리사무소' 입력 후 출발. 제주 공항에서 약 25분 소요.
버스 ❶ 제주국제공항4 정류장(대정, 화순, 일주서로)에서 820-1, 151, 152번 승차 → 3개 정류장 이동, 17분 소
요 → 정존마을 정류장 하차 → 291번으로 환승 → 22개 정류장 이동, 25분 소요 → 장전알동네 정류장 하차
❷ 792-1, 792-2, 793-1번 승차하여 장전리사무소 정류장 하차. 455번 승차하여 장전알동네 정류장 하차
콜택시 애월호출택시 064-799-9007, 하귀호출택시 064-713-5003

Walking Tip **장전리 벚꽃길 탐방 정보**

❶ **걷기 시작점** 장전리사무소 앞에서 건물을 등지고 섰을 때 왼쪽
으로 걸어가면 벚꽃 축제 길 입구가 나온다.
❷ **트레킹 코스** 벚꽃길과 길 건너 흥국사까지 둘러본 뒤, 근처의
항파두리 항몽유적지(도보 43분), 유수암리(도보 35~40분) 등
을 버스나 도보로 돌아보자. 특별한 명소는 없지만, 애월읍 시골
마을의 있는 그대로의 모습을 보며 색다른 추억을 남길 수 있다.
항몽유적지 장전알동네 정류장에서 291, 793-1번 버스 승차, 20분 소요
유수암리 장전알동네 정류장에서 792-1, 792-2, 793-1번 버스 승차, 8~13
분 소요
❸ **준비물** 운동화, 모자, 선크림, 선글라스, 생수
❹ **기타** 장전초등학교 앞에 편의점과 식당이 있다.

Travel Tip **장전리 벚꽃길 주변의 맛집과 카페**

 RESTAURANT

장전반점

푸짐하고 맛좋은 시골 마을 중화요리

20년 넘게 한 자리를 지키고 있는 중국집이다. 최근 건물을 신축
해 내부도 깔끔하다. 마을 주민들이 즐겨 찾는 곳이고, 맛과 양도
만족스럽다. 오가는 마을 사람들 구경하며, 누구나 좋아하는 중화
요리를 즐기기 그만이다. 혼자 가도 걱정 없이 탕수육을 맛볼 수
있다. 미니 사이즈도 판매해 부담 없이 시키기 좋다.

🚶 장전초등학교 후문 건너편. 축제 길에서 도보 9분
📍 제주시 애월읍 하소로 373
📞 064-799-5002
🕐 10:00~20:00(월요일 휴무)
ⓘ 주차 가능

RESTAURANT

시루애월

빈티지 분위기의 맛좋은 브런치 카페

애월의 아름다운 세 마을 소길리, 유수암리, 장전리로 뻗어 나가는 길목에 있는 브런치 카페다. 파스타와 피자는 물론, 돈가스와 샌드위치 등 메뉴가 다양하고 맛도 좋다. 이른 아침부터 인근 주민과 여행객으로 붐빈다. 커다란 저온창고였던 공간은 구석구석 감각적인 손길이 닿아 멋진 분위기를 자아낸다. 테이블 간격이 넓고 2층에도 조용한 노키즈존이 있어 편안하게 휴식할 수 있다. 맑은 날엔 야외 좌석도 좋다.

🚶 장전초등학교에서 차로 1분, 도보 16분 ⊙ 제주시 애월읍 하소로 449
📞 064-799-0449 ⏰ 08:30~17:00(목요일 휴무) ⓘ 주차 가능

 너와의 첫여행

CAFE

너와의 첫여행

장전리 귤밭 돌 창고 카페

왕벚꽃 축제 길에서 가장 가깝고 핫한 카페다. 한라산 능선이 시원하게 보이는 위치에 있고, 1,300평의 귤밭과 창고가 모두 카페다. 디저트는 매일 직접 만들고, 포토존마다 정성이 묻어있다. 감성 넘치는 실내는 귤을 저장하던 돌창고였다. 볕 좋은 날 벤치와 의자 등 갖가지 소품으로 장식한 야외에서 티 타임을 즐기면 매력이 배가 된다. 겨울에는 귤 따기 체험도 할 수 있다. 🚶 장전리 벚꽃 축제길 입구에서 도보 2분 ⊙ 제주시 애월읍 장소로 16 📞 010-3867-6889
⏰ 11:00~18:00(월요일 휴무) ⓘ 주차 가능(가게 앞 한줄)

애월상잣성길

시작점 제주시 애월읍 유수암리 산 138(족은녹고메오름 입구)

코스 길이 5.2km(탐방 시간 2시간 30분, 인기도 중, 탐방로 상태 중, 난이도 중, 접근성 하)

편의시설 주차장, 화장실, 산책로

여행 포인트 상잣성길 걸으며 제주 중산간의 목축 문화 이해하기, 족은녹고메오름·궷물오름·큰녹고메오름의 정취 즐기기, 6~7월엔 만발한 산수국 즐기기

상세 경로

```
       1.6km          1km            1km          1.6km
●───────────○───────────○───────────○───────────●
족은녹고메오름    갈림길    큰녹고메오름 입구    갈림길    족은녹고메오름
  주차장                                              주차장
```

중산간의 목장, 오름, 숲길 걷기

잣성은 제주지역 중산간 목초지에 만들어진 목장 경계용 돌담이다. 돌담 위치에 따라 중산간 해발 150~250m 위치의 것을 하잣성, 350~400m 위치의 것을 중잣성, 450~600m 위치의 것을 상잣성이라 한다. 하잣성은 말들이 농경지에 들어가는 것을 막기 위해 세웠고, 상잣성은 말들이 한라산 삼림 지역으로 들어가 얼어 죽는 것을 방지하기 위해 세웠다. 애월상잣성은 족은녹고메오름족은노꼬메오름부터 유수암리, 소길리, 장전리의 공동목장의 목장 탐방로를 중심으로 이루어져 있다. 족은녹고메오름과 궷물오름 그리고 큰녹고메오름까지 이어지는데, 군데군데 무너진 곳도 있지만, 그 의미가 특별하여 소중하다. 상잣성길 탐방은 바람이 부는 날 가면 더욱 좋다. 키가 큰 소나무 위를 지나가는 윗바람 소리와 잣성 구멍 사이로 부는 아랫바람 소리가 맑은 공기와 함께 최고의 상쾌함을 선사해준다. 더불어 숲과 돌담이 어우러진 제주의 정취를 느끼며 목축 문화와 중산간 사람들의 삶의 흔적을 찾아볼 수 있다.

How to go 애월상잣성길 찾아가기

자동차 내비게이션에 '창암재활원'을 찍고 출발. 창암재활원 입구에 '족은녹고메오름'이라 새겨진 큰 바위가 있는 길이 있는데, 그길로 들어서서 시멘트 도로를 따라 두 번의 삼거리 모두 우회전하여 올라가면 족은녹고메오름 입구에 도착한다.

콜택시 애월콜택시 064-799-9007, 애월하귀연합콜택시 064-799-5003

Walking Tip 애월상잣성길 탐방 정보

❶ 걷기 시작점 족은녹고메오름 입구에서 출발하는 것을 추천한다. 궷물오름과 큰녹고메오름에서도 상잣성길 탐방이 가능하지만, 그 입구를 찾기가 쉽지 않다.

❷ 트레킹 코스 세 개의 오름을 끼고 둘레길을 탐방하기 때문에 족은녹고메오름에 주차한 뒤 궷물오름 지나 큰녹고메오름까지 갔다가 갔던 길을 되돌아오는 게 효율적이다. 애월상잣성길은 대부분이 평탄하여 아이나 노약자도 도전해볼 만하다.

❸ 준비물 운동화, 모자, 선크림, 선글라스, 생수, 해충기피제

❹ 유의사항 상잣성길 이정표는 드문드문 표시되어 있으므로 길을 이탈하지 않도록 주의해야 한다. 탐방길을 이탈했다면 반드시 원래의 길로 돌아오는 게 좋다. 탐방길에 만나는 목초지는 사유지이므로 무단 침입해서는 안 된다. 상잣성길을 걷다 각각의 오름을 탐방하는 길과 만나는데, 이정표가 올레길처럼 잘되어 있지 않다. 게다가 세 개의 오름은 경사도가 꽤 있고, 정상 등반 후 다시 상잣성길로 되돌아오기 쉽지 않으니, 탐방 중간에 무리해서 등반하지 않는 게 좋다. 혹시 오름 방향으로 갔다가 길을 잃었다면 반드시 왔던 길로 되돌아오자.

❺ 기타 탐방길에 별도의 화장실이 없다. 족은녹고메오름 입구의 화장실을 이용하자.

HOT SPOT

981파크

제주에서 가장 핫한 카트 파크

속도감을 느끼며 스트레스 풀기 딱 좋은 어른들의 놀이터이다. 무동력 카트장으로 오픈하자마자 핫플로 떠올랐다. 코스는 모두 세 개로, 초급·중급·고급 코스로 나누어져 있다. 초급 코스는 시속 40km, 고급 코스는 시속 60km까지 속도를 낼 수 있고, 14세 이상부터 탑승할 수 있다. 축구나 야구 등을 즐길 수 있는 실내 게임장과 VR 카트장도 갖추고 있다.

🚶 족은노고메오름 입구에서 자동차로 11분 📍 제주시 애월읍 천덕로 880-24
📞 1833-9810 🕐 매일 09:00~18:00

RESTAURANT

비건테이블 바람

맛과 건강 둘 다 채식 맛집

제주시 애월읍에 있는 비건테이블 바람은 건강한 채식 맛집이다. 밥은 경북 상주의 유기농 현미로 짓는다. 모든 빵은 우유, 계란, 버터가 들어가지 않은 유기농 밀가루와 우리 밀 통밀로 만든다. 현미두부덮밥, 유기농오일파스타, 비건버거 등을 즐길 수 있다. 비건 식당에 왔는데 고급 이탈리안 레스토랑에서 식사하는 기분이 든다.

🚶 족은녹고메오름에서 자동차로 17분
📍 제주시 애월읍 납읍동1길 18-14 📞 0507-1348-3216
🕐 10:00~15:00(라스트오더 14:00, 일 휴무) ⓘ 주차 카페 주변

CAFE

까미노

소박한 힐링 타임을 즐길 수 있는

통유리로 탁 트인 제주의 들녘을 만날 수 있는 카페이다. 평화로운 제주의 일상 풍경을 즐기며 힐링하기 좋다. 느긋하게 책을 읽거나 커피를 마시며 음악 듣기에도 안성맞춤이다. 주변 풍경이 편안하고, 비 오는 날은 더 괜찮은 곳이다. 선별해온 원두로 내린 커피 맛이 일품인데, 메뉴 선정이 어렵다면 주인장께서 추천해주는 커피와 음료를 선택하는 것도 좋다.

🚶 족은녹고메오름에서 자동차로 18분 📍 제주시 애월읍 고하상로 91-12
📞 0507-1351-9789 🕐 10:30~20:00 ⓘ 주차 가능

새별오름과 이달오름

시작점 제주시 애월읍 봉성리 산59-8(새별오름)

코스 길이 5.3km(탐방 시간 2시간, 인기도 상, 탐방로 상태 상, 난이도 중, 접근성 상)

편의시설 주차장, 화장실, 산책로, 푸드트럭

여행 포인트 억새밭, 핑크뮬리, 정상 뷰, 카페

상세경로

	815m		477m		370m		450m		380m	

새별오름 왼쪽 등반로 입구로 진입 ─ 새별오름 정상 ─ 오른쪽 등반로로 하산 시작 ─ 갈림길에서 직진 ─ 이달오름 등반로 입구

이달봉 정상

새별오름 주차장 ──2km── 이달촛대봉 등산로 (입)출구 ──330m── 이달촛대봉 정상 ──500m──

억새 융단과 숲길을 만끽할 수 있는 코스

새별오름순수 높이 119m은 제주 서부의 몽골 초원 같은 아름다운 풍경 속에 홀로 우뚝 서 있다. 멀리서 보면 초원에 세운 피라미드 같다. 들판에 외롭게 밤하늘의 샛별과 같이 빛난다, 하여 새별오름이라 부른다. 약 15분이면 정상에 오를 수 있다. 정상에 말굽형 분화구가 있고 봉우리는 5개이다. 정상에 서면 동쪽으로는 한라산이, 서쪽으로는 이달봉순수 높이 119m이 그림처럼 앉아있다. 바다 쪽으로 시선을 돌리면 멀리 비양도가 장난감 배처럼 귀엽게 떠 있다. 새별오름에서 매년 정월대보름을 앞두고 제주도 대표 축제인 들불축제가 열린다. 해충을 없애는 불놓기 전통이 축제로 발전했다. 거대한 불길이 억새를 태우며 봄밤의 불꽃 축제를 벌인다. 새별오름을 가장 아름답게 볼 수 있는 곳이 바로 뒤의 이달오름제주시 애월읍 봉성리 산 71-1이다. '이달'이란 두 개의 산이란 뜻이다. 새별오름의 아름다운 뒤태를 볼 수 있는 오름이다. 새별과 이달을 함께 이어 걸어보자. 억새 융단과 숲길을 모두 만끽할 수 있는 트레킹 코스다. 새별오름 정상에서 이달오름을 향해 난 샛길로 내려가도 되고, 주차장 앞 등반로 쪽으로 난 길을 통해 걸어가도 된다. 이달봉에 올라 숨을 고르고 다시 바로 북쪽의 이달촛대봉순수 높이 86m으로 걸어보자. 전망은 촛대봉이 더 좋다.

©wilmedia_HJHoHo

How to go 새별오름 찾아가기

자동차 내비게이션에 '새별오름' 찍고 출발. 제주공항에서 35분, 중문에서 20분, 서귀포에서 35분 소요

버스 ❶ 제주국제공항4 정류장대정, 화순, 일주서로에서 820-1, 151, 152번 탑승 → 3개 정류장 이동, 17분 소요 → 정존마을 정류장 하차 → 251, 252, 253, 254번으로 환승 → 16개 정류장 이동, 28분 소요 → 새별오름 정류장 하차 → 도보 15분, 988m → 새별오름

❷ 그밖에 255, 282번 승차하여 새별오름 정류장 하차

콜택시 애월호출택시 064-799-9007, 애월하귀연합콜택시 064-799-5003

Walking Tip 새별오름, 이달봉 탐방 정보

❶ 걷기 시작점 새별오름에서 시작해 이달봉, 이달촛대봉 순으로 오른 후 새별오름 주차장으로 돌아온다.

❷ 트레킹 코스 새별오름은 입구가 세 개다. 주차장에서 오름을 바라보고 있을 때 왼쪽과 오른쪽에 각각 하나씩 있고, 오름 북서쪽에도 이달봉 쪽으로 난 샛길로 연결된 입구가 있다. 일반적으로 왼쪽 입구에서 출발해 오른쪽 입구로 내려온다. 경사가 보기보다 가파르다. 능선에서 경관을 즐기며 사진 찍고 싶다면 경사가 완만한 오른쪽 입구에서 시작하는 게 좋다. 새별오름 정상에서 이달오름 쪽으로 가려면 샛길로 내려가도 되고, 새별오름 주차장으로 내려와 등반로 입구 쪽에 난 임도로 가도 된다.

❸ 준비물 운동화, 모자, 선크림, 선글라스, 생수

❹ 유의사항 여름엔 강렬한 햇빛에 대비하자. 특히 새별오름은 나무 한 그루 없는 땡볕이다. 이달봉 쪽 탐방로는 풀이 우거진 편이다. 긴 바지나 목이 긴 양말을 착용하는 게 좋다.

❺ 기타 이달봉은 인적이 드문 편이다. 방목하는 말을 만나도 당황하지 말자. 탁탁 소리를 내면 길을 비켜준다. 뒤쪽에서 놀라게 하지만 않으면 안전하다.

 RESTAURANT

한라산아래첫마을

제주 메밀을 가장 맛있게 먹을 수 있는 곳

광평리 영농조합에서 만든 식당이다. 전국 생산량 1위인 제주 메밀로 만든 냉면 세 종류와 조배기수제비, 전, 만두 등의 메뉴가 있다. 모두 맛이 끝내준다. 특히 들깨 향이 가득한 비비자작면은 보기도 먹기도 좋은 이곳의 대표 메뉴다. 한우 곰탕도 잡내 없이 맛이 일품이다. 식당 뒤 메밀밭에선 1년에 두 번5월, 10월 새하얀 꽃 카펫이 펼쳐지는 제주메밀축제가 열린다.

🚶 새별오름에서 자동차로 6분
📍 서귀포시 안덕면 산록남로 675 📞 064-792-8245
🕐 10:30~18:00(월요일 휴무, 휴식시간 15:00~16:00) ⓘ 주차 가능

☕ **CAFE**

제주당

푸르른 애월 풍경을 만끽할 수 있는 대형 카페

새별오름과 중산간 애월의 풍경을 한눈에 담을 수 있는 넓은 카페다. 나선형 지붕 앞으로 둥글게 고인 연못 앞 좌석은 언제나 인기가 좋다. 특히 해질 무렵 연못에 비치는 태양은 드넓은 초원 앞에 인생 샷 포토 존을 만들어낸다. 제주 땅에서 나는 당근, 비트, 감자, 감귤 등을 재료로 한 채소 모양 빵을 비롯해, 파스타와 떡볶이 등 식사 대용 메뉴도 판매한다. 연못 앞 초원에서 산책도 할 수 있어 오래 머물기 좋은 곳이다.

🚶 새별오름에서 자동차 1분, 도보 17분 📍 제주시 애월읍 월각로 927 📞 0507-1474-1487 🕐 10:00~21:00(식사 라스트오더 19:00) ⓘ 전용 주차장

☕ **CAFE**

새빌

뷰 명당 베이커리 카페

폐업한 리조트 건물을 새로 꾸며 베이커리 카페로 만들었다. 새별오름 바로 옆에 있어, 카페에 앉으면 오름 풍경이 한눈에 들어온다. 건물 외벽이 전부 통유리로 되어 있어 어디에서든 멋진 새별오름을 감상하기 좋다. 가을엔 이곳에서 커피와 디저트를 즐기며 새별오름 억새가 바람에 일렁이는 풍경과 넓은 핑크뮬리를 눈에 담을 수 있다.

🚶 새별오름 주차장에서 자동차로 1분, 도보 10분 📍 제주시 애월읍 평화로 1529
📞 064-714-0073 🕐 09:00~19:00 ⓘ 주차 가능

비양도

시작점 제주시 한림읍 한림해안로 196(한림항 도선대합실)

코스 길이 약 3km(탐방 시간 2~3시간, 인기도 중, 탐방로 상태 상, 난이도 중, 접근성 하)

편의시설 비양봉 등반로, 해안 둘레길

여행 포인트 협재와 금능 바다에서 바라보던 매혹적인 섬 걷기, 망망대해 작은 섬에서 바라보는 제주 본섬의 모습 감상하기.

상세경로

©제주도청

어린 왕자의 보아뱀을 닮은 매혹적인 섬

비양도는 제주도 서쪽 한림 앞바다에 있는 섬이다. 협재와 금능해수욕장에서 한눈에 들어온다. 에메랄드빛 바다 위에 떠 있어 제주의 아름다운 풍경 사진, 영화나 드라마 등에 자주 등장한다. 섬은 마치 <어린 왕자>에 나오는 코끼리를 삼킨 보아뱀 모습처럼 생겼다. 하지만 직접 가 보면 느낌이 확실히 다르다. 아기자기한 섬마을 풍경은 마치 영화 세트장 같다. 면적은 0.5㎢로 2~3시간 정도면 충분히 둘러볼 수 있다. 따뜻한 봄기운이 찾아드는 4~5월의 비양봉 정상순수 높이 104m 근처는 연보랏빛 갯무꽃이 군락을 이룬다. 푸른 바다와 어우러진 색감과 풍경은 마치 천국으로 올라가는 길 같다. 비양봉 전망대와 하얀 등대에 오르면 가슴이 탁 트이는 망망대해가 펼쳐진다. 해수욕장에 모여든 사람들이 장난감 인형처럼 조그맣다. 착륙을 위해 선회하는 비행기도 보인다. 비양도 해안을 따라 걷는 길도 멋지다. 기암괴석을 만날 수 있는데, '애기 업은 돌'과 '코끼리 바위'가 대표적이다. 또 뭍에서는 보기 드문 바닷물로 된 염습지 '펄랑못'도 있다. 해안 둘레길은 포장이 잘 되어 있어 유모차, 자전거, 휠체어 모두 가능하다.

How to go · 비양도 찾아가기

한림항에서 비양도까지3.4km 가는 배 하루 4회 운항(수요에 따라 증편)

배 운항 정보
한림항 출발 09:20, 11:20, 13:20, 15:20
비양도 출발 09:36, 11:36, 13:36, 15:36
왕복요금 대인 9,000원, 소인(만2~11세) 5,000원
예약 http://ok114.co.kr/0647963515 (전화예약 010-9621-7823)

한림항 찾아가기

주소 제주시 한림읍 한림해안로 196(한림항 도선 대합실)
버스로 찾아가기 ❶ 제주국제공항4 정류장대정, 화순, 일주서로에서 102
번 탑승 → 6개 정류장 이동, 51분 소요 → 한림환승정류장한림리 하차
→ 도보 15분, 1.1km → 한림항
❷ 202번 탑승하여 한수리 정류장 하차(한림항까지 도보 7분)
❸ 202, 291, 292, 783-1, 783-2, 784-1, 784-2, 785번 탑승하여 한림천주교회 정류장 하차한림항까지 도보 8분
콜택시 한수풀호출택시 064-796-9191, 애월호출택시 064-799-9007

Walking Tip · 비양도 탐방 정보

❶ 걷기 시작점 선착장에 내려 인가가 있는 왼쪽으로 가면 비양봉 오르는 길 표지판이 있다. 작은 섬이라 길 찾기 어렵지 않다. 모르겠으면 지나가는 사람에게 물어보면 된다.
❷ 트레킹 코스 해안 둘레길 코스와 비양봉 정상 코스가 있다. 해안 둘레길을 따라 한 바퀴 돌다가 비양봉 입구에서 계단을 따라 정상까지 등반하는 방법과 비양봉을 먼저 오른 뒤 해안 둘레길을 도는 방법이 있다. 비양봉 정상에서는 두 개의 분화구를 한 바퀴 돌고 내려와도 되고, 분화구를 돌지 않고 왔던 길로 그냥 다시 내려가도 된다. 트레킹 전후에 비양도의 식당에서 식사하면 배 시간이 딱 맞는다.
❸ 준비물 운동화, 모자, 선크림, 선글라스, 생수, 쓰레기봉투(음식물 가지고 갈 경우)
❹ 유의사항 주말이나 성수기에는 배편 예약 권장
❺ 기타 여행객의 승용차는 들어갈 수 없다. 해안 둘레길은 포장이 잘 되어 있어 유모차, 킥보드, 자전거 모두 편하다. 섬 안에 작은 슈퍼와 카페가 있다.

 RESTAURANT

호돌이식당

진한 보말죽이 있는 노포

항구 앞에서 가장 먼저 여행객을 맞이하는 오래된 식당이다. 빛바랜 간판이 돋보이는 소박한 외관에는 섬의 역사가 고스란히 담겨 있다. 비양도 앞바다에서 잡히는 보말, 문어, 소라 등으로 재료 본연의 맛을 살린 음식을 선보인다. 진한 보말죽이 대표 메뉴.

🚶 비양도항, 선착장 바로 앞 📍 제주시 한림읍 비양도길 4-1
📞 064-796-8475 🕐 09:00~16:00

RESTAURANT

인섬

알록달록 민박집 식당

호돌이식당 주인 딸이 운영하는 민박집 겸 음식점이다. 알록달록 물감으로 단장한 돌담과 바람개비가 정겹다. 보말죽, 칼국수 등은 물론 물회와 활어무침 등 계절 음식도 판매한다. 잔디 마당과 좌식 테이블이 있어 편안하다. 게다가 막걸리 한 병은 무료로 서비스!

🚶 배에서 내려 왼편에 있는 마을 정자 뒤 노랑색 뿔소라와 바람개비 장식이 있는 골목, 선착장에서 도보 2분 📍 제주시 한림읍 비양도길 12-6
📞 010-7285-3878 🕐 09:00~16:00(저녁 예약 가능)

 **금산공원**

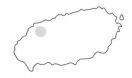

시작점 제주시 애월읍 납읍리 1457

코스 길이 약 500m(탐방 시간 30분, 인기도 중, 탐방로 상태 중, 난이도 하, 접근성 상)

편의시설 주차장(납읍초등학교 정문 앞), 화장실, 산책로

여행 포인트 한적한 마을에 잘 보존된 제주 천연 원시림 탐방

상세경로

	125m		375m	
금산공원 주차장		포제단		금산공원 주차장
납읍초등학교 정문 앞				

울창한 난대림 걷기

금산공원은 애월읍 납읍리에 있는, 일만여 평에 이르는 울창한 숲이다. 제주시 서부에서 평지에 남아있는 유일한 상록수림으로, 숲 자체가 천연기념물로 지정된 난대림 지대다. 오랫동안 보존된 귀중한 원시림에 상록교목 및 60여 종의 난대성 식물이 자라고 있다. 키 큰 후박나무, 생달나무, 종가시나무 등이 상층을 이루고, 자금우·마삭줄 등이 아래를 덮고 있는 전형적인 난대림이다. 예로부터 납읍리는 반촌班村으로 유명하여, 이 숲에서 문인들이 시를 짓고 담소를 나누며 휴양을 즐겼다고 전해진다. 그러다 보니 자연스럽게 주변에 경작지와 인가가 생겨났다. 입구 쪽 탐방로는 나무 데크로 잘 정비되어 남녀노소 쉽게 걸을 수 있다. 입구 바로 앞에 납읍초등학교가 있어, 학교가 파할 시간이면 입구 계단을 오르내리며 뛰노는 아이들도 만날 수 있다. 숲 한 바퀴 도는데 30분 정도 걸리며, 걷다 보면 마을의 제를 지내는 포제단도 만나고, 깊은 숲에서는 울퉁불퉁한 화산석 돌길도 만난다. 숲속은 새들이 노래하는 경연장 같다. 짹짹 낭랑한 소리에 귀 기울이며 숲을 걸어보자.

How to go 금산공원 찾아가기

자동차 내비게이션에 '금산공원' 또는 '납읍초등학교' 입력. 제주공항에서 35분 소요

버스 ❶ 제주국제공항6 정류장노형, 연동에서 3004, 3008번 탑승 → 6개 정류장 이동, 10분 소요 → 제주민속 오일장 정류장 하차 → 292번으로 환승 → 38개 정류장 이동, 43분 소요 → 납읍리 섯갓길 정류장 하차 → 도보 10분 → 금산공원

❷ 그밖에 291, 794-1, 794-2번 탑승하여 납읍리 섯갓길 정류장 하차.

콜택시 한수풀호출택시 064-796-9191, 애월호출택시 064-799-9007

Walking Tip 금산공원 탐방 정보

❶ 걷기 시작점 납읍초등학교 정문 바로 앞에 탐방로로 들어가는 안내문과 계단이 있다.

❷ 트레킹 코스 올레길 15-A 코스가 금산공원 순환 탐방로를 돌고 나온다. 입구 계단으로 들어가 올레길 리본을 따라 한 바퀴 돌면 된다. 원시림을 만끽하려면 우측으로 접어들어 가장 크게 도는 코스를 걸으면 된다. 어디로 접어들든 중앙부의 포제단을 만나는 순환 산책로다.

❸ 준비물 운동화, 모자, 선크림, 선글라스, 생수

❹ 유의사항 눈비 내릴 때는 미끄러울 수 있다. 탐방객이 늘 있는 편이지만, 숲으로 들어가면 인적이 드물고 볕이 적어 조금 스산할 수 있다.

❺ 기타 주차 공간은 입구 계단 앞에 있다. 초등학교 쪽으로는 주차하지 않도록 유의하자. 깨끗한 개방 화장실이 납읍초등학교 앞에 있다. 올레길 15-A코스의 중간 스탬프 찍어주는 곳이 여기에 있다.

 RESTAURANT

도치돌한우숯불

제주 한우 도민 맛집

애월 사람들이 꼽는 한우 맛집이다. 도축장 바로 옆에 있어 고기 품질과 가격은 단연 으뜸이다. 가게 이름과 달리 숯불이 아니라 돌판에 구워 먹는 방식이다. 갈비탕, 내장탕, 곱창전골 등 식사 메뉴도 든든해 늘 북적인다. 신선한 육회와 육사시미도 양이 많은 편이고, 곱창전골과 내장탕도 맵지 않고 고소한 풍미가 살아 있어 찾는 이가 많다.

🚶 금산공원에서 차로 3분, 도보 35분 📍 제주시 애월읍 천덕로 440-1
📞 064-799-1415 🕐 09:00~21:00 ⓘ 주차 가능

☕ CAFE

카페코랫

초록 가득한 이국적인 산장 카페

조용한 마을 납읍리와 어울리는 산장 카페이다. 입구에서부터 이국적인 캐빈우드 느낌이 물씬 풍긴다. 무엇보다 친절, 맛, 분위기 삼박자를 갖추고 있어 만족도가 높다. 스프와 까르보나라는 진하고 크리미한 맛이 일품이고, 문어 페스토 파스타, 시저 샐러드, 잠봉뵈르, 멜론 소다, 과자 등 다양한 메뉴를 모두 수제로 만든다.

🚶 금산공원 입구에서 도보 9분 📍 제주시 애월읍 중산간서로 5519 📞 010-5576-6141 🕐 10:00~18:00(마지막 주문 17:30, 매주 화요일 휴무) ⓘ 주차 가능

☕ CAFE

36.5도여름 남쪽점

푸르고 아름다운 연못가 낭만 카페

납읍리의 작은 연못 서호못 앞에 있는 낭만적인 카페다. 로스팅한 커피는 물론 식사와 안주, 칵테일과 생맥주까지 즐길 수 있다. 날이 좋을 땐 볕과 낙엽이 속삭이는 야외 테이블에 앉아 보자. 입구는 작지만, 안으로 쭉쭉 들어가면 아늑한 소파와 흔들의자가 있는 방이 여럿 있어 아늑하다.

🚶 금산공원에서 차로 2분, 도보 10분
📍 제주시 애월읍 애납로 165 📞 064-799-1010
🕐 11:00~21:00 ⓘ 주차 가능(가게 앞 길가)

금오름

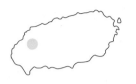

시작점 제주시 한림읍 금악리 1210(금오름 주차장)

코스 길이 700m(탐방 시간 30분~1시간, 인기도 상, 탐방로 상태 상, 난이도 하, 접근성 상)

순수 오름 높이 178m **해발 높이** 427.5m

편의시설 주차장, 화장실, 간이매점, 산책로

여행 포인트 멋진 전망과 분화구 감상하기, 분화구 너머로 떨어지는 낙조 감상하기

상세경로

| 금오름 주차장 | 700m | 정상 | 900m | 분화구 둘레길 걷기 | 700m | 주차장 |

분화구 능선 너머로 해가 지는 노을 명소

금오름은 제주 서부를 여행 중이라면 꼭 가야 할 오름이다. '금'은 '곰'에서 비롯된 말로, 예로부터 신神을 뜻하는 말이었다. 그만큼 금오름은 제주 사람들에게 신성시 여겨지는 오름이었다. 지금은 평일에도 주차장이 꽉 차는 유명한 오름이 되었다. 포장도로가 있어 원래는 차로 정상까지 갈 수 있었으나, 찾는 사람이 많아 이제 차는 아래에 놓고 걸어 올라야 한다. 포장도로와 숲길 중 원하는 곳으로 오르면 된다. 10~20분이면 가볍게 정상에 도착한다. 정상에 오르면 신비로운 분화구굼부리가 시선을 사로잡는다. 분화구에 물이 차 있을 때는 물에 비쳐, 마치 태양이 두 개인 것 같은 착각을 불러일으킨다. 분화구 아래까지 탐방할 수 있어 특별하다. 분화구를 구경한 뒤에는 굼부리 둘레길을 걸어보자. 걷고 있으면 제주의 산과 바다, 그리고 바람이 온몸에 느껴진다. 부드러운 능선을 걷노라면 세상을 다 준다 해도 바꾸고 싶지 않은 제주 서부의 아름다운 풍경이 펼쳐진다. 특히 해 질 무렵 석양이 분화구 뒤로 사라지는 모습이 장관이다.

How to go 금오름 찾아가기

자동차 내비게이션에 '금오름' 또는 '금오름 주차장' 찍고 출발. 제주국제공항에서 39분, 중문에서 20분

버스 ❶ 제주국제공항4 정류장대정, 화순, 일주서로에서 151번 탑승 → 5개 정류장 이동, 42분 소요 → 동광환승정류장2영어교육도시 방면 하차 → 도보 2분 → 동광환승정류장3한림 방면 → 783-2로 환승 → 1개 정류장 이동, 6분 소요 → 이시돌 삼거리 정류장 하차 → 도보 21분 → 금오름

❷ 783-1번 탑승하여 이시돌 삼거리 정류장 하차, 금오름까지 도보 21분

콜택시 한경콜택시 064-772-1818, 한림서부콜택시 064-796-9595, 한수풀택시 064-796-9191

Walking Tip 금오름 탐방 정보

❶ 걷기 시작점 금오름 주차장 바로 앞에 오름 입구가 있다. 여기서 조금만 걸어가면 '희망의 숲길'로 오르는 표지판이 나온다. 아스팔트 포장도로는 예전에 차들이 다니던 길이지만 지금은 차는 갈 수 없다.

❷ 트레킹 코스 아스팔트 길로 직진하면 정상까지 10분이면 도착한다. 트레킹으로는 아쉬운 루트다. '희망의 숲길'을 택하면 삼나무 숲길을 오르다 갈림길이 나오는데, 직진하면 정상까지 620m, 왼쪽으로 가면 오름 숲 둘레길 2km가 이어진다.

❸ 준비물 운동화, 모자, 선크림, 선글라스, 생수

❹ 유의사항 여름철 숲 둘레길은 잡풀이 우거져 걷기 여행이 힘들 수 있다.

❺ 기타 노을 질 무렵엔 주변 도로에 교통체증이 발생할 정도로 인파가 몰린다.

HOT SPOT

정물오름

제주 서부의 들판을 두 눈에

금오름보다 붐비지 않아 좋다. 숲과 능선을 따라 걷는 비포장 탐방로가 자연스럽고 포근하다. 여름에는 억새가 우거져 진입로를 찾기 쉽지 않다. 바람이 많이 불 때는 사방이 뚫린 왼쪽 길보다는 숲이 우거진 오른쪽 길을 택하는 게 좋다. 계단은 숨이 차오를 정도로 가파른 편이지만, 15분 정도면 정상에 도착한다. 정상에선 금오름 못지않은 뷰를 만끽할 수 있다. 오름 아래는 푸른 초원이 펼쳐진 성이시돌목장이다.

🚶 금오름에서 자동차로 3~4분 📍 제주시 한림읍 금악리 산52-1 ⓘ 주차 가능

RESTAURANT

금악정육식당

든든한 한 끼 식사를 위한

인적 드문 금악리에서 점심시간이 되면 삼삼오오 점심을 먹으러 사람들이 몰리는 곳이다. 정육식당으로, 비교적 저렴하게 고기를 맛볼 수 있다. 점심시간에는 7천 원짜리 정식 메뉴가 단연 인기다. 제주산 돼지고기로 만든 제육볶음을 포함한 7~8가지 반찬이 따뜻한 밥, 국과 함께 나온다. 좌식테이블과 놀이방 공간이 있어 가족 단위로도 많이 찾는다.

🚶 금오름에서 자동차로 2분 📍 제주시 한림읍 중산간서로 4302
📞 064-747-8191 🕐 12:00~21:30(일요일 휴무) ⓘ 주차 가능

CAFE

카페 이시도르

새미은총의동산과 카페

성이시돌센터에 있는 베이커리 카페다. 커피 맛이 좋고, 창 너머 정물오름 풍경이 여유롭다. 이곳에서는 이시돌목장의 유제품을 판매한다. 목장에서 난 우유와 버터를 넣어 매일 맛있는 빵도 구워낸다. 성이시돌목장에서 여유를 만끽하려면 센터 앞에 있는 '새미은총의동산'이 좋다. 기도와 미사를 위한 공간인데 개방하여, 누구나 힐링 산책을 할 수 있다. 정원과 연못이 아름답다. 이시돌목장 안의 카페 우유부단도 인기가 많다.

🚶 금오름에서 자동차로 4분 📍 제주시 한림읍 금악북로 353
📞 064-796-0677 🕐 08:30~16:50(일요일 14:00 마감) ⓘ 주차 가능

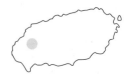

새미은총의동산

시작점 제주시 한림읍 새미소길 15(성이시돌센터 주차장)

전화 064-796-4181

코스 길이 약 2.7km(탐방 시간 1시간, 인기도 상, 탐방로 상태 상, 난이도 하, 접근성 상)

편의시설 성이시돌센터(화장실, 카페, 안내소, 기념품 판매점), 화장실

여행 포인트 여유롭게 산책하기, 예수의 생애 둘러보기, 십자가의 길에서 묵상하기, 새미소에서 기도와 사색에 잠기기, 햇빛 아래에서 책읽기

상세경로

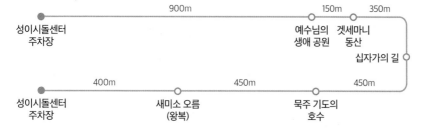

순례하고 산책하며 사색하고 기도하기 좋은 곳

새미은총의동산은 성이시돌목장 안에 있는 천주교 성지이다. 1990년대 이시돌목장에서 가장 아늑한 곳에 순례와 기도를 겸할 수 있는 '삼뫼소은총의동산'을 만들었다. '삼뫼소'는 '오름 세 개가 둘러싼 연못'이라는 뜻이다. 2009년에 '새미은총의동산'으로 이름을 바꾸었다. 새미은총의동산 산책은 가브리엘 대천사의 동상에서 출발한다. '예수님 생애 공원'엔 예수의 삶에 주요한 12개 사건이 미로의 길 위에 표현되어 있다. 예수의 탄생부터 잘 알려진 최후의 만찬까지 모습을 조형물로 표현해놓았다. 이 길을 빠져나가면 십자가의 길이 이어진다. 예수님이 사형 선고를 받고, 십자가를 지고, 못 박히고, 돌아가시고, 묻히는 과정들이 표현되어 있다. 천주교인이 아니더라도 그 희생정신을 묵상하며 천천히 산책하기 좋다. 묵주기도의 호수새미소는 한 바퀴 돌며 기도와 사색에 잠기기 좋다. 벤치에서 독서를 즐기는 사람도 종종 만난다. 이어서 예수가 못 박혀있는 대형 십자가를 마주하게 되고, 맞은편 새미소오름에 오르면 예수님이 승천하는 형상을 만날 수 있다. 새미은총의동산은 반려동물도 함께 갈 수 있다.

How to go **새미은총의동산 찾아가기**

자동차 내비게이션에 '새미은총의동산' 입력 후 출발. 성이시돌센터 주차장에 주차 후 입장.

버스 ❶ 제주국제공항 4번 정류장대정,화순,일주서로에서 151번급행 탑승 → 5개 정류장 이동, 43분 소요 → 동광환승정류장2영어교육도시 방면 하차 → 동광환승정류장3한림방면으로 153m 도보 이동, 2분 → 783-2번지선으로 환승 → 6개 정류장 이동 19분 소요 → 이시돌하단지(동) 하차 → 도보 4분, 267m → 새미은총의 동산

❷ 제주국제공항 5번 정류장(평화로,800번)에서 182번급행 탑승 → 5개 정류장 이동, 45분 소요 → 동광환승정류장5서귀방면 하차 → 동광환승정류장3한림방면으로 224m 도보 이동 3분 → 783-2번지선 탑승 → 6개 정류장 이동, 19분 소요 → 이시돌하단지(동) 하차 → 도보 4분, 267m → 새미은총의 동산

콜택시 서부개인콜택시 064-2124-6927, 애월하귀연합콜택시 064-799-5003, 애월콜택시064-799-9007

Walking Tip **새미은총의동산 탐방 정보**

❶ 걷기 시작점 성이시돌센터 앞, 가브리엘 대천사의 동상이 있고, '새미은총의 동산'이라고 적힌 돌벽 입구에서 시작한다.

❷ 트레킹 코스 산책 코스는 '예수님의 생애 코스', '십자가의 길', '묵주기도의 호수'로 나뉜다. 구불구불 미로 같은 '예수님의 생애' 코스와 게세마네동산을 거쳐, 십자가의 길로 이어진다. 십자가의 길은 목장길, 숲길까지 이어진다. 이어서 묵주기도의 호수를 한 바퀴 산책한 뒤, 대형 십자가의 맞은편 세미소오름에 올랐다가 성모동굴을 거쳐 다시 출발점으로 돌아오는 코스이다.

❸ 준비물 운동화, 모자, 선크림, 선글라스, 생수, 간식

❹ 유의사항 천주교의 성지이므로 조용하고 경건하게 산책하자. 호수에 돌을 던지거나 오염시키는 행위를 삼가자. 애완동물을 동반할 경우, 배변 봉투를 챙기자.

❺ 기타 성이시돌센터에서 성이시돌목장의 역사와 현재의 모습 전시하고 있다. 성물 판매점과 카페도 있다. 천주교 제주교구의 순례길 팜플렛을 받을 수 있으며, 카페에서 음료와 베이커리를 즐길 수 있다. 또한, 성이시돌센터와 새미은총의동산 주변에 금악성당, 마방목지, 삼위일체대성당, 수녀원 등이 있다. 근대건축 유산인 테시폰, 우유 테마 카페 우유부단까지 도보로 이동할 수 있다.

HOT SPOT

천주교 순례길

제주도로 떠나는 성지순례

김대건 신부는 우리나라 최초의 사제이다. 그가 중국 상하이에서 사제서품을 받은 뒤 처음 도착한 곳이 제주도이다. 황사영대산 정약용의 조카 사위의 아내 정난주가 유배를 온 곳도 제주도이다. 이런 까닭에 제주도엔 천주교 성지로 유명한 곳이 많다. 천주교 제주교구는 이들의 흔적을 재구성하여 김대건길을 비롯해 6곳의 순례길을 만들었다. 새미은총의동산은 6개 중 하나인 이시돌길은총의 길 33.2km의 3구간 중 1구간이다. 6개 순례길은 다음과 같다. 한경면의 김대건길빛의 길, 12.6km, 서귀포시의 하논성당길환희의 길 11.0km, 조천읍의 김기량길영광의 길, 9.3km, 대정읍의 정난주길고통의 길, 제주시의 신축화해길화해의 길, 12.6km, 한림읍과 한경면의 이시돌길은총의 길, 33.2km

CAFE

우유부단

성이시돌목장의 우유 카페

'우유'를 주제로 하는 테마 카페이다. 목장 안에 있어서 목가적이고 낭만적이다. 유기농 우유와 수제 아이스크림, 밀크티, 커피, 홍차, 녹차 등을 즐길 수 있다. '우유부단'은 조어로, '너무 부드러워 끊을 수 없다.'라는 뜻을 담았다. 수제 아이스크림 인기가 가장 좋다. 카페 밖의 우유 팩 의자 등 아기자기한 설치 작품이 발길을 멈추게 한다.🚶 새미은총의동산에서 자동차로 1분, 도보 6분 ⓟ 제주시 한림읍 금악동길 38 ☎ 064-796-2033 ⏰ 10:00~18:00(설·추석 당일 휴무) ⓘ 주차 성이시돌목장에 주차

CAFE

무로이

제주의 자연을 담은 조경

조용하고 한적한 마을에 있는 베이커리 카페이다. 미술관 같은 검정 건물이 인상적이다. 출입문을 들어서면 맛깔스러운 베이커리가 먼저 보인다. 군침이 절로 돈다. 길게 이어진 복도를 지나면 자리를 잡을 수 있다. 제주의 자연을 그대로 옮겨놓은 듯한 정원을 바라보며 음악과 사색을 즐기기에 좋은 카페이다. 화창한 날에는 정원으로 나가 따사로운 햇살을 즐겨도 좋겠다.🚶 새미은총의 동산에서 자동차로 8분(6.3km) ⓟ 서귀포시 안덕면 동광본동로 21 ⏰ 매일 10:30~19:00(주문 마감 18:30) ⓘ 주차 가능

낙천의자공원과 잣담길

시작점 제주시 한경면 낙수로 97

코스 길이 1.3km(탐방 시간 30분~1시간, 인기도 중, 탐방로 상태 상, 난이도 하, 접근성 중)

편의시설 주차장, 화장실, 산책로, 전망대, 자판기, 운동기구

여행 포인트 한적한 농촌 마을, 가지각색의 의자 작품, 옛 모습 그대로의 잣담길

상세경로

```
                240m                              530m
  ●─────────────────────────○────────────────────────────┐
낙천의자공원                 잣담길                         │
  입구                    올레 13코스                       │
                                                           │
       180m              130m              160m            │
  ●─────────────○─────────────●────────────────○──────────┘
낙천의자공원      낙천리사무소      저갈물 저수지      잣담길 종료
  입구         올레 13코스 중간 스탬프                민가 있는 곳에서 우회전
```

올레 13코스 끼고 걷는 마을 길

한경면의 낙천마을은 하늘이 내린 천 가지의 기쁨이라는 뜻을 담고 있다. 낙천마을에서는 제주 서부 지역의 전형적인 농촌 정취와 여유로움을 만끽할 수 있다. 이 마을의 명물은 '낙천의자공원'인데, 올레 13코스가 지나는 길목에 있다. 한적하고 여유롭게 공원을 둘러보며 여행하기 좋다. 공원에서는 각자 이름을 가진 천 개의 의자를 볼 수 있는데, 놀랍게도 모두 마을 주민들이 손수 만든 것이다. 작은 공원이지만 의자마다 가지고 있는 의미를 생각하며 걷다 보면 마음이 꽉 차오른다. 특히 커다란 미끄럼틀은 어른이 타도 스릴이 넘친다. 공원 끝 높다란 전망대 뒤로는 올레길의 '잣담길'과 연결된다. 잣담길은 돌을 성벽처럼 쌓아 만든 돌담길이다. 화산 지형에 농지를 만들며 자연스럽게 생긴 일종의 경계선인데, 잣담길 따라 짧은 숲길에 들어서 새소리와 꽃향기를 평화롭게 만끽하기 좋다. 잣담길을 빠져나와 민가가 있는 곳에서 좌측으로 꺾으면 올레길이고, 우측의 저갈물 저수지제주시 한경면 낙천리 1745-1 방향으로 가면 낙천리사무소를 지나 다시 낙천의자공원 입구에 다다른다. 저지문화예술인마을과 신창풍차해안도로에서 자동차로 10분 거리이다.

자동차 내비게이션에 '낙천의자공원' 입력 후 출발. 제주공항에서 1시간, 중문관광단지에서 35분 소요.
버스 ❶ 제주국제공항4 정류장대정, 화순, 일주서로에서 151번 승차 → 5개 정류장 이동, 42분 소요 → 동광환승정류장
2영어교육도시 방면 하차 → 784-2번으로 환승 → 18개 정류장 이동, 29분 소요 → 낙천리 정류장 하차 → 도보 4분 →
낙천의자공원 ❷ 그밖에 771-1, 772-1, 772-2번 승차하여 낙천리 정류장 하차, 낙천의자공원 입구까지 도보 4분
콜택시 한경콜택시 064-772-1818

Walking Tip **낙천의자마을 탐방 정보**

❶ **걷기 시작점** 낙천의자공원에서 시작한다. 공원은 올레길 13코스 중간 스탬프 지점인 '낙천리 사무소' 바로
옆에 있다.
❷ **트레킹 코스** 낙천의자공원 입구—공원 끝에서 올레길 13코스의 잣담길로 연결—낙천리사무소—낙천의자
공원 입구로 코스를 잡자. 빨리 걸으면 20분 안에도 가능한 짧은 거리다. 걷기를 더 즐기고 싶으면 잣담길을 빠
져나와 올레길 13코스를 계속 이어서 걸어도 좋고, 다시 낙천의자공원 입구로 이동하여 북쪽으로 약 1.4km 정
도 걸어 조수리까지 가는 것도 추천한다. 조수리는 집마다 정원을 예쁘게 가꾸고, 작은 식당과 카페 등이 있는
걷기 좋은 마을이다.
❸ **준비물** 운동화, 모자, 선크림, 선글라스, 생수
❹ **유의사항** 잣담길은 인적이 매우 드물다. 짧지만 으슥하게 느껴질 수 있다. 일행과 함께 가기 추천
❺ **기타** 공원엔 간단한 스낵을 파는 매점과 깨끗한 화장실이 있다.

Travel Tip **낙천의자공원 주변의 명소·맛집·카페**   📷 🍴 ☕

 HOT SPOT
조수리

시골 마을에서 즐기는 커피 한 잔의 여유
낙천리의 이웃 마을 조수리는 한경면의 대표적인 중산간 마을이다. 제주다움이 물씬 풍기는 마을에 작은 상점
이 늘면서 색다른 매력을 뽐내고 있다. 특히 5월엔 집마다 장미가 담을 붉게 물들이고, 6월엔 수국이 풍성하게
피어난다. 폐교에 들어선 조수리 박물관, 이국적 분위기의 조수성당과 조수교회도 볼 만하다. 🚶 낙천의자공원에
서 북쪽으로 약 1.4km(도보 20분) ⓥ 제주시 한경면 홍수암로 579(조수1리 교차로~조수교회 일대) ⓘ 주차 가능

🍽 RESTAURANT
데미안

조수리 명물이 된 돈가스 무한리필

메뉴는 돈가스 하나다. 돈가스 정식에 전복죽과 후식이 나온다. 치즈
돈가스는 1인당 하나씩만 추가 주문할 수 있다. 제주산 돼지고기와 국
내산 쌀을 사용하여 맛도 좋다. 게다가 무한 리필이 가능하다. 돈가스
를 다 먹어갈 때쯤 몇 장을 리필할지 물어봐 주니 눈치 볼 것 없다. 후
식 음료도 테이크아웃으로 챙겨준다. 소문이 자자해 기다릴 때가 많
지만, 귤밭 마당과 대기실이 잘 되어 있다. 🚶 낙천의자공원에서 자동차
로 2~3분, 도보 10분 ⊙ 제주시 한경면 고조로 492-15 📞 010-4277-0551
🕐 11:00~15:30(네이버 예약 우선, 당일 예약 전화 문의, 토 휴무) ⓘ 주차 가능

🍽 RESTAURANT
밀크홀

낮은 돌집에서 즐기는 분식

떡볶이와 튀김, 라면과 짜파게티, 볶음밥 등을 파는 분식 전문점이다.
지붕이 낮은 제주의 돌집이 옛 모습 그대로 남아있어 정취가 남다르
다. 일식집을 떠올리게 하는 튀김이 명물이다. 나혼자튀김도 있어 혼
밥러도 거뜬하다. 무농약 청귤에이드를 곁들이면 완벽한 분식 한 상
차림이 된다.
🚶 낙천의자공원에서 자동차 1~2분, 도보 16분
⊙ 제주시 한경면 판조로 428 📞 010-7170-5682
🕐 11:00~16:00(주말 17:30까지, 토요일 휴무) ⓘ 주차 가능

☕ CAFE
크래커스 한경점

시골 마을에서 마시는 맛있는 커피

한적한 조수리에 있는 카페이다. 문을 열고 들어서면 온몸에 커피 향
이 물씬 느껴진다. 레트로 감성을 살린 인테리어도 독특하지만, 이곳
은 무엇보다 커피를 참 잘 내린다. 6년 만에 리모델링해 모던하고 깔
끔하다. 통유리창으로는 마을 로터리 풍경이 펼쳐진다. 지나가는 마
을 주민들과 트랙터가 정감 있게 느껴진다.
🚶 낙천의자공원에서 자동차로 1~2분, 도보 15분 ⊙ 제주시 한경면 낙수로 1
📞 064-773-0080 🕐 08:30~17:30 ⓘ 주차 가능

환상숲곶자왈공원

시작점 제주시 한경면 녹차분재로 594-1

전화 064-772-2488

운영시간 평일 09:00~18:00 일요일 13:00~18:00

입장료 성인 5000원, 어린이·청소년 4000원(숲 해설 포함, 도보·자전거·버스 이용시 1,000원 할인)

숲 해설 09:00부터 17:00까지 매시 정각에 진행, 12~2월엔 마지막 해설 16:00

탐방 시간 30분~1시간(탐방로 상태 상, 인기도 중, 난이도 하, 접근성 하)

편의시설 족욕 카페, 주차장, 화장실

여행 포인트 원시의 곶자왈에서 에코 힐링, 숲 해설사와 함께하는 투어로 곶자왈 이해하기, BTS의 환상숲 뮤직비디오 찾아보기

상세경로

입구 ─── 지질관측소 ─── 동굴함몰지대 ─── 용암동 ─── 출구(입구)

BTS 뮤직비디오에 나오는 몽환적인 숲

환상숲 곶자왈공원은 개인이 운영하는 수목원이다. 짧은 코스이지만, 쉼 없이 돌아가는 삶에 쉼표를 찍기 좋은 곳이다. 숲 해설을 들으면, 제주 자연의 신비로움과 소중함, 자연이 우리에게 베푸는 무한한 혜택을 새삼 느끼게 된다. 환상숲은 신비롭고 몽환적이다. BTS가 뮤직 비디오를 찍은 곳으로도 유명하다. 네 개의 길이 순환 코스로 연결되어 있다. 입구에서 바로 시작되는 오시록한길은 '으슥하다'는 뜻의 제주 말 '오시록하다'에서 따다 이름 지은 길이다. 이어지는 생이소리길은 지저귀는 새 소리가 아름다운 길이다. 운이 좋으면 팔색조가 지저귀는 소리를 들을 수 있다. 생이소리길 지나면 갈등의길이다. 칡과 등나무가 서로 엉켜 생존을 위해 치열하게 싸우는 모습을 볼 수 있다. 이어 정글지대 지나면 마지막 길은 아바타길이다. 영화 아바타에서 볼 법한 무성한 정글 숲길을 걸어가면 코스가 끝이 난다. 나무끼리 엉켜 상처 내다 가지나 뿌리가 붙어 한 몸이 된 연리목도 숲 곳곳에서 19개나 찾아볼 수 있다. 개인적으로 걸을 땐 30분 이내, 숲 해설을 들으면 50분 정도 소요된다. 사전 예약으로 나무 목걸이 만들기, 제주 자생식물 화분 심기, 석부작 만들기 같은 체험 프로그램에 참여할 수 있다. 비용은 5,000원~25,000원.

How to go 환상숲곶자왈공원 찾아가기

자동차 내비게이션에 '환상숲곶자왈공원' 입력 후 출발

버스 제주국제공항 4번 정류장대정, 화순, 일주서로에서 151번 탑승 → 7개 정류장 이동, 50분 소요 → 오설록 정류장 하차 → 도보 2분, 103m → 제주오설록티뮤지엄 정류장에서 784-1번으로 환승 → 4개 정류장 이동, 5분 소요 → 환상숲곶자왈공원 정류장 하차 → 도보 1분, 51m → 환상숲곶자왈공원

콜택시 한경콜택시 064-772-1818, 한림서부콜택시 064-796-9595, 한수풀택시 064-796-9191

Walking Tip 환상숲곶자왈공원 탐방 정보

❶ 걷기 시작점 환상숲곶자왈공원 숲길 입구에서 시작한다.

❷ 트레킹 코스 입구에서 오시록한길과 생이소리길, 갈등의길 지나면 지질관측소가 나온다. 다시 정글 지대, 동굴함몰지대, 용암동 지나 아바타길을 통과하여 출구입구로 돌아 나오게 되는 순환 코스이다. 입구에서 시계 반대 방향으로 한 바퀴 도는 것이다.

❸ 준비물 운동화, 모자, 선크림, 생수

❹ 유의사항 쓰레기는 반드시 되가져 간다. 탐방로에서는 항상 자연을 아끼고 사랑하는 마음을 잃지 말자.

❺ 기타 숲 해설이 입장료에 포함되어 있다. 누구나 해설을 들으며 제주 곶자왈을 깊이 이해하고 즐기기 좋으니 꼭 참여해보자. 공원 안에 있는 족욕 카페도 이용해 보자. 10:00~17:00까지 운영하며 일요일은 휴무이다. 카페 건물 1층에서는 단체 족욕을 즐길 수 있고, 2층에는 카페테리아와 셀프 족욕 시설이 갖추어져 있다. 숙소도 운영 중이다. 에어비앤비를 통해서만 예약 가능하며, 숙박객은 숲 해설가 동행 프로그램 무료, 족욕 테라피 50% 할인 혜택을 받을 수 있다.

Travel Tip 환상숲곶자왈공원 주변의 명소·맛집 📷 🍴

📷 **HOT SPOT**

오설록 티 뮤지엄

국내 최초의 차 박물관

아모레퍼시픽이 한국 전통차와 문화를 소개하기 위해 2001년 개관했다. 서광리의 오설록 차밭과 맞닿아 있으며, 디자인이 돋보이는 박물관과 카페 건물이 주변 풍광과 멋지게 어우러져 사진 남기기 좋다. 오설록의 녹차 디저트와 상품, 화산송이로 만든 이니스프리 제품도 만나볼 수 있다. 티클래스를 운영하며에약제, 천연 비누 만들기 체험도 준비돼 있다.

🚶 환상숲곶자왈공원에서 자동차로 4분
📍 서귀포시 안덕면 신화역사로 15
📞 064-794-5312 🕐 09:00~18:00
ⓘ 입장료 무료 ⓘ 주차 가능

RESTAURANT

명리동식당 본점

흑돼지 자투리 고기와 김치전골

제주에서도 시골에 속하는 한경면에서 입소문을 타고 유명해진 진정한 흑돼지 맛집이다. 명리동식당은 제주 자투리 고기의 원조이자 제주 고메 위크의 '현지인 맛집 50'에 선정된 맛집이다. 자투리 고기는 말 그대로 고기를 정량으로 손질하고 남은 자투리 부위를 모아 놓은 것을 말한다. 발골하고 남은 흑돼지의 자투리 부위 구이를 비교적 저렴한 가격에 넉넉하게 맛볼 수 있다. 점심 식사로 나오는 흑돼지 김치찌개 또한 저렴하고 고기도 넉넉히 들어가 있어 든든하게 식사하기 좋다.

🚶 환상숲곶자왈공원에서 자동차로 2분(0.9km) ⊙ 제주시 한경면 녹차분재로 498 📞 064-722-5571 ⓒ 11:30~21:00(브레이크타임 14:30~16:00, 라스트오더 20:00, 월요일 휴무) ⓘ 주차 가능

 RESTAURANT

묘한식당

바삭바삭 흑돼지 돈가스

환상숲곶자왈공원 주차장 대각선 건너편에 있는 묘한 맛집이다. 우리나라에서 가장 맛있는 제주 흑돼지에 훌륭한 솜씨를 더한 돈가스 맛집으로 점점 입소문을 타고 유명해지고 있다. 대표 메뉴인 흑돼지 돔베카츠는 일반적인 돈가스보다 훨씬 두툼하고 육즙이 듬뿍 들어 있다. 게다가 겉은 바삭바삭하고 속은 촉촉하여 입에서 살살 녹는다. 매콤한 칠리새우파스타와 부드러운 크림빠네파스타도 상당히 맛있다.

🚶 환상숲곶자왈공원에서 도보 2~3분(200m) ⊙ 제주시 한경면 녹차분재로 601 📞 064-772-4466 ⓒ 10:30~20:00(브레이크타임 15:00~17:00, 화·수요일 휴무) ⓘ 주차 환상숲곶자왈공원에 주차

김대건길 천주교 제주교구 순례길

시작점 제주시 한경면 칠전로 1(고산성당)

코스 길이 12.6km(탐방 시간 3~4시간, 인기도 중, 탐방로 상태 상, 난이도 중, 접근성 중)

편의시설 주차장, 화장실, 산책로, 전망대

여행 포인트 믿음과 신앙에 대해 생각해보기, 아름다운 해안 길 즐기기, 유네스코 세계지질공원 탐방(수월봉과 당산봉 일대)

상세경로

	1.7km		1.8km		500m		1km	
고산성당		수월봉 해안 도로		자구내포구		고산리 선사유적		당산봉

	4.8km			200m		2.6km	
신창성당			용수성지	절부암 용수포구			

김대건 신부가 첫 미사를 봉헌한 빛의 길

한경면 고산성당에서 출발한다. 고산평야 지나면 유네스코 세계지질공원으로 인증된 수월봉순수 높이 77m에 닿는다. 이어 차귀도가 보이는 몽환적인 풍경과 높다란 화산쇄설층을 병풍 삼아 엉알길을 걸어가면 자구내포구이다. 포구에서 고산리선사유적지를 지나 전망대가 있는 당산봉순수 높이 118m에 올랐다가 내려오면 환상적인 옥빛 바다 옆 절벽 길인 생이기정길을 만난다. 이 길 지나면 용수포구다. 용수포구는 우리나라의 첫 사제가 된 김대건 신부가 1845년 8월 상해에서 사제서품을 받은 후 일행 13명과 함께 목선 라파엘호를 타고 서해로 귀국하는 길에 풍랑을 만나 표착한 곳이다. 그는 고국에서의 첫 미사를 이곳에 봉헌하였으며, 그래서 천주교인에게는 의미 깊은 장소. 현재는 성 김대건 신부 제주표착기념성당과 기념관이 있다. 야외에는 전문가의 고증을 거쳐 복원한 라파엘호와 김대건 신부가 간직했던 성모상이 있다. 배에 직접 오를 수 있다. 용수포구까지는 올레 12코스와 같은 길로 왔지만, 이곳에서 신창성당까지는 풍차가 있는 이국적인 풍경을 보며 신창풍차해안도로를 따라 걸으면 된다. 순례길 스탬프는 고산성당, 용수성지, 신창성당에 비치돼 있다.

How to go 김대건길 찾아가기

자동차 내비게이션에 '고산성당' 입력 후 출발

버스 ❶ 제주국제공항 4번 정류장대정, 화순, 일주서로에서 102번 승차 → 9개 정류장 이동, 1시간 15분 소요 → 고산
환승정류장고산1리 하차 → 도보 2분 → 고산성당

❷ 그밖에 202, 761-2, 771-1, 771-2, 772-2번 승차하여 고산환승정류장 하차.

콜택시 한경콜택시 064-772-1818

Walking Tip 김대건길 탐방 정보

❶ 걷기 시작점 버스정류장고산환승정류장 바로 앞의 고산성당에서 시작

❷ 트레킹 코스 수월봉에서 용수포구까지는 올레길 12코스와 같은 길
이다. 용수포구부터는 드라이브와 사이클링 코스로 유명한 신창풍차
해안도로를 따라 걸으며 신창성당까지 간다.

❸ 준비물 운동화, 모자, 선크림, 선글라스, 생수, 간식

❹ 유의사항 해안로 쪽에는 버스가 다니지 않는다. 버스정류장은 고산
성당부터 신창성당 사이 마을 가까운 쪽에 있다.

❺ 기타 미사를 보고 김대건길을 걷고 싶다면 고산성당 오전 미사가 있는 월, 목, 일요일이 좋다.

미사 시간 월 07:00, 화 19:30, 목 10:00(첫째 주 19:30), 금 19:30, 토 19:30, 일 10:00

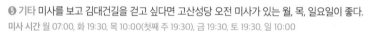

Travel Tip 김대건길 주변 명소·맛집·카페

 HOT SPOT

신창풍차해안도로

노을, 풍력발전기 그리고 바람

서쪽 최고의 드라이브 코스로 꼽힌다. 노을 풍경으로 유명하지만, 온종일 아름답다. 손에 잡힐 듯한 파도, 바다
위에서 돌아가는 풍차 행렬이 이국적인 분위기를 자아낸다. 바다 위를 걸을 수 있는 기다란 해상 다리 산책로
도 있다. 산책로로 한 바퀴를 도는 데엔 30분 이상 걸린다.

🚶 용수포구에서 신창풍차해안도로의 싱계물공원까지 도보 55분 📍 제주시 한경면 신창리 1322-2 ⓘ 주차 가능(싱계물공원)

 RESTAURANT
옛날국수집

맛과 양 모두 놀라운 국수의 정수

조미료 없이 진하게 우려낸 멸치 육수로 말은 잔치국수 맛집이다. 가격은 단돈 5천 원이다. 비빔국수는 맛깔나고, 여름엔 제주 콩국수를 개시한다. 이 집은 양이 어마어마하다. 걷다가 정말 배고플 때 가면 딱이다. 곱빼기는 도전용이다. 도전에 성공해 명예의 전당에 오른 사람은 단 5명뿐이다. 다 먹지 못할 것 같으면 양 조절을 요청하자.

🚶 당산봉입구(자구내포구)에서 도보 20~25분
📍 제주시 한경면 고산로 73 📞 064-773-7778
🕐 08:00~18:00(매주 월요일 휴무) ⓘ 주차 가능

 RESTAURANT
승민이네

바닷바람에 말린 오징어 구워 주는 곳

차귀도로 가는 배가 출발하는 자구내 포구 앞에서 여행객을 반기는 건 바로 오징어다. 제주 바다에서 잡은 오징어를 바닷바람에 말리는 행렬이 진풍경을 자아낸다. 다리가 좀 짧은 건 한치, 덜 말려 쫀득한 맛이 살아있는 건 준치라고 한다. 보기만 하기엔 아쉽다. 승민이네는 한 마리씩 직접 구워준다. 포장하면 마요네즈와 초고추장을 섞은 소스도 담아준다. 포구 앞 멋진 풍경을 벗 삼아 오징어 한 마리 먹고 길을 떠나 보자.

🚶 제주해양경찰서 고산출장소 뒤편 '미식가' 식당 앞 📍 제주시 한경면 노을해안로 1146 📞 010-4256-2955 ⓘ 제주해양경찰서 고산출장소 앞 주차장

 CAFE
클랭블루

신창풍차해안도로의 갤러리 카페

2018년 제주건축대전에서 본상을 받은 건물 전체가 카페와 갤러리다. 여러 방송과 광고에 배경으로 등장하기도 했다. 돌담과 바다 그리고 풍차가 액자 속 그림처럼 담겨 있다. 갤러리에서는 제주의 젊은 예술가들 작품을 만나볼 수 있다. 제주산 과일로 만든 주스와 티, 케이크 등을 즐길 수 있다. 앞마당이 해안도로 쪽이라 풍경 즐기기 좋다.

🚶 싱계물공원에서 도보 5분 📍 제주시 한경면 한경해안로 552-22
📞 010-8720-5338 🕐 11:00~19:00 ⓘ 주차 가능

송악산과 송악산둘레길

시작점 서귀포시 대정읍 상모리 164-2

코스 길이 3.5km(탐방 시간 1시간 30분, 인기도 상, 탐방로 상태 상, 난이도 하, 접근성 중)

편의시설 주차장, 화장실, 산책로

여행 포인트 남녀노소 걷기 편한 해안 둘레길(유모차 가능) 즐기기, 가파도와 제주 서남부 해안의 절경 감상,
장엄한 송악산 분화구 감상하기

상세경로

	1.07km		440m		330m		
출발점 주차장 앞		**부남코지**		**송악산 정상** **1전망대** 1코스 탐방로로 등반		**정상 탐방로** **2코스 입구** 둘레길 갈림길	200m
도착점 주차장	470m	**전망대3**	580m	**전망대2**	160m	**둘레길 전망대1**	

언제나 감동을 주는 해안 절경 둘레길

송악산둘레길은 올레 10코스를 대표하는 산책로로 서부에서 빼놓을 수 없는 으뜸 절경이다. 해안 절벽을 따라 이어져 있어서 형제섬, 산방산, 군산, 한라산으로 이어지는 절경을 한눈에 담을 수 있다. 날씨가 좋으면 가파도와 마라도까지 손에 닿을 듯하다. 보통 한 바퀴 도는데 1시간, 여유를 부리면 1시간 30분 걸린다. 큰 오르막이 없어 힘들지 않다. 일부 구간은 유모차도 다닐 수 있다. 송악산순수 높이 99m은 세계적으로도 희귀한 이중분화구 형태다. 1차 폭발로 만들어진 분화구 안에서 또 한 번 폭발이 일어났다. 송악산 주변은 봄에는 유채꽃이, 초여름에는 수국이 비밀의 정원처럼 흐드러지게 피어난다. 초원에는 말을 방목하고 있어 이국적인 분위기를 한껏 돋운다. 승마 체험도 할 수 있다. 중간에 해산물과 간식 등을 파는 식당이나 벤치 등도 있어 쉬어갈 곳도 충분하다. 송악산 곳곳에는 일제의 진지동굴이 60여 개나 있다.

송악산 정상 탐방로가 다시 열렸다

정상부 훼손으로 2015년부터 6년 동안의 닫혔던 정상 탐방로가 2021년 8월부터 일부지만 다시 열렸다. 재개방 구간은 동쪽의 탐방로 1코스, 송악산 제1전망대, 탐방로 2코스이다. 재개방 구간은 약 700m로, 주차장에서 약 20분, 정상 탐방로와 둘레길 갈림길에선 10분이면 오를 수 있다. 서쪽의 3코스와 제2전망대는 2027년 7월 31일까지 자연휴식제가 연장되었다. 정상엔 웅장한 분화구가 큰 입을 벌리고 있다. 분화구 둘레는 400m, 깊이는 무려 69m이다. 엄청난 분화구를 보고 있으면 장엄함을 넘어 숭고함마저 느껴진다.

How to go 송악산 찾아가기

자동차 내비게이션에 '송악산 둘레길' 찍고 출발. 제주국제공항에서 56분, 중문관광단지에서 40분 소요.
버스 제주국제공항 4번 정류장대정, 화순, 일주서로에서 820-1번 탑승 → 7개 정류장 이동, 55분 소요 → 화순 환승 정류장안덕 농협 하차 → 752-2번으로 환승 → 7개 정류장 이동, 15분 소요 → 산수이동 정류장 하차 → 도보 25분 1.7km → 송악산 둘레길
콜택시 안덕택시 064-794-6446, 안덕개인호출택시 064-794-1400, 모슬포호출택시 064-794-5200

Walking Tip 송악산 탐방 정보

❶ **걷기 시작점** 주차장 바로 앞 잔디밭에서 시작한다. 둘레길을 돌아 나오면 다시 주차장이 보인다. 송악산 정상 탐방은 둘레길 동쪽 갈림길에서 시작한다. 1코스 — 제1전망대 — 2코스 순으로 하면 된다.
❷ **트레킹 코스** 주차장에서 시작하여 송악산 정상에 오른 뒤 2코스 탐방로로 내려와 둘레길을 한 바퀴를 돈 이후, 잔디밭 아래 계단 따라 해안 쪽으로 내려가는 코스 추천한다. 내려가면 일제의 진지동굴이 나온다. 붕괴 위험으로 동굴 진입은 불가능하다.
❸ **준비물** 운동화, 모자, 선크림, 선글라스, 생수, 간식
❹ **유의사항** 바다 바로 앞 절벽에 있어 바람이 거센 날엔 제주의 매서운 바람을 제대로 맞을 수 있다. 비까지 겹친 경우라면 더욱 유의해야 한다.
❺ **기타** 코스 중간 간단한 식음료를 파는 매점과 해산물 식당, 승마체험장 등이 있다.

Travel Tip 송악산 주변의 명소·맛집·카페 　　　　　📷 🍴☕

📷 **HOT SPOT**

알뜨르비행장과 섯알오름

슬픔과 아름다움의 이중주

송악산 북서쪽엔 일제가 중일전쟁과 태평양전쟁 때 쓰려고 도민 땅을 빼앗아 만든 알뜨르비행장이 있다. 알뜨르는 '아래쪽에 있는 들'이라는 뜻이다. 전투기 격납고, 벙커, 동굴 진지가 남아 있다. 높이 21m의 섯알오름은 비행장 동쪽에 있다. 연합군에 패망한 일제가 오름에 설치한 대공포 진지와 탄약고를 폭파한 까닭에 한쪽이 찌그러져 있다. 4.3항쟁 땐 미군정과 이승만 정부가 무고한 도민 210명을 집단 학살한 뒤 이곳에 암매장했다. 다행히 다크 투어를 하는 사람들이 찾아 섯알오름의 비극과 슬픔을 공유한다. 올레 10코스가 이 두 곳을 지난다.
알뜨르비행장 📍 서귀포시 대정읍 상모리 1670
🚶 송악산에서 북서쪽으로 도보 30분, 자동차로 5분
섯알오름 📍 서귀포시 대정읍 상모리 1618
🚶 송악산에서 북서쪽으로 도보 15분, 자동차로 6분

 RESTAURANT
메릭빌

호주 스타일 건강하고 맛 좋은 브런치

시드니에서 일하던 셰프와 바리스타 부부가 운영하는 브런치 식당이다. 제주 시골 마을에서 호주 로컬 카페 느낌의 맛과 멋을 자랑한다. 음식에 들어가는 소스를 직접 수제로 만들며, 식재료 본연의 맛을 살린 메뉴는 이국적이면서 건강하다. 빵과 달걀, 아보카도, 연어, 치즈, 후무스 등을 사이드로도 추가할 수 있어 곁들여 먹으면 더욱 든든하다. 이른 아침부터 운영해 걷기 전후 찾으면 딱 좋다.

🚶 송악산 입구에서 자동차 7분 📍 서귀포시 안덕면 사계중앙로18번길 5
📞 010-7649-8483 🕐 09:00~16:00(목요일 휴무) ⓘ 가게 앞 주차

RESTAURANT
요망진밥상

벌판 위 가성비 정식 맛집

붐비는 송악산을 벗어나 뒤편의 한적한 길을 따라가면 밭과 벌판이 펼쳐지는데, 그곳에 요망진밥상이 있다. 현지인들이 종종 찾는 정식 전문점이다. 1인분 1만3천원이면 생선구이와 수육, 따뜻한 국과 반찬이 한가득 차려진다. 후식은 뜨끈한 누룽지다. 저녁엔 전화 후 방문하길 권한다. 정식 외에 삼겹살과 백숙 메뉴가 있으며, 특안주 메뉴도 따로 준비돼 있다

🚶 송악산 입구에서 자동차로 1분, 도보 10분 📍 제주 서귀포시 대정읍 최남단해안로 505 📞 064-794-3331 🕐 10:00~15:00(라스트오더 14:00) ⓘ 주차 가능

CAFE
트로피컬하이드어웨이

감동이 밀려오는 뷰

형제섬은 송악산에서 시작해 사계 해변에 다가가면 더욱 가까이 보이는 사이 좋은 두 개의 섬이다. 브런치 카페 트로피컬하이드어웨이에 가면 정중앙으로 형제섬이 보이는 멋진 뷰를 감상하기 좋다. 계단식으로 된 좌석에 편안히 기대앉아 뷰와 맛을 모두 즐겨 보자. 버거와 브런치, 베이커리 등을 판매하며, 가볍게 커피와 맥주만 즐길 수도 있어 부담이 없다.

🚶 송악산 입구에서 자동차로 1분, 도보 5분
📍 서귀포시 대정읍 형제해안로 284 📞 064-792-1461
🕐 09:00~19:00(마지막 주문 18:00) ⓘ 주차 가능

제주곶자왈도립공원

시작점 서귀포시 대정읍 에듀시티로 176

코스 길이 상세경로에 5개 코스별로 길이 탐방 시간 표기(인기도 상, 탐방로 상태 상, 난이도 중, 접근성 중)

편의시설 주차장, 화장실, 산책로, 카페 **여행 포인트** 걷기 편한 데크 길, 화산 지형 원시림 탐방, 숲속 전망대, 5개 코스 중 선택 가능 **홈페이지** www.jejugotjawal.or.kr(생태탐방 항목 참고)

상세 경로

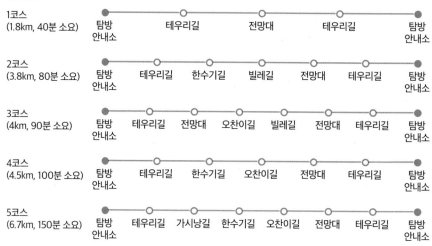

1코스
(1.8km, 40분 소요)

탐방 안내소 — 테우리길 — 전망대 — 테우리길 — 탐방 안내소

2코스
(3.8km, 80분 소요)

탐방 안내소 — 테우리길 — 한수기길 — 빌레길 — 전망대 — 테우리길 — 탐방 안내소

3코스
(4km, 90분 소요)

탐방 안내소 — 테우리길 — 전망대 — 오찬이길 — 빌레길 — 전망대 — 테우리길 — 탐방 안내소

4코스
(4.5km, 100분 소요)

탐방 안내소 — 테우리길 — 한수기길 — 오찬이길 — 전망대 — 테우리길 — 탐방 안내소

5코스
(6.7km, 150분 소요)

탐방 안내소 — 테우리길 — 가시낭길 — 한수기길 — 오찬이길 — 전망대 — 테우리길 — 탐방 안내소

제주 자연의 숨소리를 온전히 느낄 수 있는

'곶'은 제주말로 숲을 뜻하고, '자왈'은 나무와 덩굴 따위가 마구 얽힌 곳을 말한다. 곶자왈은 화산활동 중 분출한 용암류가 만들어낸 불규칙한 암괴 지대로 숲과 덤불 등 다양한 식생이 존재한다. 세계에서 유일하게 열대 북방 한계 식물과 남방한계 식물이 공존하는 특별한 곳이며, 제주의 허파 역할을 하고 있다. 곶자왈 숲길을 걸으면, 마치 영화 〈아바타〉 속 숲에 들어온 것 같다. 탐방로는 곶자왈의 본디 모습을 최대한 살려 놓았다. 전망대까지 왕복 40분 거리인 '테우리길'에는 나무 데크가 있다. 3층 건물 높이 전망대에 서면, 숲 한가운데 있음을 실감하게 된다. 그것만으로 기분이 절로 좋아져 놀랍다. 멀리 산방산과 남서쪽 바다, 한라산까지 이어지는 전망이 압도적이다. 제주곶자왈도립공원에는 테우리길을 포함한 5개 코스가 있는데 탐방로를 연결하여 구성했다. 시간이나 취향에 맞춰 걸으면 된다. 여름에 비 오는 날 우비를 입고 걸으면 벌레도 없고 운치 있어 좋다. 주변이 영어교육 도시의 학교와 아파트단지라 숲에서 나오면 마치 아바타 영화 속에서 스크린을 뚫고 나온 기분이 든다.

제주곶자왈도립공원의 5개 길은 어떤 길일까?

테우리길 지역주민들이 목장을 이용하기 위해 만들었던 길
한수기길 지역주민들이 농사를 짓기 위해 만들었던 길
빌레길 한수기오름 입구에서 우마급수장으로 이어지는 길
오찬이길 신평리 공동목장 관리를 위해 만들었던 길
가시낭길 원형 그대로의 곶자왈 특이 지형인 길

How to go 제주곶자왈도립공원 찾아가기

자동차 내비게이션에 '제주곶자왈도립공원' 찍고 출발. 제주국제공항에서 45분, 중문관광단지에서 25분 소요.

버스 ❶ 제주국제공항 4번 정류장대정, 화순, 일주서로에서 151번 승차 → 11개 정류장 이동, 55분 소요 → 삼정지에 듀 정류장 하차 → 도보 7분 → 제주곶자왈도립공원 입구

❷ 그밖에 255, 751-1, 751-2, 820-3번 승차하여 삼정지에듀 정류장 하차

콜택시 안덕택시 064-794-6446, 안덕개인호출택시 064-794-1400, 모슬포호출택시 064-794-5200, 대안택시 064-794-8400

Walking Tip 제주곶자왈도립공원 탐방 정보

❶ 걷기 시작점 공원에 들어서면 주차장과 함께 탐방안내소가 보인다. 안내소 1층에는 화장실과 카페가 있고, 2층은 전시학습실이다. 안내소 건물 앞 매표소에서 표를 산 뒤 시작하면 된다. 탐방로 입구는 안내소 건물 뒤쪽에 있다.

❷ 트레킹 코스 공원에는 5개의 길이 있다. 테우리길에서 시작하여 전망대에 다다르면 빌레길과 오찬이길로 갈라진다. 상세경로에 소개한 다섯 가지 탐방로는 이 5개의 길을 이어 걷기 코스로 구성한 것이다. 가장 짧은 구간인 테우리길탐방로 1코스은 왕복 40분, 가장 긴 탐방로 5코스는 테우리길, 한수기 길, 오찬이길, 가시낭길을 이어 걸을 수 있는 코스로 150분 이상 소요된다. 빌레길은 공원의 숲 한가운데를 지나는 길이고 나머지 4개의 길은 숲 둘레를 따라 이어진다. 취향에 맞게 걸으면 된다.

❸ 준비물 운동화, 생수, 쓰레기봉투(음식물 가지고 갈 경우), 우비(우천 시)

❹ 유의사항 등산화 또는 운동화 필수. 구두, 샌들(등산용 샌들 포함), 키 높이 운동화 착용 시 입장 불가.

❺ 입장료 성인 1,000원, 청소년 800원, 어린이 500원(생태 체험 프로그램 및 해설 탐방은 온라인 예약 가능)

❻ 탐방 시간 11~2월 09:00~17:00(입장 마감 15시) 3~10월 09:00~18:00(입장 마감 16시)

Travel Tip 제주곶자왈도립공원 주변의 명소·맛집·카페   📷 🍴 ☕

📷 **HOT SPOT**

오설록티뮤지엄

우리나라 최초의 차 박물관

아모레퍼시픽이 한국 전통차와 문화를 소개하기 위해 2001년 개관한 국내 최초의 차 박물관이다. 안덕면 서광리의 오설록 차밭과 맞닿아 있으며, 미학적인 박물관과 카페 건물이 멋지게 주변 풍광과 어우러져 인생 사진을 남기기도 좋다. 오설록의 녹차로 만든 디저트, 화산송이로 만든 이니스프리 제품도 만나볼 수 있다. 티 클래스, 천연 비누 만들기 체험도 운영한다.

🚶 제주곶자왈도립공원에서 자동차로 5~7분 📍 서귀포시 안덕면 신화역사로 15 📞 064-794-5312 🕐 09:00~19:00 ⓘ 입장료 무료 주차 가능

 RESTAURANT

봉순이네흑돼지

모둠 한판으로 푸짐하게 즐기자

걷고 난 뒤 푸짐하게 제주 흑돼지를 먹을 수 있는 곳이다. 곶자왈도립공원에서 가깝고 인기도 좋다. 오겹살, 목살, 새우, 전복 모둠을 한판에 즐길 수 있다. 반찬으로 나오는 양념게장과 라면 사리를 넣은 칼칼한 김치찌개까지 곁들이면 행복 그 자체이다. 여름에는 넓은 마당에 알전구를 달고 야외 좌석을 운영한다. 바로 옆에 귤밭이 있어 제주의 정취에 흠뻑 취하기 좋다. 🚶 곶자왈도립공원 입구에서 자동차 2분, 도보 17분 📍 서귀포시 대정읍 영어도시로 64 📞 0507-1455-2031 🕐 매일 11:30~22:00 ⓘ 주차 가능

 RESTAURANT

뱅인타코

본토 느낌 그대로

영어교육 도시에서 본토 느낌의 펍 메뉴를 즐길 수 있는 곳이다. 부리토, 보울, 타코, 샐러드 메뉴가 있고, 재료는 선택하면 된다. 제주산 흑돼지부터 채식주의자를 위한 베지 메뉴까지 준비되어 있다. 당연히 미국 스타일로 양도 많고, 엑스트라 고기도 가능하다. 거기에 다양한 생맥주나 생레몬이 들어간 마가리타를 곁들이면 캬! 소리가 절로 난다. 야외 테이블도 있다. 🚶 곶자왈도립공원 입구에서 자동차 2분, 도보 16분 📍 서귀포시 대정읍 에듀시티로 74 라온프라이빗에듀 상가동 📞 064-794-7949 🕐 11:00~22:00(마지막 주문 21:30, 월요일 휴무) ⓘ 주차 가능

 CAFE

소소희

영어교육 도시의 명품 베이커리

영어교육 도시에서 입소문이 자자한 베이커리 카페이다. 담백하고 건강한 빵과 케이크를 맛볼 수 있다. 커피는 필터로 내리고, 과일청은 직접 만들어 퀄리티가 훌륭하다. 넓지만 아늑한 매장에서 빵과 디저트를 즐기며 소소한 시간을 보내기 좋다. 늦게 가면 남아있는 빵이 거의 없을 수도 있으며, 일주일에 단 3일목, 금, 토만 문을 연다는 점에 유의하자. 🚶 곶자왈도립공원 입구에서 자동차 2분, 도보 22분 📍 서귀포시 대정읍 영어도시로 27-2 📞 064-792-1407 🕐 11:00~18:00(수 12:00부터, 일~화요일 휴무) ⓘ 주차 가능

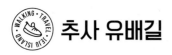 

추사 유배길

시작점 1·2코스 서귀포시 대정읍 추사로 44(제주 추사관) 3코스 서귀포시 안덕면 향교로 165-17 (대정향교)
코스 길이 상세경로에 3개 코스별로 길이 탐방 시간 표기(인기도 하, 탐방로 상태 중, 난이도 중, 접근성 중)
편의시설 주차장, 화장실, 산책로 여행 포인트 추사의 삶과 예술 생각하기, 유배길 걸으며 사색하는 시간 갖기
상세경로

1코스 집념의 길 제주 추사관~대정향교(8.6km, 약 3시간 소요)

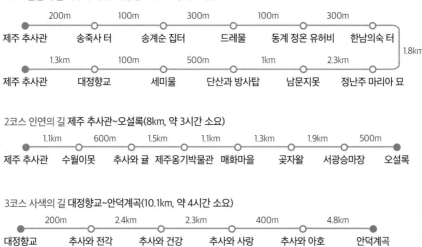

| | 200m | | 100m | | 300m | | 100m | | 300m | |
| 제주 추사관 | | 송죽사 터 | | 송계순 집터 | | 드레물 | | 동계 정온 유허비 | | 한남의숙 터 |

1.8km

| | 1.3km | | 100m | | 500m | | 1km | | 2.3km | |
| 제주 추사관 | | 대정향교 | | 세미물 | | 단산과 방사탑 | | 남문지못 | | 정난주 마리아 묘 |

2코스 인연의 길 제주 추사관~오설록(8km, 약 3시간 소요)

| | 1.1km | | 600m | | 1.5km | | 1.1km | | 1.3km | | 1.9km | | 500m | |
| 제주 추사관 | | 수월이못 | | 추사와 귤 | | 제주옹기박물관 | | 매화마을 | | 곶자왈 | | 서광승마장 | | 오설록 |

3코스 사색의 길 대정향교~안덕계곡(10.1km, 약 4시간 소요)

| | 200m | | 2.4km | | 2.3km | | 400m | | 4.8km | |
| 대정향교 | | 추사와 전각 | | 추사와 건강 | | 추사와 사랑 | | 추사와 아호 | | 안덕계곡 |

사색하며 추사를 만나는 길

과거 제주는 척박한 환경의 섬이었기에 최악의 유배지였다. 추사 김정희는 1840년 제주에 유배되어 9년이라는 긴 시간을 보냈다. 가혹한 세월이었지만, 그는 유생들에게 학문과 서예를 가르쳤고, 명작 세한도를 남겼고, 추사체를 완성했다. 추사 유배길 3개의 코스는 그의 유배 생활 기록을 토대로, 제주 서남쪽 일대를 걷는 길이다. 2011년 제주대학교 스토리텔링 연구개발센터에서 개발했다. 1·2코스는 추사관에서 시작한다. 추사관에서 그의 예술과 학문 세계를 깊이 들여다본 뒤 걸으면 감동의 파장이 더욱 커진다. 1코스 집념의 길은 추사관에서 대정향교까지 선생의 학문에 대한 열정을 되짚는 길이다. 인연의 길 2코스는 추사의 일상이 담긴 길이다. 수월이 못선 그가 썼던 시들을 감상할 수 있다. 드넓은 녹차밭까지 걷는 동안 시의 여운이 길게 남는다. 3코스 사색의 길은 추사가 제주에서 보았던 풍경을 볼 수 있는 길이다. 우뚝 솟은 산방산을 휘감아 도는 둘레길을 걷고, 그가 바다를 바라보며 그리움을 달래며 걸었을 길을 걷다 보면 신비로운 안덕계곡에 다다른다.

How to go 추사 유배길 찾아가기

자동차 카카오내비에 '추사유배길' 찍으면 각 코스 시작점으로 안내한다

버스 추사관 ❶ 제주국제공항 4번 정류장대정, 화순, 일주서로에서 151번운진항 승차 → 1시간 3분 소요 → 보성초등학교(남) 정류장 하차 → 도보 1분 → 추사관

❷ 253, 255, 751-1, 751-2, 761-1, 761-3번 승차하여 추사유배지 정류장 하차. 도보 3분

대정향교 ❶ 제주국제공항 5번 정류장평화로, 800번에서 182번 승차 → 50분 소요 → 창천리(서) 정류장 하차 → 도보 164m → 창천초등학교(북) 정류장에서 202번으로 환승 → 16분 소요 → 사계리서동(북) 정류장 하차 → 도보 19분 → 대정향교 **❷** 251번 승차하여 사계리서동 정류장 하차

콜택시 안덕택시 064-794-6446, 안덕개인호출택시 064-794-1400, 모슬포호출택시 064-794-5200, 대안택시 064-794-8400

Walking Tip 추사 유배길 탐방 정보

❶ 걷기 시작점 1코스는 추사관 앞 잔디밭에서 시작한다. 추사관을 등지고 좌측 추사적거지 기념관 쪽 골목으로 가면 송죽사터가 나온다. 2코스는 추사관에서 나와 좌측 사거리 GS25 뒷골목에서 시작한다. 성곽을 왼쪽에 두고 따라가면 된다. 3코스는 대정향교 앞에서 시작한다.

❷ 트레킹 코스 추사 유배길 이정표와 분홍색 리본을 따라가면 된다. 1코스는 추사관에서 시작하여 대정향교까지 갔다가 다시 추사관으로 돌아오는 순환 코스다. 대정향교에서 3코스를 연결해 더 걸어도 좋다. 2코스는 추사관에서 북쪽으로 올라가 오설록에 다다른다. 3코스는 대정향교에서 화순리 중심가를 지나 안덕계곡까지 간다.

❸ 준비물 운동화, 모자, 선크림, 선글라스, 간식, 생수, 쓰레기봉투(음식물 가지고 갈 경우)

❹ 유의사항 올레길처럼 인기가 많은 코스가 아니라 인적이 드물다. 하지만 주로 도로와 마을 길을 따라가기에 혼자 가도 무리 없다. 길이 헷갈리면 카카오맵 지도 어플에 각 코스의 이름을 검색하면 루트가 표시된다. 현 위치 GPS를 활용해 따라가면 된다.

❺ 기타 산방산과 화순리 중심가를 지나는 3코스는 중간에 상점이 많다. 1, 2코스는 출발점인 추사관 주변에서 먹거리와 생수 등을 준비해 가는 게 좋다.

HOT SPOT

제주 추사관

예술가 김정희를 만나다

기념 홀을 비롯해 3개의 전시실이 있다. 추사가 남긴 편지와 생활의 흔적을 만나볼 수 있다. 건물 모양이 세한도 속 집을 닮아 알쓸신잡2에 소개되기도 했다. 2010년엔 건축문화공모전에서 수상했다. 입구는 유배길을 걷듯 지하로 내려가는 사선형의 계단이다. 관람을 마친 후 올라오면 유배에서 풀려난 듯 주위를 둘러보게 만든다.

🚶 대정향교에서 도보 30분, 자동차로 5분 📍 서귀포시 대정읍 추사로 44 📞 064-710-6801 🕐 09:00~18:00(하절기 19:00까지, 매주 월요일·신정·설날·추석 휴무) ⓘ 주차 가능, 해설 10:00~16:00(12시를 제외한 매시 정각)

 RESTAURANT

고을식당

재야의 고수가 만든 내공 있는 음식

시골 마을 점빵 옆에 자리한 식당이다. 동네식당으로 노부부가 운영하며 테이블은 8개인데, 재야의 고수가 만든 내공 있는 음식을 먹을 수 있다. 돔베고기 하나가 2인분 정도인데, 여기에 공깃밥을 추가하면 국과 반찬, 젓갈, 쌈이 나와 든든한 정식이 된다. 국물이 진한 고기 국수도 있다. 낮에만 잠깐 운영하고, 재료가 소진되면 문을 닫는다.

🚶 추사관에서 도보 5분 📍 서귀포시 대정읍 일주서로 2258 📞 064-794-8070
🕐 11:00~15:00(일요일 휴무) ⓘ 주차 가게 앞 불가, 뒷골목 또는 추사관 주차장 이용

스모크하우스인 구억

흑돼지 버거와 생맥주

마농마늘 창고를 리모델링한 미국식 버거 전문 펍이다. 육즙 가득한 패티를 두껍게 넣고, 흑돼지로 만든 풀드포크와 햄은 미 남부 바비큐 스타일을 그대로 따랐다. 여기에 맥파이 생맥주와 감자튀김까지 곁들이면 그만이다. 버팔로윙과 맥앤치즈까지, 제주 식재료로 만든 정통 미국식 식사를 즐길 수 있다.

🚶 추사관에서 도보 30분, 2코스 중간지점 영어교육도시 인근 📍 서귀포시 대정읍 보성구억로 223
📞 070-7776-8217 🕐 12:00~21:00(월요일 휴무) ⓘ 주차 가능

식과함께

가성비 만점 갈치구이와 조림

추사 유배길 3코스 사색의 길 근처에 있다. 인기 메뉴인 순살갈치조림정식은 1인분에 17,000원이다. 혼밥하기 좋은 전복소라게우밥, 해물라면, 보말칼국수도 판매한다. 마지막 주문이 21시까지라서 밤늦게 식당 찾기 어려운 제주에서 이보다 더 반가울 순 없다. 통우럭튀김과 갈치구이는 정식으로도 판매하며, 코스 상차림도 푸짐하다. 🚶 대정향교에서 도보 1시간 20분, 산방산에서 도보 37분, 3코스 산방산 지나 화순리 중심가 인근 📍 서귀포시 안덕면 화순로 142번길 11-9 📞 064-900-9745 🕐 10:30~22:00(브레이크타임 16:00~17:00, 라스트오더 21:00) ⓘ 주차 길가

CAFE

무해

작가가 운영하는 책방 카페

여행 작가이자 에세이스트가 운영하는 동네 책방 겸 카페이다. 다양한 큐레이션 도서와 관련 굿즈를 판매한다. 혼자 또는 오붓하게 책을 읽고 싶은 이를 위해 마련한 '숨숨방'이 눈길을 끈다. 커피 원두와 음료가 다양한 편이라 책을 읽으며 쉬어가기 좋다. 열람용 책도 많다. 비타민 뽑기 기계와 드로잉 스케치북 등 어린이 친화적인 물품도 갖추고 있어서 가족 단위로 찾기에도 좋다.

🚶 추사관에서 자동차로 4분, 도보 30분. 추사 유배길 2코스 중간 구억빌리지더휴 상가 ⊙ 서귀포시 대정읍 보성구억로 217
📞 070-4581-5041 🕐 12:00~18:00(토요일 17시까지) ⓘ 주차 가게 앞 대로변, 구억빌리지더휴 주차장

 CAFE

더리트리브

볼거리 많고 분위기 좋은

카페가 거의 없는 화순리 초입에 있는 대형 카페. 무한도전 멤버들이 이효리와 함께 요가를 했던 곳이기도 하다. 야외 테이블, 빈티지숍, 책방 등 볼거리가 많고 분위기도 좋다. 다양한 커피 메뉴에 아포가토와 코코아도 준비돼 있다. 격자무늬의 창으로 빛이 은은하게 들고, 옥상 뷰도 좋아 사진 남기기 좋다.

🚶 식과함께에서 도보 15분, 3코스 화순리 중심가 안덕중학교 정문 근처 ⊙ 서귀포시 안덕면 화순로 67
📞 010-2172-6345 🕐 11:00~18:00(주문 마감 17:30) ⓘ 주차 가능

화순곶자왈 생태탐방숲길

시작점 서귀포시 안덕면 화순리 2045

코스 길이 2.2km(탐방 시간 1시간, 인기도 중, 탐방로 상태 중,, 난이도 중, 접근성 중)

편의시설 주차장, 화장실, 산책로

여행 포인트 곶자왈 숲 즐기기, 피톤치드와 산림욕 만끽하기

상세경로

```
      300m        300m        500m        500m        600m
●──────────○──────────○──────────○──────────○──────────●
입구      목재 계단   쉼터1 갈림길에서  목재 계단   평상지구      입구
                   송이 산책로로 진입
```

난대림, 온대림, 한대림이 다 함께 공존하는

화순곶자왈생태탐방숲길은 1시간이면 충분히 트레킹이 가능하다. '곶자왈'이란 화산 분출 때 점성이 큰 용암이 쪼개지며 분출되어 쌓여 형성된 돌밭 지역을 말한다. 곶자왈 숲은 보온 보습 효과가 있어 난대림, 온대림, 한대림이 다 함께 공존하는 생태계를 가지고 있으며, '제주의 허파'라고도 불린다. 육지 숲과는 분위기가 전혀 다른 어둡고 서늘한 숲을 만날 수 있다. 탐방로 가운데 일부 구간은 자연 그대로의 곶자왈 숲길을 탐방할 수 있게 되어 있지만, 걷기에 불편함이 없다. 입구부터 빽빽하게 우거진 숲에는 때죽나무·산유자나무··보리수나무·꾸지뽕나무 등 다양한 상록수들과 함께 고사리류가 지천이다. 하늘 위에서는 정겨운 새소리가 끊임없이 들리고, 운이 좋으면 탐방 중에 소 떼 행렬도 만날 수 있다. 탐방로 중간에서는 옛날부터 있던 잣성이나 숯을 굽던 흔적도 찾아볼 수 있다. 다른 곶자왈보다 유독 더 서늘하고 어두운 화순곶자왈은 천천히 걸을수록 좋다. 원래는 탐방객이 많지 않은 곳이었는데, 비대면 시대를 지나면서 폭발적으로 탐방객이 증가했다.

How to go — 화순곶자왈 생태탐방숲길 찾아가기

자동차 내비게이션에 '화순곶자왈생태탐방숲길' 입력 후 출발.

버스 제주국제공항 정류장에서 600번 승차 → 5개 정류장 이동, 42분 소요 → 동광환승정류장5서귀 방면 하차 → 동광환승정류장6모슬포 방면에서 251번으로 환승 → 7개 정류장 이동, 9분 소요 → 화순생태탐방로 정류장 하차 → 도보 1분 → 탐방로 입구

콜택시 안덕택시 064-794-6446, 안덕개인호출택시 064-794-1400, 모슬포호출택시 064-794-5200, 대안택시 064-794-8400

Walking Tip — 화순곶자왈 생태탐방숲길 탐방하기

❶ 걷기 시작점 화순곶자왈생태탐방숲길 입구에서 시작된다. 주차장은 따로 없으며, 양방향 갓길에 주차하면 된다.

❷ 트레킹 코스 입구에서 출발하여 송이산책로, 삼나무데크산책로, 평상지구, 순환로 지나 다시 입구에 도착하는 코스이다. 1시간 내외면 탐방할 수 있다. 트래킹 코스가 잘 정비되어 있어 아이나 노약자도 도전해볼 만하다.

❸ 준비물 운동화, 모자, 선크림, 선글라스, 생수

❹ 유의사항 탐방로에서 소(牛)를 만날 수 있다. 예민한 동물이니 가까이 접근하지 말자. 길에 소똥이 많으니 주의하자.

❺ 기타 별도로 탐방안내소나 안내 책자가 준비되어 있지 않다. 탐방로 초입에만 간이화장실이 있으니, 용변은 미리 해결하고 탐방하는 것이 좋다.

Travel Tip — 화순곶자왈 생태탐방숲길 주변의 명소·맛집·카페 📷 🍽 ☕

📷 HOT SPOT

신화월드

제주 최대 테마파크와 워터파크

신화테마파크는 제주에서 유일한 놀이동산이다. 규모가 큰 복합 리조트 안에 있어 편의시설이 잘 되어 있다. 야외 시설이라 여름과 겨울에는 완전히 즐기기 어렵다. 제주도에서 가장 크지만, 수도권의 대형 놀이동산에 비해선 규모가 작은 편이다. 라바 캐릭터로 꾸며져 있으며, 미끄럼틀이 있는 놀이터는 아이들이 좋아한다. 여름에는 대형 워터파크가 인기를 끈다.

🚶 화순곶자왈생태탐방숲길에서 자동차로 8분
📍 서귀포시 안덕면 신화역사로 304번길 38
📞 1670-1188 🕐 11:00~19:00

📷 HOT SPOT

카멜리아힐

분홍, 선홍, 붉은 동백 가득한 수목원

카멜리아힐은 동양에서 가장 큰 동백 수목원이다. 사계절 내내 아름답지만, 겨울이 되면 동백이 수목원을 붉고 사랑스럽게 물들여 더 아름다워진다. 11월부터 이듬해 4월까지는 분홍, 선홍, 붉은 동백이 마음을 사로잡는다. 봄에는 벚꽃과 철쭉이, 여름엔 수국이 흐드러지고, 가을에는 핑크뮬리가 바람 따라 춤을 춘다. 🚶 화순곶자왈 생태탐방숲길에서 자동차로 12분 📍 서귀포시 안덕면 병악로 166 📞 064-752-0088 🕐 11~2월 08:30~18:00, 6~8월 08:30~19:00, 3~5월·9~10월 08:30~18:30)

🍽 RESTAURANT

고바진

제주 전통 항아리 바비큐 전문점

항아리에 참숯이나 비장탄으로 불을 피워, 그 열기로 흑돼지 오겹살을 훈연하듯 구워낸다. 타지 않고 기름이 빠진 담백한 바비큐를 맛볼 수 있다. 제주축협에서 도축한 1+등급의 고기만 사용한다. 흑돼지와 백돼지 모두 맛이 좋지만, 두 가지 맛을 조금씩 나눠 주문하는 것도 좋다. 세련된 내부 인테리어와 친절한 서비스 그리고 키즈 프렌들리 콘셉트는 덤이다. 🚶 화순곶자왈 생태탐방숲길에서 자동차로 10분 📍 서귀포시 안덕면 신화역사로 578-18 📞 0507-1370-2596 🕐 11:30~21:00(브레이크타임 15:00~17:00, 일요일 휴무) ⓘ 주차 가능

☕ CAFE

풀베개

인스타 핫플 감성 카페

나쓰메 소세키 소설 '풀베개'를 가져다 그대로 카페 이름으로 지었다. 카페에 들어서는 순간 공간이 주는 편안함에 커피를 제조하는 곳에서 나오는 매력적인 분위기가 더해져 이 집 커피 맛을 더욱 특별하게 만들어준다. '커피는 쉬워야 한다.'는 주인장의 지론에 맞게 시그니처메뉴인 '스윗풀베게', '바이스크레메', '콘파냐'는 특별하지만 편안하게 다가온다. 🚶 화순곶자왈에서 자동차로 6분 📍 서귀포시 안덕면 화순서서로 492-4 📞 064-792-2717 🕐 매일 10:00~20:00(라스트오더 19:00) ⓘ 주차 가능

PART 5
한라산과
한라산둘레길

성판악 탐방로, 관음사 탐방로, 어리목 탐방로, 천아숲길, 수악길……. 한라산에는 백록담까지 오르는 탐방로부터 한라산 중턱을 순환하는 둘레길까지 다양한 걷기 코스가 있다. 한라산의 모든 탐방로와 아름답고 환상적인 한라산둘레길을 소개한다.

한라산과 한라산둘레길 여행 지도

제주시

• 제주도청

김밥상회

수목원길 야시장

뿔랑뜨
옹기밥상   제주도립미술관
           바사그미
           미스틱3도

오라동 유채꽃밭

1135

11

천왕사   석굴암
         탐방로
어승생악
         석굴암
어승생악
         탐방로

애월읍

바리메오름

천아숲길
(8.7km)

1100고지 습지

1139

한
백

어리목 탐방로

윗세오

영실 탐방로

돌오름길
(8km)

서귀포 자연휴양림

동백길
(11.3km)

거린사슴전망대

산림휴양길
(2.3km)

1115

가든이다

구쟁기가 김밥속에

서귀포시청
제2청사

중문관광단지   대포칼제비

월드컵경기장

조천읍

아우라키친

숲모르
편백숲길
(6.6km)

절물길
(3km)

한라생태숲

1112

산굼부리

•관음사야영장

관음사 탐방로

사려니숲길
(16km)

붉은오름 자연휴양림

표선면

성판악 탐방로

6구간

1131

1118

돌레길 조성중

수악길
(16.7km)

돈내코
탐방로

돌레길 조성중

5.16도로
버스정류장

원앙폭포

서귀다원

남원읍

상효원

서귀포시   은희네해장국 서귀포점

•서귀포시청제1청사   •쇠소깍

한라산과 한라산둘레길
탐방 필수 정보

한라산, 한라산둘레길은 걷기 전에 알아두어야 할 필수 정보가 많다.
한라산 탐방 예약 방법, 계절별 한라산 등산 통제시간, 한라산둘레길 통제시간 등을
미리 숙지하고 여행을 시작하자.

성판악과 관음사 탐방로 예약제

성판악과 관음사 탐방로는 백록담까지 오를 수 있는 코스이다. 두 코스는 자연생태계 보호를 위해 탐방 예약
제를 실시하고 있다. 1일 탐방 인원은 성판악 1,000명, 관음사 500명이다. 매월 업무 개시일 첫날부터 다음 달
이용 예약을 할 수 있다. 1인이 최대 4인까지 예약할 수 있다.
📞 064-713-9953 ⓘ https://visithalla.jeju.go.kr/

한라산 입산과 하산 통제시간

한라산은 당일 탐방이 원칙이다. 일몰 전에 하산을 완료할 수 있도록 계절별로 마지막 입산 시간과 하산 시간
을 정해 통제하고 있다. 첫 입산 시간은 동절기 06:00, 춘추절기 05:30, 하절기 05:00부터이다. 계절별 마지
막 입산 및 하산 시간은 다음과 같다.

		11월~2월	3월~4월 9월~10월	5~8월
입산	어리목입구매표소	12:00	14:00	15:00
	영실탐방로입구통제소	12:00	14:00	15:00
	성판악코스 탐방로 입구	12:00	12:30	13:00
	관음사코스 탐방로 입구	12:00	12:30	13:00
	어승생악코스	16:00	17:00	18:00
	돈내코등반로입구안내소	10:00	10:30	11:00
	석굴암 충혼묘지 주차장	16:00	17:00	18:00
하산	윗세오름	15:00	16:00	17:00
	백록담 정상	13:30	14:00	14:30
	남벽 분기점	14:00	14:30	15:00

*기상특보가 발령된 때에는 입산을 통제한다. 태풍주의보·경보, 호우주의보·경보, 대설주의보·경보,
강풍 경보가 발령된 때는 등산을 부분 또는 전면적으로 통제하고 입산객을 하산 조치한다.

한라산 탐방시 유의사항

❶ 식수 준비 한라산에서 식수를 조달하기 쉽지 않으므로 미리 식수를 챙기자.

❷ 비상식량 등반 시간이 길다. 사탕, 초콜릿, 김밥, 소금 등을 미리 준비하자.

❸ 여벌 옷 준비 한라산은 기상 변화가 심하다. 우비, 바람막이 옷, 여벌 옷을 갖추자.

❹ 등산화 착용 산이 험하므로 일반 운동화는 피하는 게 좋다. 꼭 등산화를 갖추자.

❺ 겨울철 장비 겨울철엔 아이젠, 장갑, 방한복, 따뜻한 물 등을 꼭 준비하자.

❻ 배낭 무게 줄이기 몸이 힘들면 작은 짐도 부담이 된다. 배낭 무게를 줄이자.

❼ 위치 번호 확인 위급 시엔 탐방로 주변에 설치한 위치표시판 번호를 확인하자.

한라산둘레길 통제 정보

한라산과 마찬가지로 둘레길도 일몰 전에 안전하게 하산할 수 있는 시간을 정해 입산을 통제하고 있다. 4월~9월엔 오후 2시, 10월~3월엔 낮 12시 이후엔 탐방할 수 없다. 코스별로 완주를 원하면 오전에 입산하는 게 좋다. 그리고 아주 드물지만, 멧돼지가 나타나는 경우가 있다. 멧돼지는 뛰거나 소리치거나 도망가면 오히려 놀라 공격한다. 등을 보여도 안된다. 만약 정면으로 마주치면 뛰거나 소리 지르지 말고 침착하게 바위나 나무 등 은폐물 뒤에 숨는다.

위급시 연락처 119, 064-738-4280

한라산 성판악 탐방로

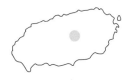

시작점 제주시 516로 1865(성판악 탐방안내소)

코스 길이 왕복 19.2km(탐방 시간 왕복 8~9시간, 인기도 중, 탐방로 상태 상, 난이도 상, 접근성 중)

편의시설 주차장, 화장실, 산책로

여행 포인트 백록담의 감동 즐기기, 사라오름과 한라산의 절경 즐기기, 한라산 등산 만끽하기

상세경로

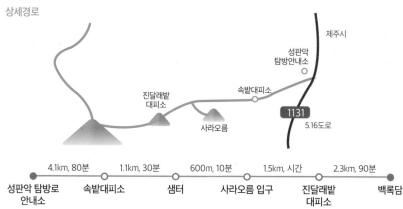

성판악 탐방로 안내소 ——4.1km, 80분—— 속밭대피소 ——1.1km, 30분—— 샘터 ——600m, 10분—— 사라오름 입구 ——1.5km, 시간—— 진달래밭 대피소 ——2.3km, 90분—— 백록담

제주의 보석, 한라산 성판악 탐방로

한라산은 등산로 코스마다 각기 다른 매력을 가지고 있다. 그중 백록담으로 이어지는 성판악 탐방로는 여행객에게 최고의 절경을 선사한다. 성판악 코스는 한라산 탐방로 중에서 가장 길고 경사가 완만하다. 상쾌한 숲 내음 맡으며 성판악 코스 초입에 들어서면 아름다운 숲길이 펼쳐진다. 하늘 높이 자란 삼나무 숲을 지나 한참 올라가면 사라오름에 닿는다. 사라오름은 한라산 백록담 동쪽에서 가장 높은 곳에 자리하고 있으며, 산정호수를 품고 있다. 성판악 코스는 곳곳에 돌이 많아 발의 피로도가 높은 편이다. 사라오름 지나 더 오르면 많은 등산객이 쉬었다 가는 진달래밭대피소가 있어 잠시 휴식을 취하기 좋다. 진달래밭대피소부터 정상까지는 경사가 가파르다. 해발고도가 높아져 온도가 낮아지니 방한 방풍이 되는 겉옷을 챙겨가야 한다. 거센 바람을 뚫고 한 시간가량 더 올라가면, 안개 뒤에 숨어있던 한라산 정상에 다다른다. 정상에서 바라본 백록담과 한라산 풍경은 하늘이 주는 종합 선물세트다. 시야가 탁 트여 세상이 열린 기분이 든다.

How to go **성판악 탐방안내소 찾아가기**

자동차 내비게이션에 '제주시 516로 1865' 혹은 '성판악 탐방안내소' 입력 후 출발.
버스 ❶ 제주국제공항 2번 정류장일주동로, 516도로에서 181번 탑승 → 40분 소요 → 성판악(서) 정류장 하차 → 도보 2분 → 성판악 탐방안내소 ❷ 그밖에 182, 281번 승차하여 성판악(동) 정류장 하차
콜택시 제주시 제주사랑호출택시 064-726-1000, VIP콜택시 064-711-6666, 삼화콜택시 064-756-9090
서귀포시 서귀포호출 064-762-0100, 5.16호출택시 064-751-6516, 브랜드콜 064-763-3000,
서귀포ok 064-732-0082

Walking Tip **성판악 탐방로 탐방 정보**

❶ **걷기 시작점** 성판악 탐방안내소에서 시작한다. 성판악 주차장78대은 협소하니, 대중교통을 이용하길 추천한다. 차량 이용 시 제주국제대학교 환승주차장제주시 영평동 산 8-26에 주차 후 시내버스를 이용하여 성판악 입구로 이동하는 게 좋다. 성판악 탐방로 입구는 성판악 버스 정류장에서 도보 2분이면 충분하다.
❷ **트레킹 코스** 성판악 탐방안내소에서 출발하여 속밭대피소, 사라오름 입구, 진달래밭대피소 지나 백록담에 다다르는 코스이다. 정상까지는 약 4시간 30분이면 충분하다. 왕복 약 9시간이 소요되니 하산 시간에 맞추려면 아침 일찍 서두르는 게 좋다.
❸ **준비물** 등산화, 모자, 선크림, 선글라스, 생수, 여벌 옷, 바람막이, 간식, 아이젠(겨울)
❹ **유의사항** 성판악 탐방로는 1일 1,000명으로 탐방객 입장 인원을 제한한다. 예약제를 통해 탐방 월 기준 전월 1일 오전 9시부터 한라산 탐방 예약 사이트에서 예약 접수할 수 있다. 탐방 예약 후 취소 없이 탐방하지 않을 경우, 1회는 3개월, 2회는 1년 탐방 예약이 불가능하다. 한라산탐방 예약 사이트 https://visithalla.jeju.go.kr/main/main.do
❺ **기타** 한라산을 가로지르는 5. 16도로는 교통사고가 빈번하게 발생하는 구간이니 서행 안전 운전이 필수다. 성판악 휴게소 주변 갓길 주차는 차량 단속 구간이니 주차하지 않는 것이 좋다. 성판악 코스는 대체로 완만하지만, 왕복 약 20km를 오르내려야 하므로 체력이 중요하다. 시간과 체력을 많이 투자해야 하므로 이른 시간에 출발하는 것이 좋다. 물론 날씨도 잘 체크해야 한다. 위기 상황 발생하면 한라산국립공원사무소064-725-9950나 119로 신고하면 된다.

HOT SPOT

한라생태숲

제주 숲의 매력을 고스란히

한해 30만 명이 찾는 한라생태숲은 한라산 중턱 해발 600m에 있다. 목장으로 쓰다 방치된 황무지를 본래 숲으로 복원해 2009년 개원했다. 한라산 식생의 축소판으로 불릴 정도로 제주 숲의 매력을 그대로 간직하고 있다. 숲은 구상나무숲, 참꽃나무숲, 꽃나무숲, 수생식물원 등으로 구성되어 있다. 4월부터 11월까지 예약제로 다양한 숲 체험 프로그램을 운영한다. 🚶 성판악 탐방안내소에서 자동차로 5분 📍 제주시 516로 2596 📞 064-710-8688 🕐 하절기 09:00~18:00, 동절기 09:00~17:00 ⓟ 주차 가능

🍽 RESTAURANT

텐동아우라 제주본점

제주산 해산물로 만드는 '튀김덮밥'

매일 신선한 제주산 전복, 돌문어를 사용하여 튀김 덮밥을 만든다. 여러 가지 튀김가루와 밀가루를 블랜딩하여 만들어 튀김옷이 바삭하다. 텐동 소스는 제주 딱새우의 풍미와 깊은 맛이 특징이다. 튀김과 밥의 모양을 맞추기 위해 밥양을 적게 담지만, 리필이 가능하다. 밥과 온천 달걀을 잘 비벼 바삭거림이 살아있는 튀김에 시치미를 곁들여 먹으면 좋다. 🚶 성판악 탐방안내소에서 자동차로 15분 📍 제주시 제주대학로7길 9 📞 0507-1325-3774 🕐 10:30~19:40(브레이크타임 15:00~16:20, 재료 소진 시 조기 마감, 일요일 휴무) ⓟ 주차 가능

한라산 관음사 탐방로

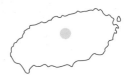

시작점 제주시 산록북로 585(관음사지구야영장)

코스 길이 왕복 17.4km(탐방 시간 왕복 9시간, 인기도 중, 탐방로 상태 상, 난이도 상, 접근성 중)

편의시설 주차장, 화장실, 산책로

여행 포인트 한라산 등반 즐기기, 백록담의 감동 느끼기, 꽤 넓은 관음사지구야영장 구경하기, 울창한 숲과 가을 단풍 만끽하기

상세경로

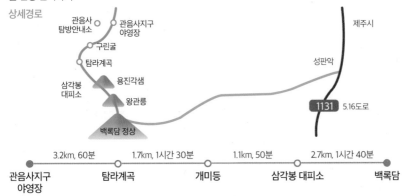

관음사 탐방안내소   관음사지구야영장   제주시
구린굴
탐라계곡   성판악
삼각봉 대피소   용진각샘
왕관릉   1131   5.16도로
백록담 정상

| 관음사지구 야영장 | 3.2km, 60분 | 탐라계곡 | 1.7km, 1시간 30분 | 개미등 | 1.1km, 50분 | 삼각봉 대피소 | 2.7km, 1시간 40분 | 백록담 |

©제주도청

한라산의 진면목을 만나다

관음사 탐방로는 성판악 탐방로와 더불어 정상까지 오를 수 있는 코스이다. 한라산 오르는 길 중 가장 험하기로 유명하여 산악인들이 훈련을 위해 많이 찾는다. 긴 산행을 제대로 즐기며 정상의 백록담까지 가고자 하는 등산객들에게도 으뜸 코스로 꼽힌다. 경사가 가파른 편이다. 성판악 코스로 오른 탐방객들이 하산할 때 많이 애용한다. 계곡이 깊고 산세가 웅장하며, 해발고도 차이가 크다. 그래서 한라산의 참모습을 볼 수 있다. 관음사지 구야영장에서 출발해 구린굴과 숲가마터, 탐라계곡, 개미등 지나면 울창한 숲 전망이 환상적인 삼각봉대피소에 이른다. 대피소 지나 현수교를 지날 즈음 왕관바위가 위용을 드러낸다. 잠시 편안한 내리막길을 지나면 용진각 계곡이 나오는데 여기서 잠깐 쉬어가면 좋다. 이후부터 난도가 매우 높아지기 때문이다. 경사가 가팔라 힘들지만, 환상적인 경관을 감상할 수 있다. 고된 산행을 이겨내고 백록담에 다다르면 감동적인 절경이 묵은 피로를 털어내 버린다.

자동차 내비게이션에 '제주시 산록북로 585' 혹은 '관음사지구 야영장' 입력 후 출발

버스 제주국제공항 3번 정류장용담, 시청[북]에서 365번 탑승 → 35분 소요 → 제대마을 정류장(남) 하차 → 길 건너 제대마을 정류장(북)에서 475번으로 환승 → 13분 소요 → 관음사 탐방로 입구 정류장 하차 → 도보 2분 → 관음사지구 야영장

콜택시 제주시 제주사랑호출택시 064-726-1000, VIP콜택시 064-711-6666, 삼화콜택시 064-756-9090

서귀포시 서귀포호출 064-762-0100, 5.16호출택시 064-751-6516, 브랜드콜 064-763-3000,

서귀포ok 064-732-0082

Walking Tip **한라산 관음사 탐방로 탐방 정보**

❶ **걷기 시작점** 관음사지구야영장부터 탐방이 시작된다. 관음사지구야영장은 한라산에서 유일하게 야영과 취사가 허락되는 곳이다. 1,000명을 동시에 수용할 수 있으며, 1박 단위로 요금을 받는다. 예약 없이 선착순으로 운영한다.

❷ **트레킹 코스** 관음사지구야영장에서 탐라계곡, 개미등, 삼각봉대피소 지나 백록담 정상에 이른다. 정상까지는 약 5시간 걸리며, 왕복 최소 약 9시간 이상 소요되니 하산 시간을 맞추려면 아침 일찍 서두르는 게 좋다.

❸ **준비물** 등산화, 모자, 선크림, 선글라스, 생수, 여벌 옷, 바람막이, 간식, 아이젠(겨울)

❹ **유의사항** 관음사 탐방로는 1일 500명으로 탐방객 입장 인원을 제한한다. 탐방 월 기준 전월 1일 오전 9시부터 한라산 탐방 예약 사이트에서 예약 접수할 수 있다. 탐방 예약 후 취소 없이 탐방하지 않을 경우, 1회는 3개월, 2회는 1년 탐방 예약이 불가하다. 백록담에 오르기 위해선 정해진 시간에 정해진 장소에 도착해야 하므로 입산 전 반드시 입산 통제 시간을 확인해야 한다. 한라산탐방 예약 사이트 https://visithalla.jeju.go.kr/main/main.do

❺ **기타** 한라산은 고지대라 날씨 변동이 잦고 기온 차가 커 안전사고가 발생할 위험이 있다. 물, 여벌 옷, 모자 등 복장을 충분히 갖춘 뒤 산행에 나서야 한다. 고도가 높아져 갑작스러운 산행에 호흡곤란이나 통증을 호소하는 경우가 종종 발생하므로 탐방 전 충분한 준비와 사전운동이 필요하다. 위기 상황이 발생하면 한라산국립공원사무소064-725-9950나 119로 신고하여 주변에 설치된 탐방로 위치표시판의 번호를 확인하여 알려주면 된다.

HOT SPOT

오라동 유채꽃밭

봄엔 유채꽃 청보리, 가을엔 메밀꽃

한라산 중턱 오라 마을의 공동목장 부지가 유채, 청보리, 메밀꽃 명소로 탈바꿈했다. 30만 평에 계절마다 꽃을 심어 상춘객을 맞이한다. 4월이면 유채꽃과 청보리가 장관을 이루고, 가을에는 메밀꽃이 만개한다. 산허리에 수놓은 노란 유채꽃밭 사이에는 포토 스폿인 소나무가 우뚝 서 있고, 뒤로는 한라산이 배경이 되어 주어 인생 사진 남기기 좋다. 언덕 위에서 멀리 바다와 제주 시내가 시원하게 한눈에 들어온다.

🚶 관음사지구야영장에서 자동차로 5분 ⊙ 제주시 오라이동 산76 📞 064-711-9700 🕐 09:00~18:00 ⓘ 주차 가능

CAFE

미스틱3도

한라산을 품은 정원 카페

한라산 가는 길, 제주도립미술관과 신비의 도로 근처에 있는 초대형 카페다. 5천 평이나 되는 조각 공원을 거닐다 보면 부호의 개인 정원을 구경하는 듯한 기분이 든다. 1층 카페와 한라산이 한눈에 펼쳐지는 루프톱 그리고 정원의 야외 테이블에서 커피를 즐길 수 있다. 날씨가 좋은 날엔 한라산이 보이는 정원 앞 테이블이 사람들로 붐빈다. 제주공항이 가까워 여행을 마무리하기 좋다. 🚶 관음사지구야영장에서 자동차로 12분 ⊙ 제주시 1100로 2894-49 📞 064-743-2905 🕐 매일 08:30~19:00(라스트오더 18:30) ⓘ 주차 전용 주차장

한라산 영실 탐방로

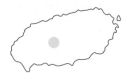

시작점 서귀포시 영실로 246(영실 매표소)

해발 높이 1,700m 순수 높이 420m

코스 길이 왕복 11.6km(탐방 시간 왕복 5~6시간, 인기도 상, 탐방로 상태 상, 난이도 상, 접근성 중)

편의시설 주차장, 화장실(영실 관리사무소, 영실 휴게소, 윗세오름 대피소), 휴게소(오백장군과 까마귀), 전망대

여행 포인트 비교적 짧고 상대적으로 어렵지 않은 탐방로, 사계절 아름다운 한라산 풍경 즐기기

상세경로(편도)

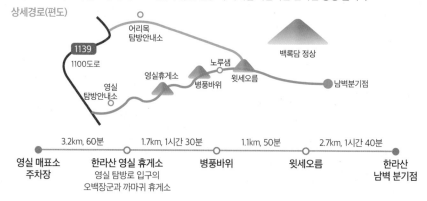

| 영실 매표소 주차장 | 3.2km, 60분 | 한라산 영실 휴게소 영실 탐방로 입구의 오백장군과 까마귀 휴게소 | 1.7km, 1시간 30분 | 병풍바위 | 1.1km, 50분 | 윗세오름 | 2.7km, 1시간 40분 | 한라산 남벽 분기점 |

©제주도청

비교적 쉬운 코스, 그러나 너무 아름다운

영실 탐방로는 영주십경 중 하나로, 사계절 내내 아름답다. 부처가 설법하던 영산靈山과 닮았다 하여 영실이라 불린다. 탐방 시작점은 해발 1,280m 지점이다. 초반 높은 계단이 이어지는 영실 분화구 능선해발 1,300~1,550m 따라 병풍바위 지나 조금 더 오르면 대부분 평탄해진다. 영실기암은 천연기념물 제182호로 천 개가 넘는 바위 절벽이 둘러서 있다. 서쪽의 병풍처럼 둘러선 바위들은 병풍바위, 부처의 설법을 경청하는 듯한 모습의 동쪽 바위들은 오백나한이라 부른다. 오백나한은 기세등등한 장군들 모습 같다 하여 오백장군이라고 불리기도 한다. 영실기암에는 500명의 아들에게 먹이려고 죽을 쑤다 죽에 빠져 죽은 설문대할망과 슬픔에 빠져 영실기암의 돌이 된 아들들에 대한 설화도 깃들어 있다. 영실기암, 선작지왓, 윗세오름 지나 남벽 분기점에 이르러 코스는 끝이 난다. 선작지왓은 바위들이 서 있는 넓은 벌판이다. 봄이면 산철쭉과 털진달래 군락이 진분홍 꽃물결을 이룬다. 윗세오름 지나 남벽 분기점까지 가는 길에 운무가 드리우면 마치 구름 위를 걷고 있는 듯하여 감동이 밀려온다.

How to go 영실 탐방로 찾아가기

자동차 내비게이션에 '영실 탐방로' 또는 '한라산 영실 휴게소' 입력 후 출발. 제주공항에서 55분, 중문관광단지에서 25분 소요.

영실 탐방로 주차장 이용하기 영실 탐방로에서 이용할 수 있는 주차장은 두 개다. 매표소에 있는 주차장이 제2주차장이고, 탐방로 입구에서 가까운 영실 휴게소 주차장이 제1주차장이다. 제1주차장이 만차가 되면 매표소에서 탐방로의 차량 진입을 통제하므로 제2주차장에 주차하고 걸어서 혹은 택시로 들어가야 한다. 차량이 붐비지 않는 아침 9시 이전에는 도착해야 제1주차장에 주차 자리가 있을 가능성이 있다. 이른 아침이 아니라면 12시정오 이후 방문하면 제1주차장에 주차 용이. 매표소에서 휴게소 사이 운행 차량은 12인승 이하만 가능. 주차요금 1,000~3,700원.

버스 제주국제공항4 정류장대정, 화순, 일주서로에서 820-1, 151, 152번 탑승 → 2개 정류장 이동 → 한라병원 정류장 하차 → 240번1시간 간격으로 운행으로 환승 → 40분 소요 → 영실 매표소 정류장 하차 → 도보 45분택시 이용 가능 → 한라산 영실 휴게소영실 탐방로 입구

콜택시 **서귀포시** 서귀포호출 064-762-0100, 5.16호출택시 064-751-6516, 브랜드콜 064-763-3000, 서귀포ok 064-732-0082

제주시 제주사랑호출택시 064-726-1000, VIP콜택시 064-711-6666, 삼화콜택시 064-756-9090

Walking Tip 한라산 영실 탐방로 탐방 정보

❶ **걷기 시작점** 매표소가 있는 영실 관리사무소해발1,000m에서 영실 휴게소해발1,280m까지 2.4km는 자동차로도 갈 수 있고 걸어서도 갈 수 있다. 걸으면 45분 정도 걸리는 오르막이라 휴게소에서 출발하는 게 체력적 부담을 줄일 수 있다.

❷ **트레킹 코스** 매표소나 영실 휴게소에서 출발하여 병풍바위와 오백나한, 윗세오름 지나 한라산 남벽 분기점에 이르는 코스이다. 하산할 때는 왔던 길을 되돌아갈 수도 있고, 돈내코와 어리목 탐방로로 내려갈 수도 있다. 남벽 분기점에서 직진하면 돈내코 탐방로로 이어지고, 남벽 분기점에서 되돌아 나오다 윗세오름 대피소 부근 갈림길에서 어리목 탐방로로 연결된다.

❸ **준비물** 등산화, 모자, 바람막이 외투, 선크림, 선글라스, 생수, 간식, 아이젠(겨울철)

❹ **유의사항** 등반로 입구의 오백장군과 까마귀 휴게소식수, 주먹밥, 국밥, 아이젠 등 식료품 및 등산용품 구입 가능 외에는 먹거리를 판매하는 곳이 없다. 식수와 음식을 꼭 챙겨가자. 한라산은 기상 변화가 심해 늘 비바람겨울엔 눈에 대비해야 한다. 고도가 높아질수록 기온이 낮아지고 바람이 거세진다.

❺ **기타** 탐방 사전예약 불필요. 입산 가능 시간은 계절에 따라 다르니 확인하고 출발하자.

입산 가능 시간

동절기(1, 2, 11, 12월) 06:00~12:00(매표소 주차장 기준 11:00까지 도착)

춘추절기(3, 4, 9, 10월) 05:30~14:00(매표소 주차장 기준 13:00까지 도착)

하절기(5~8월) 05:00~15:00(매표소 주차장 기준 14:00까지 도착)

📷 HOT SPOT
1100고지 습지

람사르 습지로 지정된 산지 습지
1100도로(1139번 도로)는 사계절 내내 멋진 한라산을 만날 수 있는 길이다. 1100고지 휴게소 건너편에는 람사르 습지로 지정된 1100고지 습지가 있다. 한라산 고원지대에 형성된 대표적인 산지 습지로, 16개 이상의 습지가 불연속적으로 분포하고 있다. 한라산 일대에만 서식하는 동식물의 정보를 알 수 있고, 나무 데크로 생태 탐방로가 조성돼 있어 산책하기 좋다.

🚶 한라산 영실 휴게소에서 자동차로 14분 📍 서귀포시 1100로 1555 📞 064-747-1105(휴게소) 🕐 08:30~19:00 ⓘ 주차 가능

📷 HOT SPOT
서귀포 자연휴양림

우리나라 최남단 자연휴양림
해발고도 700m 산 위에 있다. 울창한 숲속에서 데크를 걸을 수도 있고, 순환로가 있어 자동차로 둘러볼 수도 있는 곳이다. 제주의 산과 숲 그대로의 원시림 느낌이 든다. 휴양림 내의 온도는 서귀포 시내보다 10℃ 정도 낮아, 여름엔 피서지로 으뜸이다. 평상과 벤치, 캠핑장과 유아 숲체원 등이 곳곳에 있어 제주의 숲을 마음껏 즐기기 좋다.

🚶 한라산 영실 휴게소에서 자동차로 14분 📍 서귀포시 영실로 226 📞 064-738-4544 🕐 09:00~18:00 (입장마감 17:00) ⓘ 주차 가능

🍴 RESTAURANT
대포칼제비

구수하고 진한 '보말칼제비'
보말칼제비가 이 집의 대표 메뉴다. 보말바다고동을 듬뿍 넣어 만든 진하고 걸쭉한 육수에 쫀득한 칼국수와 수제비를 넣어 만든다. 그밖에 죽과 비빔국수, 만두, 직화삼겹국수도 있으며, 여름철엔 시원하고 담백한 초계국수와 홍초계국수도 판매한다. 공깃밥은 무한 리필이다. 영실 탐방로 매표소로 오는 240번 버스 정류장과 가까워 등산 전후 들르기 좋다. 🚶 한라산 영실 휴게소에서 자동차로 28분, 중문 하나로마트 로터리 앞 📍 서귀포시 중문관광로 338 📞 064-739-1666 🕐 08:00~20:00(수요일 휴무) ⓘ 주차 가능

한라산 어리목 탐방로

시작점 제주시 1100로 2070-61(어리목탐방지원센터)

전화 064-713-9950~1(한라산국립공원관리소)

해발 높이 탐방로 입구 980m, 윗세오름 1700m, 남벽분기점 1600m

코스 길이 왕복 13.6km(탐방 시간 왕복 6시간, 등반로 상태 상, 난이도 중, 접근성 중, 인기도 중)

편의시설 탐방지원센터, 자판기, 주차장, 화장실, 산책로, 전망대

여행 포인트 숲길 즐기기, 사제비 샘물 맛보기, 만세동산 전망대에서 제주 시내와 바다, 윗세오름 감상하기, 윗세오름에서 남벽 분기점까지 장엄하고 아름다운 경치 만끽하며 걷기

상세경로(편도)

평탄하고 풍경이 아름다운 코스

어리목탐방로는 한라산 서북쪽에서 출발하여 한라산 남쪽의 남벽 분기점에 다다르는 등산 코스이다. 해발 980m의 어리목 탐방로 입구에서 500m쯤 가면 계곡이 나오는데, 이 계곡에서 가파른 나무 계단으로 이어지는 약 1시간~1시간 30분 코스가 고난이도 구간이다. 코스 중간중간 쉴 수 있도록 의자가 마련되어 있다. 사제비 동산부터는 가벼운 트레킹을 즐길 수 있다. 사제비 샘물에서 시원하게 목을 축이고, 구상나무도 만날 수 있다. 크리스마스나무로 알려진 구상나무는 유일하게 우리나라에서만 자생하는 나무로 한라산 1400m 일대에 큰 군락을 이루고 있다. 만세동산은 옛날 한라산에서 방목하던 소와 말을 관리 감독하던 곳으로 망동산이라고도 불렸다. 만세동산 전망대에서는 북쪽으로 제주 시내와 바다 저 끝 수평선까지, 남쪽으로는 백록담 남벽과 윗세오름을 조망할 수 있다. 만세동산에서 윗세오름까지는 봄이면 넓게 진달래밭이 펼쳐진다. 해발 1700m의 윗세오름부터 남벽 분기점까지는 백록담의 깎아지른 절벽과 기암의 영험한 기운을 받으며 트레킹 즐기기 좋다.

How to go | **어리목 탐방로 찾아가기**

자동차 내비게이션에 '어리목탐방지원센터' 입력 후 출발. 센터 주차장에 주차

버스 제주국제공항 1번 정류장표선, 성산, 남원에서 131번 탑승 → 1개 정류장 이동 → 제주버스터미널(남) 정류장 하차 → 도보 1분, 17m → 제주버스터미널가상정류소 정류장에서 240번 승차 → 40분 소요 → 어리목입구(서) 정류장 하차 → 도보 20분, 1km → 어리목탐방지원센터

콜택시 제주시 제주사랑호출택시 064-726-1000, VIP콜택시 064-711-6666, 삼화콜택시 064-756-9090
서귀포시 서귀포호출 064-762-0100, 5.16호출택시 064-751-6516, 브랜드콜 064-763-3000, 서귀포ok 064-732-0082

Walking Tip | **어리목 탐방 정보**

❶ **걷기 시작점** 어리목탐방지원센터에서 출발한다. 버스로 접근하는 경우엔 어리목입구(서) 정류장에서 시작하면 된다. 탐방지원센터까지 1km 정도 걸어야 하며, 20분 정도 소요된다. 어리목 버스 정류장부터 나무가 아름답게 우거져 있어, 트레킹 전 워밍업으로 기분 전환하기도 좋고, 차를 가지고 간다면 짧게 드라이브 즐기기도 좋다.

❷ **트레킹 코스** 어리목탐방지원센터에서 어리목계곡, 사제비동산, 만세동산, 윗세오름 지나 남벽 분기점에 이르는 코스이다. 윗세오름에서는 영실코스로 하산할 수 있고, 남벽 분기점에서는 서귀포 돈내코 코스로 하산할 수 있다.

❸ **준비물** 등산화, 모자, 선크림, 선글라스, 생수, 간식(겨울철 눈 내린 날에는 반드시 아이젠, 방한복, 스틱, 핫팩, 보온병에 따뜻한 물 준비)

❹ 유의사항 탐방로 외의 지역에 들어가 사진을 찍거나, 흡연, 음주 등의 행위는 불법으로 과태료가 청구된다. 쓰레기통이 따로 없으므로 쓰레기는 반드시 가지고 하산하자.

❺ 기타 윗세오름까지 화장실이 없다. 어리목 주차장에 마련된 화장실을 미리 이용하고 출발하자. 윗세오름 대피소는 가벼운 식사를 하며 잠시 피로를 달래기 좋다. 이곳에 도착하면 등산객들은 윗세오름이라는 글자가 적힌 바위 옆에서 인증 샷 찍기 바쁘다.

Travel Tip 어리목 탐방로 주변 명소

 HOT SPOT

수목원길 야시장

낭만이 흐르는 소나무 숲 야시장

제주시 연동 수목원 테마파크 옆 소나무 숲에 들어서는 야시장이다. 비가 올 때를 빼고 매일 밤 시장이 열린다. 소나무 숲, 푸드 트럭, 예쁜 천막 가게, 그리고 밤을 밝히는 조명이 낭만적인 풍경을 만들어낸다. 꼬치, 햄버거, 새우튀김, 생파인애플 주스, 칠면조고기, 맥주, 액세서리와 그릇, 장식용 소품, 기념품 등을 즐기거나 구매할 수 있다. 어른들은 멋진 풍경을 배경으로 사진을 찍고, 아이들은 신이나 깡충깡충 토끼처럼 뛰어다닌다. 제주의 푸른 밤을 즐기기에 이만한 곳이 많지 않다. 겨울엔 밤 10시에, 그외 계절엔 밤 11시에 문을 닫는다.

🚶 어리목 매표소에서 자동차로 21분 📍 제주시 은수길 69(수목원 테마파크 일대) 📞 064-752-3001
🕐 18:00~23:00(겨울철 17:00~22:00) ⓘ 주차 가능

한라산 돈내코 탐방로

시작점 서귀포시 상효동 산1(돈내코지구안내소) 전화 064-710-6920~3 해발 높이 500m~1600m

코스 길이 편도 7km, 왕복 14km(탐방 시간 왕복 7~8시간, 인기도 하, 등반로 상태 하, 난이도 상, 접근성 하)

편의시설 탐방안내소, 주차장, 화장실(돈내코지구안내소, 평궤대피소), 전망대

여행 포인트 원시림 만끽하기, 고도에 따라 달라지는 수종 관찰하기, 서귀포 시내와 범섬, 숲섬, 새섬,
문섬까지 아름다운 풍광 한눈에 담기, 남벽의 아름다운 경치 즐기기

상세경로

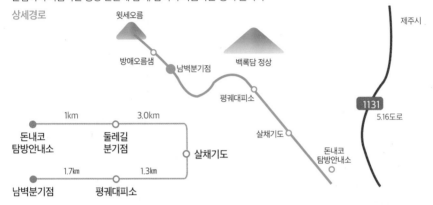

푸른 바다와 장엄한 남벽을 동시에

돈내코는 '멧돼지가 물을 마시려고 출몰하는 내의 입구'라는 뜻이다. 한라산 동남쪽 탐방로가 시작되는 곳이다. 한라산 탐방로 중 가장 원시적인 모습 유지하고 있다. 서귀포가 한눈에 내려다보이는 해발 500m 지점에서 시작하여 해발 1600m의 남벽 분기점까지 7km 정도 이어진다. 평궤대피소까지는 줄곧 오르막이고, 울창한 숲길이 이어진다. 돌길이라 좀 힘들지만, 원시림이 그대로 보존되어 있어 등산하는 맛이 특별하다. 재수가 좋으면 오소리, 족제비, 노루, 큰오색딱따구리 같은 동물 친구를 만날 수 있다. 숲길 중반부까지는 상록활엽수림과 낙엽활엽수림이 이어지다가 고도가 높아지면 껍질이 빨간 적송과 구상나무가 등장하여 등산객을 반긴다. 평궤대피소부터 남벽 분기점까지는 가슴 벅찬 풍경을 즐길 수 있다. 좌측으로는 서귀포와 푸른 바다, 범섬·섶섬·새섬·문섬이 파노라마처럼 펼쳐지고, 우측으로는 한라산의 웅장한 모습이 시선을 사로잡는다. 길은 대체로 평탄하거나 경사가 완만하다. 한 걸음 한 걸음 내딛을수록 강한 기운이 다가온다. 고개를 들면 남벽의 기암절벽이 장엄하게 백록담을 옹위하고 있다. 저절로 경외감이 든다.

How to go 돈내코 탐방로 찾아가기

자동차 내비게이션에 '돈내코지구안내소' 입력 후 출발. 주차장서귀포시 상효동 2071에서 돈내코 탐방로 입구까지 약 도보 10분.

버스 ❶ 제주국제공항 2번 정류장일주동로, 516도로에서 181번 탑승 → 12개 정류장 이동, 56분 소요 → 서귀포산업과학고등학교(서) 정류장 하차 → 도보 1분, 95m → 서귀포산업과학고등학교(북) 정류장에서 611번으로 환승 → 4개 정류장 이동, 7분 소요 → 충혼묘지광장 정류장 하차 → 도보 22분, 900m → 돈내코지구안내소

❷ 서귀포 중앙로터리(동) 정류장에서 611번 탑승하여 충혼묘지광장 정류장 하차

콜택시 OK콜택시 064-732-0082 서귀포콜택시 064-762-0100 서귀포인성호출택시 064-732-6199

Walking Tip 돈내코 탐방로 탐방 정보

❶ 걷기 시작점 돈내코지구안내소에서 시작한다. 주차장서귀포시 상효동 2071에 차를 세워두고 안내소까지 약 6분354m 정도 걸어 올라가야 한다. 버스를 이용하는 등산객들은 충혼묘지광장 정류장에서 안내소까지 도보 20분900m이 더 소요된다.

❷ 트레킹 코스 돈내코지구안내소에서 출발하여 평궤대피소 지나 남벽 분기점에 다다르는 코스이다. 남벽 분기점에서 윗세오름과 연결된 남벽순환로를 따라가면 어리목이나 영실탐방로로도 하산할 수 있다.

❸ 준비물 등산화, 모자, 선크림, 선글라스, 생수, 등산 스틱, 간식

❹ 유의사항 돌길이 울퉁불퉁하여 발목 부상의 위험이 있다. 목이 높은 등산화를 추천한다. 매우 울창한 숲길이라 돌에 이끼가 많다. 비가 오거나 비가 온 다음 날에는 위험할 수 있으니 등산을 자제하자.

❺ 기타 돈내코지구안내소와 평궤대피소에 화장실이 있다. 그 외에는 화장실이 없다. 평궤대피소는 무인운영 중으로 매점이 없다. 탐방로 중간에 용천수도 없으므로, 반드시 충분한 양의 식수를 준비하자.

📷 HOT SPOT

원앙폭포

금슬 좋은 폭포와 투명한 연못

돈내코 탐방로 입구 영천 중류에 있다. 영천은 한라산에서 출발해 쇠소
깍까지 흐른다. 영천 중류는 깊은 골짜기와 울창한 수림이 어우러져 장
관을 이룬다. 원앙폭포가 멋진 장관을 더 빛내준다. 높이 5m의 물줄기 두
개가 나란히 떨어지는데, 금슬 좋은 원앙 한 쌍처럼 생겼다고 하여 원앙
폭포라는 이름을 얻었다. 원앙이 살았다는 전설도 전해진다. 매년 음력 7
월 15일 백중날에 이곳에서 여름철 물맞이를 하는 풍습이 있다. 물맞이는
폭포수를 맞으며 통증을 치료하는 민간요법이다. 폭포 아래 연못은 바닥
까지 비칠 정도로 맑고 투명하다. 한라산 등반 후 잠시 들러 피로와 땀을
씻으며 쉬어가기 좋은 곳이다.

🚶 자동차로 5분, 충혼묘지광장 정류장에서 612번 버스 승차하여
　돈내코(남) 정류장 하차하면 도보 4분(200m)
📍 서귀포시 돈내코로 137
ⓘ 주차 가능

한라산 어승생악 탐방로

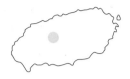

시작점 제주시 1100로 2070-61 (어리목 탐방안내소)

해발높이 1169m 순수 높이 350m

코스 길이 왕복 2.6km(탐방 시간 왕복 1시간, 인기도 중, 탐방로 상태 상, 난이도 중, 접근성 상)

편의시설 주차장, 화장실, 산책로, 전망대

여행 포인트 짧은 거리와 비교적 평탄한 등산로, 파노라마 뷰(한라산 백록담, 추자도, 비양도, 성산일출봉까지 조망)

상세경로

```
        1.3km, 35분              1.3km, 25분
  ●───────────────────○───────────────────●
어리목 탐방안내소 옆      어승생악              어리목 휴게소
어승생악 등산로 입구       정상                 주차장
```

가벼운 등산으로 짜릿한 파노라마 뷰를

한라산에 오르고 싶지만 체력과 시간이 부담스럽다면? 아쉬워 말고 어승생악 오름을 찾자. '어승생'은 예로부터 '임금님이 타는 말이 나는 곳'이란 뜻으로, 이와 관련된 전설도 있다. 시작점은 해발 970m인 어리목 탐방 안내소다. 한라산의 기생화산으로, 통나무 계단과 목재 데크 등으로 잘 정비된 탐방로가 해발 1,169m의 정상까지 이어진다. 한라산이 선사하는 자연생태를 30분 동안 즐기다 보면 정상에 도착한다. 중간에 조금 숨이 차오르고 땀이 나긴 하지만 큰 부담이 없다. 정면으로는 백록담부터 내려오는 산자락이 큰 품을 내어주고, 제주 시내 쪽으로 뒤를 돌면 먼바다까지 한눈에 내려다보인다. 쾌청한 날이라면 환상적인 파노라마 뷰를 기대할 만하다. 비양도, 우도, 성산일출봉, 추자도까지 담을 수 있다. 어승생악 정상부는 토양 유실을 막기 위해 널따란 판목이 깔려있어 안전하게 쉬었다 가기 좋다. 이곳엔 1945년에 만든 일본군 해군사령부 동굴 진지가 있다. 태평양 전쟁 말기, 수세에 몰린 일본이 제주를 저항 기지로 삼았던 사실을 잘 아려주는 요새다. 시작점인 어리목 탐방로 휴게소에는 주차장과 함께 자연생태학습 공원이 마련돼 있다. 널따란 평상에 앉아 한라산 중턱에서의 피크닉을 즐기기에 제격이다. jeju.go.kr/hallasan/index.htm

How to go 어승생악 찾아가기

자동차 내비게이션에 '어리목 휴게소' 또는 '어리목 주차장' 찍고 출발. 제주공항에서 33분, 중문에서 35분 소요
버스 ❶ 제주국제공항4 정류장대정·화순·일주서로에서 820-1, 151, 152번 탑승 → 13분 소요 → 한라병원 정류장 하
차 → 240번으로 환승 → 32분 소요 → 어리목 입구 정류장 하차 → 탐방안내소까지 도보 16분
❷ 제주버스터미널 정류장에서 240번 탑승 → 44분 소요 → 어리목 입구 정류장 하차 → 탐방안내소까지 도
보 16분
콜택시 제주사랑호출택시 064-726-1000, VIP콜택시 064-711-6666, 삼화콜택시 064-756-9090

Walking Tip 어승생악 탐방 정보

❶ 걷기 시작점 어리목 휴게소 주차장에 들어서면 좌측 '탐방안내소' 옆으
로 '어승생악 등산로' 안내 표지판을 찾을 수 있다.
❷ 트레킹 코스 탐방로는 하나이며, 시작점과 도착점이 같다.
❸ 준비물 운동화, 모자, 선크림, 선글라스, 생수, 간식, 쓰레기봉투(음식물
가지고 갈 경우)
❹ 유의사항 흐리거나 안개가 많이 낀 날에는 정상에서 아무것도 보이지
않을 수 있다. 눈이 내리면 1100로1139번 도로가 통제될 수 있으니 미리 확인하자. 등산 제한 시각은 계절에 따라
다르다. 겨울철11~2월 16:00, 봄가을3~4, 9~10월 17:00, 여름철5~8월 18:00
❺ 기타 주차요금 이륜차 500원, 경차 1,000원, 승용차 1,800원, 승합차 3,000원. 카드결제 가능
*나우제주 CCTV 어승생악 정상에 도착하면 스마트폰으로 '나우제주cctv'를 검색해 보자. 이곳에 설치된 cctv
로 전송되는 자신의 모습을 실시간으로 확인할 수 있는 소소한 재미가 있다. 탐방 전 정상 쪽 날씨를 확인하는
데에도 유용하다.

 HOT SPOT

제주도립미술관

자연이 현대미술을 만났을 때

제주의 자연과 현대미술을 만날 수 있는 복합문화공간이다. 건물 앞 인공 연못엔 한라산이 고여있어 쉽게 발길이 떨어지지 않는다. 남녀노소 쉽게 접근할 수 있는 체험 전시가 종종 열려 가족단위로 찾는 이가 많다. 한라 산이 보이는 옥외 정원은 산책하며 휴식하기 좋다. 입장료 2,000원이다.

🏃 어리목 탐방안내소에서 자동차로 13분
📍 제주시 1100로 2894-78 📞 064-710-4300
🕐 09:00~18:00(매주 월요일, 1월 1일, 설날, 추석 휴관) ⓘ 주차 가능

 RESTAURANT

김밥상회

건강하고 정갈한 김밥

정상에서 맛보는 김밥은 그야말로 꿀맛이다. 산길로 들어서면 식당이 없 으니 출발 전 포장해 가면 좋다. 이곳의 김밥은 무농약 쌀, 제주산 고기와 채소로 만든다. 상자에 정성스럽게 포장해 주며, 아이 입에 쏙 들어가는 한입 크기의 어린이 김밥도 있다. 주차가 마땅치 않아 미리 전화 주문하 고 픽업하길 추천. 돈가스와 덮밥, 떡볶이도 맛있다.

🏃 어리목 탐방안내소에서 자동차로 20분, 어리목 탐방로 입구에서 자동차로 23분
📍 제주시 과원북2길 58 📞 064-744-7222 🕐 10:00~19:00, 일요일 10:00~15:00
(월요일 휴무) ⓘ 가게 앞 정차 10분 가능

 CAFE

뻘랑뜨

한라산 아래 건강한 샌드위치와 스프

1100로에서 가장 산 쪽에 가까운 브런치 카페다. 고도가 높은 한적한 곳에 있어 유럽 어딘가에 온 듯한 느낌도 든다. 건강과 맛을 모두 잡은 샐러드, 샌드위치, 수프, 스무디볼 등을 알차게 구비하고 있다. 건강식이라 배고프 지 않을까 염려할 필요 없다. 양도 많아서 든든하게 속을 채울 수 있다. 야 외테이블이 있어 볕 좋은 날엔 밖에서 즐기기 좋으며, 포장도 가능하다.

🏃 어리목 탐방안내소에서 자동차로 20분, 어승생악에서 자동차로 15분
📍 제주시 1100로 2977-15 📞 070-8809-5699
🕐 10:30~15:30(토·일요일 휴무) ⓘ 주차 가능

한라산 석굴암 탐방로

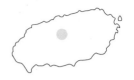

시작점 제주시 노형동 3825(제주시 충혼묘지 주차장)

해발높이 889m

코스 길이 왕복 3km(탐방 시간 왕복 1시간, 인기도 중, 탐방로 상태 상, 난이도 중, 접근성 상)

편의시설 주차장, 화장실, 산책로, 벤치 쉼터

여행 포인트 녹음과 단풍으로 물드는 숲길, 한라산 골짜기의 고즈넉한 암자

상세경로(편도)

| 제주시 충혼묘지 주차장 천왕사 입구 | ─ 1.5km, 35분 ─ | 석굴암 | ─ 1.5km, 25분 ─ | 제주시 충혼묘지 주차장 천왕사 입구 |

소나무와 단풍이 아름다운

석굴암 탐방로 입구는 천왕사, 제주시 충혼묘지와 맞닿아 있다. 제주 시내에서 자동차로 20분 정도 걸리며, 걷기 코스는 충혼묘지 주차장부터 석굴암까지 편도 1.5km 거리로 35분 정도 소요된다. 가파른 오르막이 몇 번이고 반복돼 가벼운 하이킹은 아니다. 한라산 등반은 부담스럽지만, 너무 쉬운 산은 싫고, 산다운 산을 오르고 싶은 이에게 추천한다. 시작부터 울창한 숲이 무척 인상적이다. 한라산 북사면 아래 자리 잡은 골짜기 '아흔아홉골' 숲과 어우러진 탐방로를 오르면 '석굴암'이라는 암자에 다다른다. 탐방로 곳곳엔 봄이면 제주의 상징인 참꽃이 흐드러지고, 가을엔 단풍이 멋들어지며, 겨울엔 눈꽃이 환하게 피어난다. 오르내리는 발걸음이 힘겨워지기 시작하면 한라산에서도 일부 지역에서만 자라는 붉은 소나무가 우아한 자태를 뽐내며 등반객의 발걸음을 힘차게 응원한다. 뿌리를 땅 위로 드러내는 판근 형태로 자라나기에 여행자는 적송의 뿌리를 딛고 오르게 된다. 그렇게 가다 보면 어느새 산새 소리를 배경으로 독경 소리가 들려온다. 기도 도량 석굴암 암자에 가까워졌다는 뜻이다. 번뇌를 잊고 마음을 씻고 힐링의 세계에 들어서 보자.

How to go 석굴암 찾아가기

자동차 내비게이션에 '한라산 석굴암' 또는 '제주시 충혼묘지' 찍고 출발. 제주공항에서 25분 소요

버스 제주국제공항4 정류장대정, 화순, 일주서로에서 820-1, 151, 152번 탑승 → 2개 정류장 이동, 13분 소요 → 한라병원 정류장 하차 → 240번으로 환승 → 26분 소요 → 충혼묘지 정류장 하차 → 도보 15분1.1km → 충혼묘지 주차장 → 도보 35분1.5km → 석굴암

콜택시 제주사랑호출택시 064-726-1000, VIP콜택시 064-711-6666, 삼화콜택시 064-756-9090

Walking Tip 석굴암 탐방 정보

❶ 걷기 시작점 제주시 충혼묘지 제1주차장 바로 앞에 계단과 탐방로 안내 표지판이 있다.

❷ 트레킹 코스 충혼묘지 제1주차장에서 석굴암 암자까지 갔다가, 왔던 길로 되돌아 나오는 코스로, 탐방로는 하나이다.

❸ 준비물 등산화, 모자, 생수, 간식, 쓰레기봉투(음식물 가지고 갈 경우)

❹ 유의사항 실시간 탐방 정보를 홈페이지(jeju.go.kr/hallasan/index.htm)를 통해 확인하자.

❺ 기타 깊은 골짜기에 있는 도량에 필요한 물자는 모두 사람 손으로 옮겨야 한다. 탐방로 입구에 석굴암으로 실어나르는 물건들이 쌓여있는 경우가 있다. 여유가 된다면 도움의 손길을 내밀어 보자.

> **석굴암 탐방로 입산 허용 시간**
> 춘추절기(3, 4, 9, 10월) 05:30부터 입산, 탐방로 입구에서 17:00부터 입산 제한
> 하절기(5~8월) 05:30부터 입산, 탐방로 입구에서 18:00부터 입산 제한
> 동절기(1~2월, 11~12월) 06:00부터 입산, 탐방로 입구에서 16:00부터 입산 제한

HOT SPOT
천왕사

아름다운 단풍, 감동적인 설경

석굴암 북서쪽에 있는 사찰로 <효리네 민박>에 나와 유명해진 곳이다. 이효리·이상순 부부가 잠시 짬을 내 직원으로 일하던 아이유를 데리고 간 절이다. 대웅전 바로 뒤엔 용바위가 있고, 마당 왼쪽 자락엔 기세 좋게 뻗은 바위가 가을이면 울창한 아흔아홉골의 숲과 어우러져 아름다운 단풍을 선사한다. 눈 내린 겨울 풍경도 감동을 자아낸다. 병풍처럼 에워싼 산에는 세존바위, 보살바위, 남근석 등 기묘한 바위들이 솟아있어 기운을 뽐낸다.

🚶 제주시 충혼묘지 주차장(천왕사 입구)에서 도보 10분, 468m
📍 제주시 1100로 2528-111 📞 064-748-8811 ⓘ 주차 가능

🍴 RESTAURANT
옹기밥상

하나하나 다 맛있는 건강 밥상

한라산으로 올라가는 길목 숨겨진 곳에, 잔디 마당이 있는 한 상 차림 맛집이다. 손님 대부분이 도민이고, 오픈 시각인 11시부터 바글바글 붐빈다. 메뉴는 옹기밥상 하나다. 흑돼지 수육과 오징어 볶음이 싱싱한 쌈 채소, 직접 만든 반찬과 함께 나온다. 생선구이는 인당 1마리씩 내준다. 윤기가 흐르는 솥밥과 간이 세지 않은 국까지 완벽하다. 수육 추가 주문 가능.

🚶 충혼묘지 제1주차장에서 자동차로 10분 📍 제주시 미리내길 171-4
📞 064-711-6991 🕐 11:00-16:00(일요일 휴무) ⓘ 주차 가능

한라산 둘레길 천아숲길

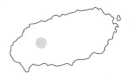

시작점 제주시 해안동 산217-3(천아수원지 입구)

코스 길이 8.7km(탐방 시간 3~5시간, 인기도 중-단풍 시즌엔 상, 탐방로 상태 상, 난이도 중, 접근성 중)

편의시설 주차공간, 화장실(입구와 출구에 있음), 산책로

여행 포인트 한라산 단풍, 계곡과 숲길, 한라산 둘레길 중 가장 높은 고도를 지나는 코스

홈페이지 www.hallatrail.or.kr

상세경로

	2.2km, 40분		1.7km, 40분		3.54km, 1시간 10분	
한라산둘레길 (천아숲길입구) 정류장	피크 시즌 외 차량 진입 가능	천아수원지 입구		임도삼거리		노로오름
영실입구 정류장	500m, 10분	18임반 입구	1.6km, 40분	보림농장 삼 거리	3.56km, 1시간 10분	

울긋불긋 형형색색, 단풍으로 눈부시다

단풍 구경하기 힘든 제주에서 눈부신 붉은 단풍이 펼쳐지는 곳이다. 한라산이 깊이 숨겨둔 천아계곡에 있다. 광령천이 흐르는 천아계곡은 10월 중순부터 울긋불긋 단장 준비를 하다가 11월 초에 채도가 절정에 달한다. 건천이라 평소에는 크고 작은 바위와 돌무더기뿐이다. 한라산 둘레길 천아숲길 코스는 계곡에서부터 화려하게 시작한다. 시작부터 가파른 구간이 나오지만 당황할 것 없다. 첫 고비만 넘기면 가벼운 산책길 느낌이다. 가을엔 단풍과 낙엽이 깔린 융단 길이다. 시럽처럼 달곰한 낙엽 향이 시종일관 곁을 맴돈다. 천아숲길은 한라산 둘레길 중 가장 고도가 높은 코스이기도 하다. 노로오름 인근 1000고지 근처에 있는, 보존 가치가 높은 습지 '숨은물뱅듸'도 지난다. 이정표를 따라 길을 걷다 보면 크고 작은 계곡도 건넌다. 돌오름, 한대오름, 노로오름, 천아오름도 지난다. 마음이 동하는 오름에 올라 한라산의 능선을 바라보면 섬 깊은 곳까지 왔다는 게 실감 난다. 한라산 둘레길 이정표는 500m마다 있고 순서대로 번호가 새겨져 있다. 갈림길에선 리본과 현수막을 살펴보고 가면 된다. 비가 오면 건천이었던 계곡에 물이 무섭게 불어나니 주의하자.

How to go 천아숲길 찾아가기

자동차 내비게이션에 '천아숲길' 또는 '해안동 산217-3' 찍고 출발. 제주공항에서 22분 소요

버스 제주국제공항4 정류장대정, 화순, 일주서로에서 820-1, 151, 152번 승차 → 2개 정류장 이동 → 한라병원 정류장 하차 → 240번으로 환승 → 28분 소요 → 한라산둘레길천아숲길입구 정류장 하차 → 도보 50분 → 천아수원지입구천아숲길 입구

콜택시 제주사랑호출택시 064-726-1000, VIP콜택시 064-711-6666, 삼화콜택시 064-756-9090

Walking Tip 천아숲길 탐방 정보

❶ 걷기 시작점

천아수원지(천아계곡) 입구에서 출발

한라산둘레길천아숲길입구 버스 정류장에서 하차하여 50분 정도 걸어가면 천아수원지 쪽 입구천아숲길 입구가 나온다. 차를 가지고 간다면 둘레길 입구까지 진입할 수 있다. 단, 단풍 시즌11월 초에는 혼잡해 차로 진입하기 어렵다.

보림농장 삼거리 쪽 입구에서 출발

18임반 입구에서 시작되는 임도를 지나야 돌오름길 입구와 천아숲길 입구가 갈라지는 보림농장 삼거리에 도착할 수 있다. 18임반 입구는 영실입구 버스정류장에서 북쪽으로 약 500m 거리에 있다. '한라산 둘레길' 표지판과 '보림농장 가는 길'이라 쓰인 현수막을 따라가면 된다. 주차공간도 있다. 18임반 입구에서 임도를 따라 약 1.6km 걸어가면 천아숲길과 돌오름길이 갈라지는 '보림농장 삼거리'가 나오고, 본격적으로 천아숲길이 시작된다.

❷ 트레킹 코스 천아수원지천아계곡 입구에서 시작하는 게 일반적이다. 제주 시내에서 가깝고, 단풍 명소로 알려진 천아 계곡이 있기 때문이다.

❸ 준비물 등산화트레킹화, 생수, 든든한 간식, 호루라기, 우비, 쓰레기봉투(음식물 가지고 갈 경우)

❹ 유의사항 둘레길에 한 번 들어가면 출구가 없다. 거리가 꽤 되고 숲은 빨리 어두워지므로, 늦어도 오전 11시에는 트레킹을 시작하는 게 좋다. 단풍 시즌을 빼고는 인적이 드문 편이다. 계절에 따라 오후 1~2시 이후에는 탐방을 금한다. 비가 오면 계곡이 무섭게 불어나므로, 비 온 뒤 이틀간은 입산하지 않는 게 좋다.

❺ 기타 차를 가지고 간다면 천아수원지 입구 진입로 주변에 주차하고 걷기 시작한다. 코스 마지막 지점인 보림농장 삼거리에 도착하여 영실입구 버스 정류장까지 걸어가 240번 버스를 탄다. 네 정류장 이동하여 한라산둘레길천아숲길입구 버스 정류장에서 하차하여 주차한 곳까지 걸어가면 된다. 버스 배차 간격은 한 시간 이상이며, 하루 12대동절기 9대만 운행하니 버스 시간표를 꼭 확인하자.

입산 통제 시간

하절기(4~9월) 오후 2시부터

동절기(10~3월) 오후 12시부터

기타 기상악화(우천, 강풍, 안개) 시 비 온 후 2일간

📷 HOT SPOT

바리메오름

그릇 모양 분화구를 가진 오름

갤럭시 플립 휴대전화 광고로 더 유명해졌다. 산 정상 분화구 모양이 바리메승려의 공양 그릇와 비슷하다 하여 바리메오름이라 불린다. 분화구 깊이는 78m, 직경 130m의 원 모양이다. 내비게이션에 바리메오름을 찍고 가다 보면 푸른 목초지를 키 큰 나무들이 우뚝 지키고 있고, 노꼬메오름과 한라산이 어우러진 풍경이 수채화처럼 펼쳐진다. 바리메오름 동쪽에는 짝꿍처럼 조금 작은 족은바리메오름이 있다. 🚶 한라산 둘레길(천아숲길 입구) 정류장에서 자동차로 17분 ⓞ 제주시 애월읍 상가리 산123 ⓘ 편의시설 주차장, 화장실

☕ CAFE

홀츠 애월

빵에 진심인 숲속 카페

통나무집에서 독일 정통 방식으로 구운 빵을 판매한다. 담백한 맛이 일품이라 이른 아침부터 손님이 끊이지 않는다. 무표백 밀가루, 비정제 원당, 프랑스산 버터를 사용해 더 안심이 된다. 커피도 맛이 좋고, 어린이를 위한 우유와 유기농 주스도 준비돼 있다. 잔디밭과 야외 테이블을 이용하면 소풍 온 기분으로 즐길 수 있다. 🚶 한라산 둘레길(천아숲길 입구) 정류장에서 자동차로 15분 ⓞ 제주시 애월읍 하소로 681-13 📞 010-9071-2070 🕙 10:30~18:00(라스트오더 17:00, 화요일 휴무) ⓘ 인스타그램 holz.aewol

☕ CAFE

바사그미

넓은 정원이 있는 쾌적한 브런치 카페

제주도립미술관 앞 1,100도로 입구에 있는 다이닝 브런치 카페다. 돈가스, 파스타, 피자 등 남녀노소 좋아할 만한 메뉴를 갖췄다. 음식이 모두 맛이 좋다. 창문이 통창이라서 뷰를 즐기며 차와 식사를 즐기기에도 좋다. 카페 음료와 디저트, 베이커리도 다양하다. 다이닝은 브레이크타임이 있으니 참고하여 방문하자. 아이와 같이 간다면 넓은 정원에서 뛰어놀기 좋다. 실내에 아기 의자도 많다. 🚶 한라산 둘레길(천아숲길 입구) 정류장에서 자동차로 7분 ⓞ 제주시 1100로 2894-72 📞 064-712-1300 🕙 10:00~21:00(레스토랑 11:00부터, 브레이크타임 14:30~17:00, 라스트오더 20:00) ⓘ 전용 주차장

한라산 둘레길 돌오름길

시작점 거린사슴오름 서귀포시 대포동 산 2-1

돌오름 서귀포시 안덕면 상천리 산 1

코스 길이 8km(탐방 시간 3~4시간, 인기도 중, 탐방로 상태 중, 난이도 중, 접근성 하)

편의시설 주차장, 화장실(입구와 출구 쪽에만 있음), 산책로

여행 포인트 한라산의 다양한 수종 관람, 피톤치드에 흠뻑 젖기, 오름에 올라 병풍처럼 펼쳐지는 제주 서남부 지역 경관 즐기기

홈페이지 www.hallatrail.or.kr

상세경로

| 서귀포 자연휴양림 버스정류장 | 183m 이동 | 거린사슴오름 쪽 출입구 | 3.2km, 90분 | 용바위 | 2.6km, 50분 | 돌오름 | 2.2km, 50분 | 보림농장 쪽 출입구 보림농장 삼거리 | 1.6km, 40분 | 18임반 입구 | 500m, 10분 | 영실 입구 버스정류장 |

색달천, 졸참나무, 삼나무, 단풍이 있는 환상 숲

한라산 둘레길 중 가장 길이가 짧고 왕복으로 걸어도 부담스럽지 않다. 큰 오르막도 없어 초등학생 자녀와 함께 걷기도 좋다. 시간과 체력 여유가 있다면 거린사슴오름과 돌오름에 오르는 것도 좋다. 거린사슴오름보다 돌오름이 탐방로가 잘 정비되어 있다. 돌오름 정상에선 한라산 정상이 한눈에 들어온다. 돌오름길엔 색달천도 흐르고, 졸참나무, 삼나무, 단풍나무 등 다양한 수종이 자란다. 임산물 수송을 위해 조성된 임도 구간이 많아 걷기에 큰 불편함도 없다. 다만 계곡과 돌오름 가까이 갈수록 조릿대가 워낙 크고 울창해지니 긴 팔 상의를 챙겨 입는 게 좋다. 걷다 보면 표고버섯 농장 등 한라산에서 보금자리를 일구는 삶의 모습도 엿볼 수 있다. 봄에는 참꽃이 진분홍 잎을 떨구고, 가을에는 눈부신 단풍이 눈을 즐겁게 한다. 보림농장 삼거리에 다다르면 천아숲길로 이어지는 갈림길이 나온다. 대중교통을 이용한다면 영실입구 정류장에서는 보림농장 쪽 입구를, 서귀포자연휴양림 정류장에서는 거린사슴오름 쪽 입구를 선택하여 사용하면 된다. 두 출입구는 버스로는 한 정거장 거리이다.

How to go ## 돌오름길 찾아가기

자동차 내비게이션에 '돌오름길 입구' 찍고 출발. 출입구는 두 개거린사슴오름 쪽 출입구와 보림농장 쪽 출입구 모두 제주공항에서 1시간, 중문에서 20분 소요.

버스 ❶ 제주국제공항4 정류장대정, 화순, 일주서로에서 820-1, 151, 152번 승차 → 2개 정류장 이동 → 한라병원 정류장 하차 → 240번으로 환승 → 58분 소요 → 서귀포자연휴양림 정류장 하차 → 남쪽으로 도보 3분 → 거린사슴오름 쪽 출입구 **❷** 240번 승차하여 영실입구 정류장 하차 → 북쪽으로 500m 이동, 도보 8분 → 18임반 입구 → 임산물 수송로인 임도 따라 서쪽으로 1.6km 이동, 도보 40분 → 보림농장 삼거리

콜택시 서귀포호출 064-762-0100, 5.16호출택시 064-751-6516, 브랜드콜 064-763-3000, 서귀포ok 064-732-0082

Walking Tip ## 돌오름길 탐방 정보

❶ 걷기 시작점

거린사슴오름 쪽 시작점

거린사슴오름과 서귀포자연휴양림 사이에 있는 임도에서 시작한다. 차를 가지고 간다면 돌오름길 입구나 거린사슴전망대 앞에 주차 가능. 거린사슴전망대 주차장에서 돌오름길 입구까지는 도보 7분456m

보림농장 쪽 시작점

18임반 입구에서 시작되는 임도를 지나야 돌오름길 입구인 보림농장 삼거리에 도착할 수 있다. 18임반 입구는 영실입구 버스정류장에서 북쪽으로 약 500m 거리에 있다. '한라산 둘레길' 표지판과 '보림농장 가는 길'이라 쓰인 현수막을 따라가면 된다. 주차 공간도 있다. 18임반 입구에서 임도를 따라 약 1.6km 걸어가면 천아숲길과 돌오름길이 갈라지는 '보림농장 삼거리'가 나오고, 본격적으로 돌오름길이 시작된다.

❷ 트레킹 코스 서귀포자연휴양림이나 거린사슴오름 전망대를 즐긴 뒤 거린사슴오름 쪽 출입구에서 걷기 시작하기를 추천한다. 차를 가지고 갔다면, 또는 왕복으로 걸을 계획이 아니라면, 돌오름길 입구나 거린사슴전망대 주차장에 주차해놓고 거린사슴오름 쪽 입구에서 걷기 시작. 용바위와 돌오름, 보림농장 삼거리 지나 영실입구 정류장까지 걸어가 240번 버스 타고 서귀포자연휴양림 정류장이나 거린사슴오름전망대 정류장으로 되돌아 나오면 된다.

❸ 준비물 등산화트레킹화, 생수, 든든한 간식, 호루라기, 우비, 쓰레기봉투(음식물 가지고 갈 경우)

❹ 유의사항 거리가 꽤 되고 숲은 빨리 어두워지므로, 늦어도 오전 11시에는 트레킹을 시작하는 게 좋다. 단풍철을 빼고는 인적이 드문 편이다. 비가 오면 계곡이 무섭게 불어나므로, 비 온 뒤 이틀간은 입산하지 않는 게 좋다.

❺ 기타 코스 중간에 앉아서 쉬어갈 만한 공간이 없다. 도시락보다는 가벼운 간식을 챙겨가는 편이 낫다.

입산 통제 시간

하절기(4~9월) 오후 2시부터

동절기(10~3월) 오후 12시부터

기타 기상악화(우천, 강풍, 안개) 시 비 온 후 2일간

RESTAURANT

가든이다

맛이 끝내주는 무항생제 흑돼지

여행객으로 북적이는 중문관광단지에서 5분 벗어난 곳, 아파트와 주택가가 있는 곳에 생긴 깔끔한 흑돼지 전문점이다. 근고기, 생갈비, 양념갈비 모두 제주산 무항생제 흑돼지를 사용한다. 마을 사람들이 즐겨 찾는 곳이니 맛은 믿고 가도 된다. 런치로 나오는 정식은 흑돼지떡갈비와 갈비탕 중 선택할 수 있으며, 건강한 흑미밥과 냄비 된장찌개, 맛깔나는 반찬이 한 상 차려져 가성비와 맛 모두 잡았다. 인근 호텔 픽&드랍 서비스도 제공하니 부담 없이 술도 곁들일 수 있다. 🚶 돌오름길 입구에서 자동차로 10분 ⊙ 서귀포시 중문상로 86 📞 064-902-9819 ⏰ 12:00~22:30 ⓘ 전용 주차장

 CAFE

오또도넛

달콤하고 쫀득한 도넛

중문관광단지에서 살짝 벗어난 주택가에 자리 잡은 도넛 전문점이다. 많이 달지 않고 쫀득쫀득해 인기가 많다. 커피까지 맛있어서 도넛과 환상 궁합이다. 커피를 테이크아웃 하면 기본 메뉴인 글레이즈드를 하나씩 무료로 준다. 청귤, 말차, 대정 마늘 크림치즈 등 제주산 재료로 토핑한 도넛이 알록달록 눈과 입을 사로잡는다.
🚶 돌오름길 입구에서 자동차로 10분 ⊙ 서귀포시 중문상로 87 📞 064-904-1516
⏰ 08:00~18:00(임시 휴무 인스타그램 공지) ⓘ 편의시설 주차 가능(길가 및 주변 공터), 인스타그램 ottodonut

한라산 둘레길 수악길

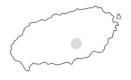

시작점 돈내코 탐방안내소 쪽 출입구(A) 서귀포시 상효동 산1

5.16도로변 수악 안내소 쪽 출입구(B) 서귀포시 남원읍 하례리 산10-1('한라산 둘레길' 버스정류장(수악교 방면)이 있는 도로변) **남원 쓰레기 매립장 쪽 출입구(C)** 서귀포시 남원읍 서성로 651번길 137 지나 약 330m 지점

해발 높이 838.6m(수악) **순수 오름 높이** 114m(수악)

코스 길이 16.7km(탐방 시간 6~7시간, 인기도 하, 탐방로 상태 중, 난이도 중, 접근성 하)

편의시설 주차장, 화장실(돈내코 탐방안내소, 수악 안내소), 산책로, 전망대(수악)

여행 포인트 한라산 둘레길 중 가장 긴 코스 걷기, 멀리 서귀포 앞바다까지 조망할 수 있는 전망대, 영화 속 풍경 같은 삼나무 숲길 **홈페이지** www.hallatrail.or.kr

상세 경로

| 돈내코 탐방안내소 | 5.9km, 2시간 | 산정화구 | 1.8km 50분 | 5.16도로 수악 안내소 | 3.8km, 1시간 30분 | 이승악 | 3.6km, 1시간 20분 | 사려니오름 입구 | 1.6km, 35분 | 남원 쓰레기매립장 |

가장 긴 한라산 둘레길 코스

화산섬의 속살을 두 발로 경험할 수 있는 청명한 숲길이다. 도보로 편도 6~7시간 남짓 걸리는 코스로 동서로 길게 이어진다. 큰 오르막은 없지만 오래 걸으면 다리가 제법 뻐근하다. 5.16도로1131번 도로 변 수악 안내소, 서쪽 끝 돈내코 탐방안내소, 동쪽 끝 남원 쓰레기매립장 부근 등 세 군데서 걷기를 시작할 수 있다. 서쪽 끝 시작점은 동백길이 끝나는 곳으로 돈내코 탐방안내소 지나 800m 지점에 있다. 밀림 입구를 지나면 한라산 둘레길로 갈라지는 이정표를 만난다. 탐방로는 아주 오래전 화산탄이 날아온 흔적이 그대로 남아있는 돌길이다. 걸을 때 유의하자. 숯을 굽던 가마터와 계곡을 곳곳에 품고 있어서 지루하지 않다. 서쪽 시작점에서 5.16도로까지 약 3시간 걸린다. 5.16도로에서 수악길 안내소 쪽으로 길을 건너 표지판을 따라가면 화산송이가 깔린 삼나무 숲길이 나온다. 여기서 물오름 탐방로와 둘레길로 갈라진다. 물오름의 정상에는 5분이면 도착한다. 전망이 좋아 둘러보고 가길 추천한다. 이승악이승이오름에서는 수악길과 이승악 둘레길 북쪽 부분이 겹쳐진다. 길게 이어지는 삼나무 숲길이 무척 아름답다. 사려니오름은 사전에 예약해야 오를 수 있다.

How to go **수악길 찾아가기**

자동차 카카오내비 어플에 '수악길'을 찍으면 입구 세 곳A, B, C 중 하나를 택하여 찾아갈 수 있다. 돈내코 쪽은 A, 516 도로수악 안내소 쪽은 B, 남원 쓰레기매립장 쪽은 C다. 제주시에서는 1시간 정도, 서귀포 시내에서는 20분 정도 걸린다.

버스 **돈내코 탐방로 쪽 출입구** ❶ 제주국제공항 2번 정류장일주도로, 516도로에서 181번 승차 → 57분 소요 → 서귀 포산업과학고등학교(서) 정류장 하차 → 도보 2분 → 서귀포산업과학고등학교(북) 정류장에서 611, 612번하루 24 회 운행으로 환승 → 4개 정류장 이동 → 충혼묘지광장 정류장 하차 → 도보 25분오르막 → 입구
❷ 서귀포 시청 부근 중앙로터리(동) 정류장에서 611번 탑승하여 충혼묘지광장 정류장 하차

5.16도로 출입구 ❶ 제주국제공항 2번 정류장일주도로, 516도로에서 181번 승차 → 56분 소요 → 하례환승정류장하 례리 입구 하차 → 길 건너편 하례환승정류장하례리 입구으로 이동하여 281번10~15분 간격 운행 승차 → 2개 정류장 이 동 → '한라산 둘레길' 정류장 하차 → 도보 8분 → 입구 ❷ 제주버스터미널 정류장에서 281번 탑승하여 수악교 정류장 하차. 입구까지 서귀포 방면으로 도보 15분

콜택시 서귀포호출 064-762-0100, 5.16호출택시 064-751-6516, 브랜드콜 064-763-3000,
서귀포ok 064-732-0082

Walking Tip **수악길 탐방 정보**

❶ 걷기 시작점 세 개의 출입구 가운데 돈내코 탐방안내소 쪽 출입구에서 많이 시작한다. 상황에 따라 5.16도로 변 수악 안내소 쪽 출입구와 남원 쓰레기매립장 부근 출입구에서도 시작할 수 있다.

❷ 트레킹 코스 체력이나 시간이 부담된다면 긴 코스 중 부분만 걸어도 좋다. 수악 안내소5.16도로를 중심으로 물 오름을 오른 뒤 돈내코와 이승악 방향 둘 중 한쪽을 골라 걷는 코스를 추천한다. 반대로 돈내코 탐방안내소 쪽 출입구나 남원 쓰레기매립장 쪽 출입구에서 출발한 뒤 5.16도로 수악안내소 부근 버스정류장에서 마무리하는 것도 좋다. 사려니오름이나 남원 쓰레기매립장 쪽을 도착점으로 잡으면 대중교통 편이 없어 중간지점인 5.16도 로수악까지 회귀해야 한다. 비교적 콜택시가 잘 잡히고 버스정류장까지 경치를 감상하며 내리막길을 걸을 수 있 는 돈내코 탐방안내소 쪽이 도착점이 되도록 걷는 게 좋다.

차를 가지고 가는 경우 5.16도로에서는 한라산 둘레길 갓길 주차장서귀포시 남원읍 516로 1032, 한라산 둘레길 버 스 정류장 바로 옆을 이용하면 된다. 돈내코 쪽에서는 돈내코 탐방안내소 아래쪽도보 5분에 주차장이 있고, 돈내 코 주차장서귀포시 상효동 1986이나 충혼묘지 주차장서귀포시 상효동 산 14-5을 이용해도 된다. 5.16 도로의 한라산 둘레길 갓길 주차장에 주차하고 돈내코 탐방안내소까지 걸어갔다가 버스로 돌아오는 방법을 추천한다. (충 혼묘지광장 정류장에서 611, 612번 버스 승차 — 서귀포산업과학고등학교(서) 정류장 하차 — 서귀포산업 과학고등학교(북) 정류장에서 281번 버스로 환승 — 한라산 둘레길 정류장 하차)

❸ 준비물 등산화트레킹화, 생수, 든든한 간식, 호루라기, 우비, 쓰레기봉투(음식물 가지고 갈 경우)

❹ 유의사항 코스가 길고 숲은 빨리 어두워지므로, 늦어도 오전 11시에는 트레킹을 시작하는 게 좋다. 인적이 드 문 편이다. 함께 걷기를 추천한다. 코스별 완주 기준으로, 하절기4~9월엔 오후 2시부터, 동절기10~3월엔 오후 1시 부터 입산이 통제된다. 또 우천, 강풍, 안개 등 기상 악화 시, 비 온 뒤 2일간도 입산이 통제된다. 그밖에 수악 부 근 5.16도로를 건널 때 횡단보도가 없고 차들이 무척 빠르게 달리기 때문에 안전에 유의해야 한다.

❺ 기타 사려니오름은 탐방 시 사전예약 필요(숲나들e 홈페이지 foresttrip.go.kr)

HOT SPOT

상효원

꽃의 향연, 평화로운 수목원

해발 300~400m의 산록에 있어 풍광이 아름다운 수목원이다. 입구에 식당과 카페가 있으며, 정상 전망대라고 할 수 있는 구상나무 카페까지 가는 길을 제외하고는 큰 경사가 없다. 다양한 수종의 나무가 많아, 그 아래를 거닐며 힐링하기 좋다. 4월 20일경엔 겹벚꽃 고목이 꽃의 향연을 펼친다. 바다 풍경, 곶자왈 숲길 등이 더해져 오래도록 머물 수 있는 곳이다. 🚶❶ 돈내코 탐방안내소에서 자동차로 5분 ❷ 돈내코 탐방안내소에서 도보 15분 거리의 충혼묘지광장 정류장에서 611번 버스 승차하여 상효원수목원 정류장(2개 정류장 이동) 하차, 수목원까지 도보 8분 ◎ 서귀포시 산록남로 2847-37 📞 064-733-2200 🕐 09:00~18:00(3~9월은 19시까지) ⓘ 주차 가능

 RESTAURANT

은희네해장국 서귀포점

한라산 뷰의 소고기 해장국 맛집

메뉴는 소박한 소고기 해장국 하나지만, 주문은 가장 고급스럽게 받는다. 입맛에 맞게 커스터마이징이 가능하다. 콩나물 적게, 우거지 많이, 선지 빼고 고기 많이, 혹은 다대기는 따로, 마늘은 넣고 등으로 주문하는 손님들과 그걸 능숙하게 받아주는 직원은 손발이 짝짝 맞는다. 소고기, 콩나물, 우거지가 푸짐하게 들어 있으며, 한 그릇 먹고 나면 속이 확 풀린다. 🚶 5.16도로 변 '한라산 둘레길 정류장' 갓길 주차장에서 자동차로 14분 ◎ 서귀포시 516로 84 📞 064-767-0039 🕐 07:00~15:00(목요일 휴무)

 CAFE

서귀다원

한라산 기슭 녹차밭에서 힐링하기

해발 250m의 한라산 청정지역에서 재배한 녹차를 맛볼 수 있는 다원이다. 1인당 5천 원에 두 가지 차가 나온다. 붉은 차 한입, 푸른 차 한입 번갈아 맛보고, 곁들임으로 나오는 달콤한 귤정과도 별미로 즐겨 보자. 창밖을 보면 세상 모든 게 푸르러 보인다. 차를 다 마시고 나면 상쾌한 바람을 맞으며 산책로를 따라 걸으며 힐링하기 좋다. 🚶❶ 5.16도로 변 '한라산 둘레길 정류장' 갓길 주차장에서 자동차로 9분 ❷ 5.16도로 수악안내소에서 도보 7분 거리의 수악교 정류장에서 281번 버스 탑승하여 입석동 정류장(1개 정류장 이동) 하차, 서귀다원까지 도보 11분 ◎ 서귀포시 516로 717 📞 064-733-0632 🕐 09:00~17:00(화 휴무) ⓘ 주차 가능

찾아보기

걷기 코스

명소

맛집·술집

카페·숍